# 电力系统继电保护

## （第2版）

主　编　任晓丹　刘建英

副主编　袁玉雅　苏慧平　朱　鹏

参　编　于琳琳　唐晓明　马玉全

北京理工大学出版社

BEIJING INSTITUTE OF TECHNOLOGY PRESS

# 内 容 简 介

本书为"十四五"职业教育国家规划教材的修订版，国家职业教育专业教学资源库和在线精品课程配套教材。

本书立足新型电力系统背景下企业发展新需求和电力类专业毕业生所需要的岗位能力，依据专业教学标准、继电保护检修 1+X 职业技能等级标准，以典型工作任务为载体构建模块化课程体系。本书按照 10kV—35kV—110kV—220kV 线路的复杂级别，设计电网相间保护的检验与整定、电网接地保护的检验与整定、电网距离保护的检验与整定、全线速动保护的检验与整定、主设备保护的检验与整定、输电线路的自动重合闸 6 个教学模块，共有 14 个工作任务。

本书通过项目情境—知识技能—任务描述—学习目标—任务资料—任务实施—任务评价—码上习题等环节培养能判断故障位置和类型，会分析故障录波、能填写校验报告的继电保护员。另外，本书还通过"注意""拓展""实践实拍"等环节激发学生勇于创新、科技报国的责任感，培养精益求精、团结协作的工匠精神。

本书安排了理论微课、实训视频、结构动画、教学课件、工程案例、AR 技术等多种数字化配套教学资源，便于教师教学和学生自学。

本书可作为高职高专院校发电厂及电力系统、电力系统自动化技术、输配电工程技术、供用电技术等专业的教材，也可作为企业在职人员的培训教材和参考资料。

## 图书在版编目（CIP）数据

电力系统继电保护 / 任晓丹，刘建英主编. -- 2 版.

北京 ： 北京理工大学出版社，2025.1

ISBN 978-7-5763-4832-3

Ⅰ. TM77

中国国家版本馆 CIP 数据核字第 2025RN7810 号

---

**责任编辑**：封 雪　　　**文案编辑**：毛慧佳
**责任校对**：刘亚男　　　**责任印制**：施胜娟

---

**出版发行** / 北京理工大学出版社有限责任公司
**社　　址** / 北京市丰台区四合庄路 6 号
**邮　　编** / 100070
**电　　话** / （010）68914026（教材售后服务热线）
　　　　　　（010）63726648（课件资源服务热线）
**网　　址** / http://www.bitpress.com.cn

---

**版印次** / 2025 年 1 月第 2 版第 1 次印刷
**印　刷** / 三河市天利华印刷装订有限公司
**开　本** / 787 mm×1092 mm　1/16
**印　张** / 14.25
**字　数** / 262 千字
**定　价** / 70.00 元

# 本教材数字资源获取说明

## 方法一

用微信等App的"扫一扫"功能扫描本教材中的二维码，直接观看知识点相关视频。

## 方法二

**Step1:** 扫描下方二维码，下载安装"微知库"App。

**Step2:** 打开"微知库"App，单击页面中的"电力系统自动化技术"专业。

**Step3:** 单击"课程中心"选择相应的课程。

**Step4:** 单击"报名"图标，随后该图标会变成"学习"，单击"学习"即可使用"微知库"App学习。

安卓客户端

IOS客户端

# 前　言

党的二十大报告中指出，"我们要善于通过历史看现实、透过现象看本质，把握好全局和局部、当前和长远、宏观和微观、主要矛盾和次要矛盾、特殊和一般的关系，不断提高战略思维、历史思维、辩证思维、系统思维、创新思维、法治思维、底线思维能力，为前瞻性思考、全局性谋划、整体性推进党和国家各项事业提供科学思想方法"。

本书践行党的二十大报告思想，立足新型电力系统背景下企业发展新需求和电力类专业毕业生所需要的岗位能力，依据专业教学标准、继电保护检修 1＋X 职业技能等级标准，融入继电保护领域新技术、新规范，以故障诊断为主线，以工作情境为导向，逐步揭示线路、主设备保护原理、检验与整定，将工匠精神贯穿其中。本书按照 10kV—35kV—110kV—220kV 线路的复杂级别，设计电网相间保护的检验与整定、电网接地保护的检验与整定、电网距离保护的检验与整定、全线速动保护的检验与整定、主设备保护的检验与整定、输电线路的自动重合闸 6 个教学模块，14 个工作任务。通过项目情境—知识技能—任务描述—学习目标—任务资料—任务实施—任务评价—码上习题等环节，培养能判断故障位置和类型，会分析故障录波、能填写校验报告的继电保护员。另外，本书还通过"注意""拓展""实践实拍"等激发学生勇于创新、科技报国的责任感，培养学生精益求精、团结协作的工匠精神。

本书为"十四五"职业教育国家规划教材的修订版，配套了理论微课、教学课件、实训视频、结构动画、工程案例、AR 技术等数字化教学资源，读者通过微信扫码即可观看，还可通过国家职业教育专业教学资源库和在线精品课程网站进行学习，便于教师教学和学生自学。

本书由内蒙古机电职业技术学院任晓丹和内蒙古电子信息职业技术学院刘建英老师担任主编，内蒙古机电职业技术学院袁玉雅、苏慧平老师和天津轻工职业技术学院朱鹏老师担任副主编。总体分工如下：任晓丹老师和大连供电公司二次检修工区唐晓明共同编写模块一、模块二、模块三、模块四；袁玉雅、刘建英、苏慧平老师和国网辽宁省电力有限公司鞍山供电公司于琳琳共同编写模块五；朱鹏老师和内蒙古超高压供电局的马玉全共同编写模块六。任晓丹、唐晓明负责全书的统稿。感谢保定电力职业技术学院范静雅和陈亚老师为本书提供企业案例及素材。

随着继电保护技术的发展，本书引入很多的新技术对现有保护进行优化，编者也会随时关注行业技术动态，从而进一步补充和修正相关内容。

由于编者水平有限，书中难免存在不妥之处，敬请广大读者批评指正。

# 目　　录

# 电网相间保护的检验与整定

 **项目场景**

线路班的两名巡线人员在 10 kV 线路巡线时发现一处导线断落在地面，由于当时天色已晚，甲巡线员打电话将相关情况汇报给班长，而乙巡线员见该线路所带之用户全部没有电，便把落地导线盘起来后通过爬梯上到杆上把线盘悬挂在停电的线路上，下杆后，通知班长可以恢复送电。乙巡线员的操作违反了线路规程 4.1.3 和 4.1.4，其具体内容如下：

4.1.3 夜间巡线应沿线路外侧进行；大风巡线应沿线路上风侧前进，以免触及断落的导线；特殊巡线应注意选择路线，防止洪水、塌方、恶劣天气等对人的伤害；事故巡线应始终认为线路带电。即使知道该线路已停电，也应认为线路随时有恢复送电的可能。

4.1.4 巡线人员发现导线、电缆断落在地面或悬挂在空中时，应设法防止行人靠近断线地点 8 m 以内，以免跨步电压伤人；同时，还应迅速报告调度和上级领导，然后等候处理。

**35 kV 线路保护配置（案例导学）**

 **相关知识技能**

① 继电保护的任务与要求；② 继电保护装置常用元件与调校；③ 单侧电源网络的相间电流保护；④ 电网相间短路的方向性电流保护；⑤ 敢为人先的创新意识；⑥ 辩证的思维方法；⑦ 科技强国、技术创新的信念；⑧ 标准化作业精神。

## 任务一 继电保护装置常用元件与调校

**任务描述**

电力系统继电保护由各种类型的继电器和互感器等组成，如在继电保护装置中作为测量和启动元件，由于电流增大而动作的电流继电器；由于电压变化而动作的电压继电器；用于建立继电保护需要的动作延时的时间继电器；用于增加触点数量和触点容量的中间继电器；用于发出继电保护动作信号，便于值班人员发现事故和统计继电保护动作次数的信号继电器等。由于各种保护功能的实现都依赖这些元件，本任务将对其进行调校。

## 学习目标

**素质目标：**培养辩证的思维方法，树立科技强国、技术创新的信念。

**知识目标：**电力系统继电保护的作用、任务和基本要求；继电保护发展简史；保护用继电器和互感器的工作原理与工作过程；电流保护的接线方式。

**技能目标：**能识别继电器的类型；能识读继电器结构图；了解各类型继电器在保护系统中的应用；能正确填写继电器的检验、调试、维护记录和校验报告；能够正确使用、维护和保养常用校验设备、仪器和工具。

## 任务资料

### 一、探寻继电保护的奥秘

电力系统中的发电机、变压器、母线、输电线路和用电设备通常处于正常运行状态，但可能出现故障或处于不正常运行状态，故障和不正常运行状态都可能发展成系统中的事故。事故是指系统或其中一部分的正常工作遭到破坏，造成少送电、停止送电或电能质量降到不允许地步，甚至造成设备损坏或人员伤亡。

电力系统中电气元件的正常工作遭到破坏，但没有发生故障，这种情况属于不正常运行状态。例如，由于负荷超过电气设备的额定值而引起的电流升高（一般又称为过负荷）就是一种最常见的不正常运行状态。由于过负荷，元件载流部分和绝缘材料的温度不断升高，加速绝缘材料的老化和损坏，就可能发展成故障。故障一旦发生，必须迅速而有选择性地切除故障元件，这是保证电力系统安全运行的最有效方法之一。切除故障的时间常常被要求短至十分之几秒甚至百分之几秒。实践证明，只有每个电气元件上装设一种具有"继电特性"的自动装置后，才有可能满足这个要求。

当电力系统中的电力元件（如发电机、线路等）或电力系统本身发生了故障危及电力系统安全运行时，能够向运行值班人员及时发出警告信号，或者直接向所控制的断路器发出跳闸命令以终止这些事件发展的一种自动化措施和设备。实现这种自动化措施的成套设备，一般通称为继电保护装置。

继电保护装置的任务：当电力系统中的被保护对象发生故障时，自动地、迅速地、有选择地将故障元件从电力系统中切除，尽可能降低故障元件的损坏程度，并保证电力系统中非故障部分迅速恢复正常运行；当电力系统出现不正常运行状态时，根据运行维护的具体条件和设备的承受能力，动作于发出信号、减负荷或延时跳闸，以便值班员及时处理，或由装置自动进行调整，或将那些继续运行就会引起损坏或发展成为事故的电气设备予以切除。继电保护装置还可以与电力系统中的其他自动化装置配合，在条件允许时采取预定措施，缩短事故停电时间，尽快恢复供电，从而提高电力系统运行的可靠性。

为分析电力系统故障及便于快速判定线路故障点，需要掌握故障时继电保护及安全自动装置动作情况及电网中电流、电压、功率等的变化。为此，在主要发电厂、220 kV 及以上变电所和 110 kV 重要变电所，应装设故障录波或其他类型的故障自动记录装置。

巧虎带你认识继电保护

继电保护序言

如何看故障录波图

故障录波装置介绍

## 二、继电保护的工作原理

为完成所担负的任务，继电保护应能正确区分电力系统的正常运行状态、故障状态与不正常运行状态，可根据电力系统发生故障或不正常运行状态前、后的电气量变化特征构成继电保护。

电力系统发生故障后，工频电气量变化的主要特征如下。

（1）电流增大。

短路时，故障点与电源之间的电气元件上的电流，将由负荷电流值增大到远远超过额定负荷电流。

（2）电压降低。

电力系统发生相间短路或接地短路故障时，电力系统各点的相间电压或相电压值均下降，且越靠近短路点，电压下降得越多，短路点电压最低为零。

（3）电压与电流之间的相位角发生改变。

正常运行时，相同的电压与电流之间的相位角即负荷的功率因数角，相位角一般约为 20°；三相金属性短路时，相同电压与电流之间的相位角即阻抗角，对于架空线路，相位角一般为 60°～85°；在反方向三相短路时，电压与电流之间的相位角为 180°＋（60°～85°）。

（4）测量阻抗发生变化。

测量阻抗即测量点（保护安装处）电压与电流相量的比值，即 $Z = \dot{U} / \dot{I}$。以线路故障为例，正常运行时，测量阻抗为负荷阻抗，金属性短路时，测量阻抗为线路阻抗，故障后测量阻抗模值显著减小，而阻抗角增大。

（5）出现负序分量和零序分量。

正常运行时，电力系统只有正序分量，当发生不对称短路时，将出现负序分量和零序分量。

（6）电气元件流入和流出电流的关系发生变化。

对任一正常运行的电气元件，根据基尔霍夫定律，其流入电流应等于流出电流，但电气元件内部发生故障时，其流入电流不再等于流出电流。

利用故障时电气量的变化特征，可以构成各种作用原理的继电保护。例如，根据短路故障时电流增大，可以构成过电流保护和电流速断保护；根据短路故障时电压降低，可构成低电压保护和电压速断保护；根据短路故障时电流与电压之间相位角的变化，可构成功率方向保护；根据故障时电压与电流比值的变化，可构成距离保护；根据故障时被保护元件两端电流相位和大小的变化，可构成差动保护；高频保护则是利用高频通道来传递线路两端电流相位、大小和短路功率方向信号的一种保护；根据不对称短路故障出现的相序分量，可构成灵敏的序分量保护。这些继电保护既可作为基本的继电保护元件，也可进行进一步的逻辑组合，构成更为复杂的继电保护，如将过电流保护与方向保护组合，构成方向性电流保护。

除反映各种工频电气量的保护外，还有反映非工频电气量的保护，如超高压输电线的行波保护，以及反映非电气量的电力变压器的瓦斯保护、过热保护等。

### 三、继电保护装置的构成

继电保护装置一般由测量部分、逻辑部分和执行部分构成，如图1-1-1所示。

**图1-1-1　继电保护装置的构成**

测量部分是测量从被保护对象输入的有关电气量，并与给定的整定值进行比较，根据比较结果，给出"是""非"，大于、不大于，等于"0"或"1"性质的一组逻辑信号，从而判断是否应该启动继电保护装置。

逻辑部分是先根据测量部分各输出量的大小、性质、逻辑状态、出现的顺序或它们的组合，使继电保护装置按一定的逻辑关系工作，然后确定是否应该使断路器跳闸或发出信号；同时，将有关命令传给执行部分。继电保护中常用的逻辑回路有"或""与""否""延时启动""延时返回"以及"记忆"等。

执行部分根据逻辑部分传递的信号完成继电保护装置所担负的任务，如故障时，动作跳闸；异常运行时，发出信号；正常运行时，无动作。

现以图 1-1-2 所示的线路过电流保护装置为例来说明继电保护装置的组成及工作原理。

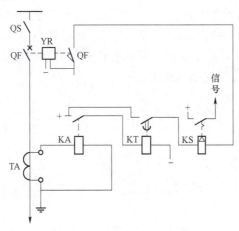

图 1-1-2　线路过电流保护装置

测量回路由电流互感器 TA 的二次绕组连接电流继电器 KA 组成。电流互感器的作用是将被保护元件的大电流变成小电流，并将保护装置与高压隔离。在正常运行时，通过被保护元件的电流为负荷电流，小于电流继电器 KA 的动作电流，电流继电器不应动作，其触点不应闭合。当线路发生短路故障时，流经电流继电器的电流大于继电器的动作电流，电流继电器立即动作，其触点闭合，将逻辑回路中的时间继电器 KT 线圈回路接通电源，时间继电器 KT 动作，延时闭合其触点，接通执行回路中的信号继电器 KS 线圈和断路器 QF 的跳闸线圈 YR 回路，使断路器 QF 跳闸，切除故障线路。同时，信号继电器 KS 动作，其触点闭合发出远方信号和就地信号并保持，该信号由值班人员做好记录后手动复归。

注意：二次系统发出报警信号后，值班人员可就地复归或中央复归。

继电保护装置的组成

跳闸图

## 四、继电保护装置的 4 个基本要求

为实现保护目标，作用于跳闸的继电保护装置在技术性能上必须满足以下基本要求。

## 1. 选择性

选择性是指电力系统出现故障时，继电保护装置发出跳闸命令仅将故障设备切除，尽可能减小停电范围，保证无故障部分继续运行。

在图 1-1-3 所示的单侧电源网络中，母线 A、B、C 代表相应的变电所，断路器 QF1～QF7 都装有继电保护装置。

当 k1 点短路时，应由距短路点最近的保护 1 和 2 动作，QF1、QF2 跳闸，将故障线路切除，变电所 B 则仍可由另一条无故障的线路继续供电。当 k2 点短路时，保护 3 动作，QF3 跳闸，切除线路 BC，此时只有变电所 C 停电。由此可见，继电保护装置的有选择性的动作可将停电范围限制到最小，甚至可以持续向用户供电。

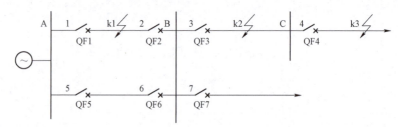

图 1-1-3 单侧电源网络

在要求继电保护动作有选择性的同时，还必须考虑继电保护装置或断路器有拒绝动作的可能性，因此就需要考虑后备保护的问题。如图 1-1-3 所示，当 k3 点短路时，距短路点最近的保护 4 本应动作切除故障，但由于某种原因，该处的继电保护装置或断路器拒绝动作，故障便不能消除，此时如果其前面一条线路（靠近电源侧）的保护 3 动作，则故障也可消除。保护 3 作为相邻元件的后备保护。同理，保护 1 和保护 5 又应该作为保护 3 和保护 7 的后备保护。

选择性动作说明　　　　保护越级跳闸（企业案例）

继电保护的配置有以下基本概念。

主保护：被保护元件内部发生各种短路故障时，能满足电力系统稳定及设备安全要求、有选择地切除被保护元件或线路故障的保护。

后备保护：当被保护元件主保护或断路器拒绝动作时，用以将故障切除的保护，分近后备保护和远后备保护。对于近后备保护，主保护或断路器拒动时，由本保护对象的另一套保护实现后备，当断路器拒绝动作时，由断路器失灵保护实现后备。对于远后备保护，主保护或断路器拒绝动作时，由相邻元件或线路的保护实现后备。由于远后备保护是一种完善的后备保护方式，同时它的实现简单、经济，故应优先选用。只有当远后备保护方式不能满足要求时，才考虑采用近后备保护方式。

辅助保护：为补充主保护或后备保护某种性能的不足或当主保护和后备保护退出运行而增设的简单保护。

### 2. 速动性

速动性是指继电保护装置应以尽可能快的速度断开故障元件，提高电力系统并联运行的稳定性，减少用户在电压降低的情况下工作的时间并降低故障元件的损坏程度。理论上讲，继电保护装置的动作速度越快越好，但是实际应用中，为防止干扰信号造成继电保护装置的误动作及保证保护间的相互配合，不得不人为设置继电保护动作时限。

### 3. 灵敏性

灵敏性（灵敏度）是指电气设备或线路在被保护范围内发生故障或不正常运行时继电保护装置的反应能力。继电保护装置的灵敏性通常用灵敏系数 $K_{sen}$ 来衡量，灵敏系数越大，灵敏度就越高，反之就越低。

对继电保护装置的灵敏度要求，通常是通过对其最不利情况下的灵敏系数进行校验来保证的。例如，在可能的运行方式下选择最不利于保护动作的运行方式，或者在所保护的短路类型中，选择最不利于保护动作的短路类型，或者在保护区内选择最不利于保护动作的那一点作为灵敏系数校验点。因为如果在最不利的情况下继电保护装置都能满足灵敏性要求，则在其他情况下继电保护装置就更能满足灵敏性要求。

### 4. 可靠性

继电保护装置的可靠性包括安全性和信赖性，是对继电保护装置的最根本要求。所谓安全性，是指要求继电保护装置在不需要它动作时可靠不动作，即不发生误动作。所谓信赖性，是指要求继电保护装置在规定的保护范围内发生了应该动作的故障时可靠动作，即不拒绝动作。

继电保护装置的误动作和拒绝动作都会给电力系统造成严重的危害，但提高其不误动作的可靠性和不拒绝动作的可靠性的措施常常是互相矛盾的。由于电力系统的结构和负荷性质的不同，误动和拒动的危害程度有所不同，所以提高继电保护装置可靠性的重点是让其在各种具体情况下也应有所不同，应根据电力系统和负荷的具体情况采取适当的措施。

以上基本要求是设计、配置和维护继电保护的依据，又是分析评价继电保护的基础。它们是相互联系的，但往往又存在着矛盾。因此，在实际工作中，大家要根据电网的结构和用户的性质辩证地进行统一。

## 五、继电保护的发展简史

继电保护是随着电力系统和自动化技术的发展而发展起来的。最先出现的是反映电流超过预定值的过电流保护。熔断器就是最早的、最简单的过电流保护装置，其至今仍被广泛应用于低压线路和用电设备。由于电力系统的发展，用电设备的功率、发电机的容量不断增大，发电厂、变电所和供电网的接线不断复杂化，电力系统中的正常工作电流和短路电流都不断增大，熔断器已不能满足选择性和快速性的要求，于是出现了作用于专门的断流装置（断路器）的过电流继电器。19 世纪 90 年代出现了装于断路器上并直接作用于断路器的一次式（直接作用于一次短路电流）的电磁型过电流继电器。20 世纪初，继电器开始广泛应用于电力系统的保护。这个时期可被认为是继电保护技术发展的开端。

1901 年出现了感应型过电流继电器。1908 年，人们提出了比较被保护元件两端电流的差动保护原理。1910 年，方向性电流保护开始得到应用，此时也出现了将电流与电压比较的保护原理，并导致 20 世纪 90 年代初距离保护的出现。随着电力系统载波通信的发展，于 1927 年前后出现了利用高压输电线上高频载波电流传送和比较输电线两端功率或相位的高频保护装置。20 世纪 50 年代，微波中继通信开始被人们应用于电力系统，从而出现了利用微波传送和比较输电线两端故障电气量的微波保护。在 20 世纪 50 年代还出现了利用故障点产生的行波实现快速继电保护的设想。经过 20 余年的研究，行波保护装置终于诞生了。显然，随着光纤通信在电力系统中被大量采用，利用光纤通道的继电保护必将得到广泛的应用。

与此同时，构成继电保护装置的元件、材料，继电保护装置的结构形式和制造工艺也发生了巨大变革。20 世纪 50 年代以前，继电保护装置都是由电磁型、感应型或电动型继电器组成的。这些继电器统称为机电式继电器，它们体积大，消耗功率大，动作速度慢，机械传动部分和触点容易磨损或粘连，调试维护比较复杂，不能满足超高压、大容量电力系统的要求。20 世纪 50 年代到 90 年代末，继电保护完成了发展的 4 个阶段，即从电磁型继电保护装置到晶体管型继电保护装置，到集成电路继电保护装置，再到微机继电保护装置。

随着电子技术、计算机技术、通信技术的飞速发展，人工智能技术（如人工神经网络、遗传算法、进化规模、模糊逻辑等）相继在继电保护领域得到应用，继电保护技术向计算机化、网络化、一体化、智能化的方向发展。

**拓展：** 1954 年，贺家李在国内首次开设继电保护课程，并参考苏联相关教材编写了第一本《电力系统继电保护原理》。

继电保护的发展过程

新发展——从"跟跑"转向"领跑"

## 六、继电保护用的互感器和变换器

互感器包括电流互感器（TA）和电压互感器（TV），是一次回路和二次回路之间的联络元件，分别用于向测量仪表及继电器的电压线圈和电流线圈供电，能够正确反映电气元件正常运行和故障情况。

互感器的作用是将一次回路的高电压和大电流变换为二次回路的标准低电压（100 V）和小电流（5 A 或 1 A），使测量仪表和继电保护装置标准化和小型化，并使其结构轻巧、价格低，以便在屏内安装，并使二次设备和高压部分隔离，且互感器二次侧接地，从而保证设备和人员的安全。

为了使互感器提供的二次电流和电压进一步减小，以适应弱电元件（如电子元件）的要求，可采用输入变换器（U）；同时，输入变换器还起到在二次回路与继电保护装置内部电路之间实行电气隔离和电磁屏蔽的作用，以保障人身安全及保护装置内部弱电元件的安全、减少高压设备对弱电元件的干扰。

### 1. 电流互感器

电流互感器的结构如图 1-1-4 所示，主要由铁芯、一次绕组 W1（匝数为 $N_1$）和二次绕组 W2（匝数为 $N_2$）构成。其工作原理和变压器一样，其特点是一次绕组匝数很少，流过一次绕组为主回路负荷电流，与二次绕组的电流大小无关，二次绕组所接仪表和继电器的线圈阻抗很小，所以在正常情况下电流互感器相当于工作在短路状态下。

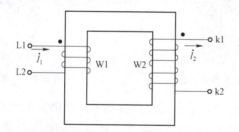

**图 1-1-4　电流互感器的结构**

电流互感器的额定电流比定义为其一次和二次额定电流之比，即

$$K_{TA} = \frac{I_{1N}}{I_{2N}} = \frac{N_2}{N_1}$$

（1）电流互感器的极性和一、二次电气量的正方向。

为简化继电保护的分析，继电保护用电流互感器的极性及一、二次电气量正方向的规定如图 1-1-5 所示。互感器的一次电流从正极性端子流入时，二次电流从正极性端子流出；当一次电流从反极性端子流入时，二次电流也从反极性端子流出，这时一、二次电流同相位。

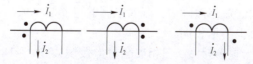

**图 1-1-5　电流互感器的极性和一、二次电气量正方向的规定**

（2）电流互感器的 10% 误差曲线。短路故障时通入电流互感器一次侧的电流远大于其额定值，因铁芯饱和，电流互感器会产生较大误差。为了将误差控制在允许范围内（继电保护要求变比误差应不超过 10%，角度误

差应不超过 7°），对接入电流互感器一次侧的电流及二次侧的负载阻抗有一定的限制。当变比误差为 10%、角度误差为 7° 时，饱和电流倍数 $m$（电流互感器的一次电流与一次额定电流的比值）与二次负载阻抗的关系曲线称为电流互感器的 10% 误差曲线，如图 1-1-6 所示。

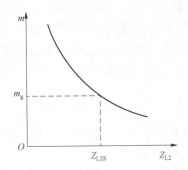

图 1-1-6　电流互感器的 10% 误差曲线

凝心铸魂的电流互感器

新技术——电子式互感器

根据此曲线，若已知通过电流互感器一次侧的最大电流，可查出允许的二次负载阻抗。反之，若已知电流互感器的二次负载阻抗，可查出 $m$ 值，计算出一次侧允许通过的最大电流。

注意：饱和电流倍数 $m$ 与二次负载阻抗的交点在 10% 误差曲线下方，误差就不超过 10%，即可满足继电保护的要求。

（3）电流保护的接线方式。

所谓电流保护的接线方式，是指电流保护中电流继电器线圈与电流互感器二次绕组之间的连接方式。对保护接线方式的要求是能反映各种类型的故障，且灵敏度尽量一致。

为了反映所有类型的相间短路，电流保护要求至少在两相线路上装有电流互感器和电流测量元件。流入电流继电器的电流与电流互感器二次绕组电流的比值称为接线系数，用 $K_{con}$ 表示。由于电流保护接线方式不同，当发生不同类型的短路故障时，流入电流继电器的电流与电流互感器二次绕组电流的比值也不尽相同。

① 三相完全星形接线。三相完全星形接线如图 1-1-7 所示。三相均装有电流互感器，各相电流互感器二次绕组和电流继电器的线圈串联，然后连接成星形，通过中性线形成回路，流入电流继电器的电流就是电流互感器的二次电流。这种接线方式的特点是能反映三相短路、两相短路、单相接地短路等各种相间短路和接地短路故障。例如，A 相接地短路，A 相电流继电器 KA1 动作；A、B 两相短路，KA1、KA2 动作等。由于 3 个电流

继电器触点并联,任一个电流继电器动作,都可以启动整套继电保护装置。

由图 1-1-7 可知,在各种故障时,流入电流继电器的电流总是与电流互感器二次绕组的电流相等,所以接线系数 $K_{con}=1$。

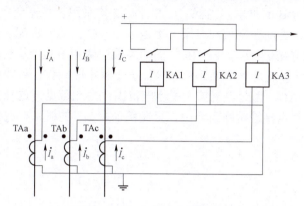

图 1-1-7　三相完全星形接线

② 两相不完全星形接线。两相不完全星形接线如图 1-1-8 所示。电流互感器装在两相上,其二次绕组与各自的电流继电器线圈串联后,连接成不完全星形,此时流入电流继电器的电流是电流互感器的二次电流。当采用两相不完全星形接线方式时,电网各处保护装置的电流互感器都应装设在同名的两相上,一般装设在 A 相和 C 相上。

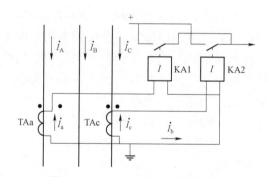

图 1-1-8　两相不完全星形接线

两相不完全星形接线的特点是:能反映各种相间短路及 A 相、C 相发生的单相接地短路故障。当线路上发生两相或三相短路时,至少有一个电流互感器流过短路电流,使电流继电器动作。但是,如果在没装设电流互感器的一相上发生单相接地短路故障时,继电保护装置将不动作。在各种情况下,流入电流继电器的电流和电流互感器的二次绕组电流的相等,接线系数 $K_{con}=1$。

在小接地电流系统中,当某相上发生一点接地短路故障,由于电网上可能出现弧光接地过电压,在绝缘薄弱的地方就可能发生另一相上的第二点接地短路,这样就出现了两相经过大地形成回路的两点接地短路。由于中性点非直接接地电网允许单相接地时继续短时运行,希望只切除一个故障点。

例如，在图 1-1-9 所示的串联线路上发生两点接地短路时，希望只切除距离电源较远的那条线路 BC，而不切除线路 AB，因为这样可以继续保证对变电所 B 的供电。当保护 1 和保护 2 均采用三相完全星形接线时，由于两个保护之间在定值和时限上都是按照选择性的要求配合整定的，因此能够保证 100%只切除线路 BC。而如果采用两相不完全星形接线，则当线路 BC 上有一点是 B 相接地时，则保护 1 就不能动作，只能由保护 2 动作切除线路 AB，因此也就扩大了停电范围。由此可见，这种接线方式在不同相别的两点接地短路组合中，只能保证有 2/3 的概率有选择性地切除后一条线路。

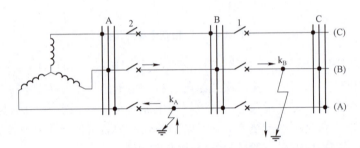

图 1-1-9　串联线路上发生两点接地短路示意

又如图 1-1-10 所示，在变电所引出的放射形线路上，发生两点接地短路时，希望任意切除一条线路即可。当保护 1 和保护 2 均采用三相完全星形接线时，两套保护均启动，如保护 1 和保护 2 的整定时限相同，则保护 1 和保护 2 同时切除两条线路，因此，不必要切除两条线路的机会就增多了。如果采用两相不完全星形接线，保护 1 和保护 2 的整定时限相同，会有 6 种故障的可能，其中有四种情况只切除一条线路，即有 2/3 的概率只切除一条线路，有 1/3 的概率切除两条线路，保护动作的具体情况如表 1-1-1 所示。

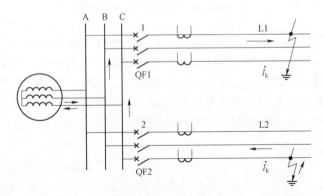

图 1-1-10　不同地点两点接地短路时的工作分析

表 1-1-1　不同线路的不同相别两点接地短路时两相不完全
星形接线的保护动作情况

| 线路 L1 接地短路相别 | A | A | B | B | C | C |
|---|---|---|---|---|---|---|
| 线路 L2 接地短路相别 | B | C | C | A | A | B |
| L1 保护动作情况 | 动作 | 动作 | 不动作 | 不动作 | 动作 | 动作 |
| L2 保护动作情况 | 不动作 | 动作 | 动作 | 动作 | 动作 | 不动作 |
| 停电线路数 | 1 | 2 | 1 | 1 | 2 | 1 |

③ 两相不完全星形接线用于 Y, d11 接线变压器（设
电流保护装置装设在 Y 侧）。

实际电力系统，广泛采用 Y, d11 接线变压器，并在
变压器的电源侧装设一套电流保护装置，以作为变压器
的后备保护。在变压器的 △ 侧发生两相短路时（如 a、b
两相短路，如图 1-1-11 所示），反映到 Y 侧，故障相
的滞后相（B 相）电流最大，是其他任何一相电流的 2
倍。如果采用三相完全星形接线，则接于 B 相上的电流

不同地点两点接地
短路时的工作分析

继电器由于流过较其他两相大一倍的电流，因此，灵敏系数也增大一倍，
这是十分有利的。如果采用两相不完全星形接线，则由于 B 相上没有电流
检测装置，灵敏系数只能由 A 相和 C 相的电流决定，在同样的情况下，
其数值比采用三相完全星形接线时减少 50%。为了克服这一缺点，可采用
两互感器三继电器不完全星形接线，如图 1-1-12 所示。第三个继电器接
在中性线上，流过的是 A、C 两相电流互感器二次电流的和，等于 B 相电
流的二次值，从而可将保护的灵敏系数增加一倍，与采用三相完全星形接
线相同。

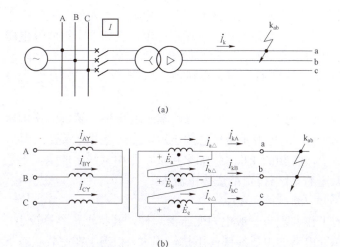

(a)

(b)

巧虎带你分析
两相三继电器接线

图 1-1-11　Y, d11 接线变压器两相短路

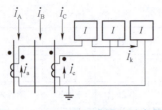

**图 1-1-12 两互感器三继电器不完全星形接线**

两相不完全星形接线方式较简单、经济，广泛应用于中性点非直接接地系统和中性点直接接地系统的相间短路的保护。对于前者，在不同线路的不同相别上发生两点接地短路时，有 2/3 的概率只切除一条线路，比三相完全星形接线方式好。因此，中性点非直接接地系统中广泛采用两相不完全星形接线方式。

④ 各种接线方式的应用范围。

三相完全星形接线方式主要用在中性点直接接地系统中，作为相间短路的保护，同时也可以兼作单相接地保护。两相不完全星形接线方式较为经济简单，主要应用在 35 kV 及以下电压等级的电网中，作为相间短路的保护。为了提高 Y，d11 接线变压器后两相短路时过电流保护的灵敏度通常采用两相三继电器接线。两相电流差接线方式接线简单，投资少，但是灵敏度较低，这种接线主要用在 6～10 kV 中性点不接地系统中，作为对馈电线和较小容量高压电动机的保护。

继电保护十八项举措中的 TA 一点接地（企业案例）

（4）电流互感器的使用注意事项。

① 电流互感器在工作时其二次侧不允许开路。

当电流互感器二次绕组开路时，电流互感器由正常短路工作状态变为开路状态，$\dot{I}_2 = 0$，励磁磁动势由正常时的很小值骤增，由于二次绕组的感应电动势与磁通变化率成正比，因此在二次绕组磁通过零时将感应产生很高数值的尖顶波电动势，其数值可达数千伏甚至上万伏，危及工作人员的安全和仪表、继电器的绝缘。磁通猛增，使铁芯严重饱和，引起铁芯和线圈过热。此外，还可能在铁芯中产生剩磁，使互感器的特性变差，误差增大。因此，电流互感器严禁二次侧开路运行，电流互感器的二次绕组必须牢靠地接在二次设备上，当必须从正在运行的电流互感器上拆除继电器时，应先将其二次绕组可靠地短路，再拆除继电器。

② 电流互感器的二次侧有一端必须接地，以防止一、二次绕组绝缘击穿时，一次侧高压窜入二次侧，危及人身和设备安全。

③ 电流互感器在连接时，一定要注意其端子的极性，否则二次侧所接仪表、继电器中所流过的电流不是预想的电流，甚至会引起事故。例如，在不完全星形接线中，C 相的 k1、k2 如果接反，则中性线中的电流不是相电流，而是相电流的 $\sqrt{3}$ 倍，可能烧坏电流表。

## 2. 电压互感器

电压互感器的工作原理与一般电力变压器一样，其特点是容量较小，二次侧所接仪表和继电器的电压线圈的阻抗值很大，相当于在空载状态下运行。

电压互感器的额定电压比为其一、二次额定电压之比：

$$K_{TV} = \frac{U_{1N}}{U_{2N}}$$

1）电压互感器的误差

电压互感器的等效电路与普通电力变压器相同，其相量如图 1−1−13 所示。其中的一次电量已折算到二次侧，为了说明问题，图中负荷电压降 $\Delta \dot{U}$ 被夸大了。

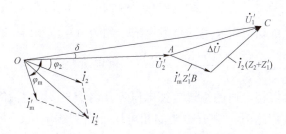

图 1−1−13　电压互感器的相量

从图中可以看出，$\dot{U}_1' \neq \dot{U}_2'$，说明电压互感器有误差 $\Delta \dot{U} = \dot{U}_1' - \dot{U}_2'$，包括电压误差 $\Delta U$ 和角度误差 $\delta$。电压互感器的误差与二次负荷及其功率因数和一次电压等运行参数有关。

2）电压互感器的接线方式

电压互感器在三相电路中有四种常见的接线方式，如图 1−1−14 所示。

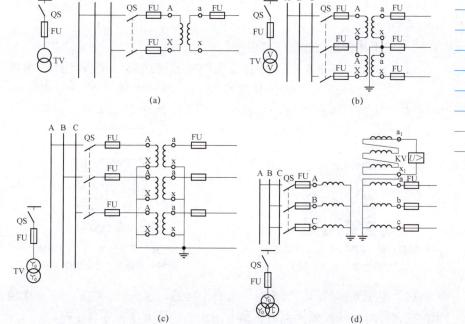

图 1−1−14　电压互感器的接线方式

(a) 一个单相电压互感器；(b) 两个单相电压互感器接成 "V/V" 形；(c) 三个单相电压互感器接成星形；

(d) 三个单相三线圈电压互感器或一个三相五柱式三线圈电压互感器接成联结的星形和开口三角形

（1）一个单相电压互感器的接线如图 1-1-14（a）所示，供仪表、继电器接于一个线电压。

（2）两个单相电压互感器接成"V/V"形如图 1-1-14（b）所示，供仪表、继电器接于三相三线制电路的各个线电压。这种接线方式用于中性点不直接接地或经消弧线圈接地的小接地电流电网中。这种装置二次总输出容量为两个单相电压互感器容量之和的 $\frac{\sqrt{3}}{2}$。

（3）三个单相电压互感器接成星形，如图 1-1-14（c）所示。电压互感器的电压比为 $\frac{U_{1N}}{\sqrt{3}} \Big/ \frac{100\text{ V}}{\sqrt{3}} \Big/ \frac{100\text{ V}}{\sqrt{3}}$，供电给要求线电压的仪表、继电器，并供电给接相电压的绝缘监视电压表。由于小接地电流的电网发生单相金属性接地短路时，非故障相的相电压升高到线电压，绝缘监视电压表不能接入处于绝缘状态的电压表，否则在发生单相接地短路时会损坏电压表。

（4）三个单相三线圈电压互感器或一个三相五柱式三线圈电压互感器接成联结的星形和开口三角形，如图 1-1-14（d）所示。星形的二次绕组供电给需要线电压的仪表、继电器及用作监视的电压表，辅助二次绕组接成开口三角形，构成零序电压滤过器，供电给监视线路绝缘的电压继电器。在三相电路正常运行时，开口三角形两端电压接近零。当某一相接地短路时，开口三角形两端将出现 100 V 的零序电压，使电压继电器动作，发出预警信号。

3）电压互感器的使用注意事项

（1）电压互感器在工作时其二次侧不允许短路。电压互感器和普通电力变压器一样，二次侧如发生短路，将产生很大的短路电流烧坏电压互感器。因此电压互感器的一、二次绕组必须装设熔断器，以进行短路保护。

如何对单一间隔 PT 二次回路进行
缺陷处理（企业案例）

如何对整段母线间隔 PT 二次回路
进行失压处理（企业案例）

（2）电压互感器的二次侧有一端必须接地。这是为了防止一、二次绕组绝缘击穿时，一次侧的高电压窜入二次侧危及人身和设备安全。

（3）电压互感器在连接时，也要注意其端子的极性。我国规定单相电压互感器一次绕组端子标以 A、X，二次绕组端子标以 a、x，其中的 A 与 a 为同极性端。三相电压互感器，其一次绕组端子分别标以 A、X、B、Y、

C、Z，二次绕组端子分别标以 a、x、b、y、c、z。这里的 A 与 a、B 与 b、C 与 c 分别为相对应的同极性端。

### 3. 变换器

常用的变换器有电压变换器（UV）、电流变换器（UA）和电抗变换器（UX）。

1）电压变换器

电压变换器的工作原理与电压互感器完全相同，电压变换器的铁芯一般采用无气隙的石钢片叠成，一次绕组质数多、导线细，与被保护元件的电压互感器的二次绕组并联。二次绕组所接负载的电阻通常很大，接近开路状态。二次电压 $\dot{U}_2 = \dot{K}_U \dot{U}_1$，式中 $\dot{K}_U$ 为电压变换器的电压变换系数，其值小于 1。当忽略励磁电流的影响时，电压变换器的二次电压 $\dot{U}_2$ 与一次电压 $\dot{U}_1$ 同相位。

在继电器的电压形成回路中，利用电压变换器不仅可以实现降压，还可以实现移相，如图 1-1-15（a）所示。电压变换的一次绕组串接一个电阻 $R$，这样 $\dot{U}_2$ 将超前 $\dot{U}_1$ 一个 $\theta$ 角，如图 1-1-15（b）所示。这时电压变换系数 $\dot{K}_U$ 为复数，即 $\dot{U}_2 = \dot{K}_U \dot{U}_1$。电压变换系数 $\dot{K}_U$ 不仅反映 $\dot{U}_2$ 的数值改变，还反映相位的改变。改变电阻 $R$ 的大小，可使 $\theta$ 角在 0°～90° 范围内变化。

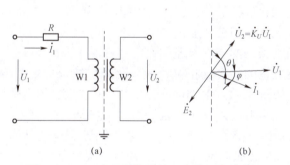

**图 1-1-15  电压变换器的一次绕组串接电阻**
（a）原理接线图；（b）相量图

2）电流变换器

电流变换器的原理接线图如图 1-1-16 所示，它由一个小容量辅助电流互感器及其固定负荷电阻构成。电流变换器的一次绕组接保护元件的电流互感器的二次绕组，将输入电流 $\dot{I}_1$ 变换成与其成正比的电压 $\dot{U}_2$。

电流变换器的等效电路如图 1-1-17 所示，其忽略了辅助电流互感器的漏阻抗，因为测量变换器的共同特点是漏阻抗可忽略不计。其中的 $\dot{I}'_1$、$\dot{I}'_m$、$Z'_m$ 为折算到电流互感器二次侧的数值。一般情况下，为减小 $Z'_m$ 的非线性影响，电流互感器的二次电阻远小于 $Z'_m$，因此，可忽略励磁电流 $\dot{I}'_m$。当负荷电流 $\dot{I}_L = 0$ 时，其输出电压 $\dot{U}_2$ 可近似表示为

$$\dot{U}_2 \approx \dot{I}_2 R = \dot{I}_1' R = \frac{\dot{I}_1}{K_{TA}} R = K_i \dot{I}_1$$

式中　$K_{TA}$——辅助电流互感器的二次绕组与一次绕组匝数之比；

　　　　$K_i$——电流变换器的电压变换系数，$K_i = \dfrac{R}{K_{TA}}$。

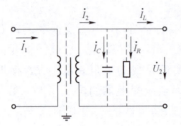

图 1-1-16　电流变换器的
原理接线图

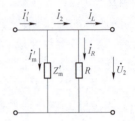

图 1-1-17　电流变换器的
等效电路

3）电抗变换器

电抗变换器的作用是将由电流互感器输入的电流 $\dot{I}_1$ 转换成与其成正比的输出电压 $\dot{U}_2$。电抗变换器的原理接线图如图 1-1-18（a）所示。通常有一个或两个一次绕组 W1，有两个或三个二次绕组 W2、W3。一次绕组用较粗的导线绕制，并且匝数很少，二次绕组一般用较细的导线绕制，并且匝数较多。其采用三柱式铁芯，在中间芯柱上有 1～2 mm 的空气隙 $\sigma$。全部绕组都绕制在中间芯柱上。

（1）电抗变换器的工作原理。

当电抗变换器的二次绕组 W2、W3 开路时，忽略电抗变换器的漏阻抗，画出等效电路如图 1-1-18（b）所示。由于电抗变换器有空气隙，所以磁路磁阻很大，励磁阻抗 $Z_m = r_m + jX_m$ 很小，励磁电流 $\dot{I}_m$ 很大，通常电抗变换器的二次负荷阻抗很大，负荷电流可忽略不计，这样可认为一次电流全部流入励磁回路作为励磁电流，$\dot{I}_1' = \dot{I}_m$，所以二次侧近于在开路状态下运行，于是可以把电抗变换器看成电抗器，而这就是电抗变换器名称的由来。

$$\dot{I}_1' = \frac{\dot{I}_1}{K_{UX}}$$

式中　$K_{UX}$——电抗变换器的二次绕组与一次绕组的匝数比，$K_{UX} = \dfrac{W_2}{W_1}$。

一次电流 $\dot{I}_1' \approx \dot{I}_m = \dot{I}_{ma} + j\dot{I}_{mr}$ 两部分，其中无功分量电流 $\dot{I}_{mr}$ 建立磁通 $\Phi_m$ 并与 $\dot{I}_{mr}$ 同相位，有功分量中 $\dot{I}_{ma}$ 与 $\dot{U}_2 = -\dot{E}_2$ 同相位，补偿铁芯损耗。$\dot{U}_2$ 超前 $\dot{\phi}_m$ 90°，画出相量图如图 1-1-18（c）所示。$\dot{U}_2$ 与 $\dot{I}_1'$ 的夹角 $\Phi \approx 90°$，它们的关系式如下：

$$\dot{U}_2 = \dot{I}_1' Z_m = \frac{Z_m}{K_{UK}} \dot{I}_1 = \dot{K}_I \dot{I}_1$$

式中　$\dot{K}_1$——电抗变换器的转移阻抗，$\dot{K}_1 = \dfrac{Z_m}{K_{UK}}$ 是一个复数，当铁芯未

　　饱和时，它是一个常数。

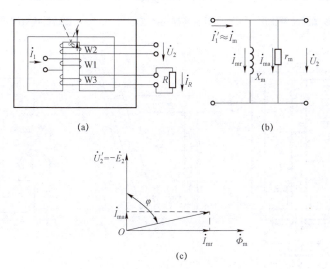

**图 1-1-18　电抗变换器的原理接线图、等效电路和相量图**
（a）原理接线图；（b）等效电路；（c）相量图

（2）电抗变换器的使用注意事项。

由于电抗变换器的一次绕组接入电流源，故 $\dot{I}_1'$ 是不变的，当 W3 接入电阻时，励磁电流 $\dot{I}_m$ 比没接 $R$ 时小，则磁通 $\varPhi$ 减小，将会引起二次输出电压 $\dot{U}_2$ 下降；在实际调试中，要减小 $\varPhi$，必须减小 $R$，但当 $R$ 减小到一定值时，这种方法就不奏效了。因为在 $R$ 减小时，虽然 $\dot{I}_R$ 增大，但 W3 二次回路阻抗角 $\varPhi_2$ 也在增大，对减小 $\varPhi$ 来说这两个因素的作用正好相反。所以在调节过程中，当 $R$ 值较大时，前一个因素起主要作用，故随着减小 $R$ 值，$\varPhi$ 值也减小，当 $R$ 减小到一定程度时，第二个因素起主要作用，如继续减小 $R$，$\varPhi$ 值反而会增大，电抗变换器的线性度也就增加。为使 $\dot{U}_2$ 与 $\dot{I}_1$ 之间在很大范围内保持线性关系，则电抗变换器的励磁阻抗 $Z_m$ 应为常数，但电抗变换器的铁芯磁化曲线是非线性的；电抗变换器本身是一个模拟阻抗 $Z = R + jX_m \approx jX_m$，$X_m = \omega M = 2\pi f M$（$M$ 为电抗变换器的一次和二次绕组互感）。可见，$Z$ 是一次电流频率 $f$ 的函数，且 $f$ 越高，$Z$ 值越大。因此，禁止在负荷电流中含有大量高次谐波的电路中使用电抗变换器，它对非同期分量及低次谐波电流有削弱作用。

## 七、电磁型继电器的调校

### 1. 电磁型继电器的结构和工作原理

电磁型继电器主要有 3 种不同的结构形式，即螺管线圈式、吸引衔铁式和转动舌片式，如图 1-1-19 所示。

螺管线圈式继电器

吸引衔铁式继电器

转动舌片式继电器

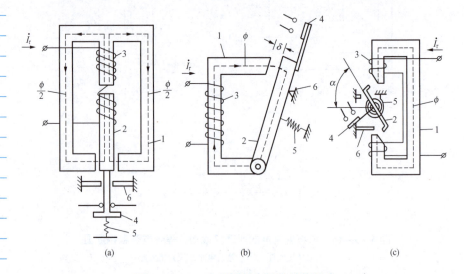

(a)　　　　　　　　(b)　　　　　　　　(c)

**图 1-1-19　电磁型继电器的结构形式**
（a）螺管线圈式；（b）吸引衔铁式；（c）转动舌片式
1—电磁铁；2—可动衔铁；3—线圈；4—触点；5—反作用弹簧；6—止挡

通常电磁型电流和电压继电器均采用转动舌片式结构，时间继电器采用螺管线圈式结构，中间继电器和信号继电器采用吸引衔铁式结构。每种结构皆包括6个组成部分，即电磁铁1、可动衔铁2、线圈3、触点4、反作用弹簧5和止挡6。

当线圈通入电流 $\dot{I}_r$ 时，产生与其成正比的磁通 $\phi$，磁通 $\phi$ 经过铁芯、空气隙和可动衔铁构成闭合回路。可动衔铁（或舌片）在磁场中被磁化，产生电磁力 $F$ 和电磁转矩 $M$，当电流 $\dot{I}_r$ 足够大时，可动衔铁被吸引移动（或舌片转动），使继电器的动触点和静触点闭合，这一过程被称为继电器动作。由于止挡的作用，可动衔铁只能在预定范围内运动。

根据电磁学原理可知，电磁力 $F$ 与磁通 $\phi$ 的二次方成正比，即

$$F = K_1 \phi^2 \qquad (1-1-1)$$

式中　$K_1$——比例系数。

磁通 $\phi$ 与线圈中通入电流 $\dot{I}_r$ 产生的磁通势 $\dot{I}_r N_r$ 和磁通所经过磁路的磁阻 $R_m$ 有关，即

$$\phi = \frac{\dot{I}_r N_r}{R_m} \qquad (1-1-2)$$

将式（1-1-2）代入式（1-1-1）中可得

$$F = K_1 N_r^2 \frac{i_r^2}{R_m^2} \qquad (1-1-3)$$

电磁转矩 $M$ 为

$$M = FL = K_1 L N_r^2 \frac{i_r^2}{R_m^2} = K_2 i_r^2 \qquad (1-1-4)$$

式中　$K_2$——系数,当磁阻 $R_m$ 一定时,$K_2$ 为常数。

式(1-1-4)说明,当磁阻 $R_m$ 为常数时,电磁转矩 $M$ 正比于电流 $i_r^2$,而与通入线圈中电流的方向无关,所以根据电磁原理构成的继电器可以被制成直流继电器或交流继电器。

### 2. 电磁型电流继电器

电磁型电流继电器在电流保护中被用作测量和启动元件,它是反映电流超过某一整定值而动作的继电器。电磁型电流继电器的结构和表示符号如图1-1-20所示。其线圈导线较粗、匝数少,被串接在电流互感器的二次侧,作为电流保护的启动元件(或称测量元件),用于判断被保护对象的运行状态。

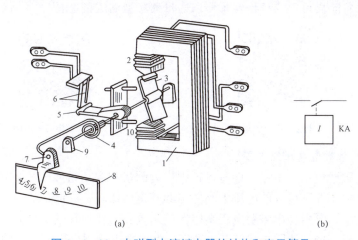

（a）　　　　　　　　　　　　（b）

**图1-1-20　电磁型电流继电器的结构和表示符号**

（a）结构；（b）表示符号

1—电磁铁；2—线圈；3—Z形舌片；4—螺旋弹簧；5—动触点；6—静触点；

7—整定值调整把手；8—刻度盘；9—轴承；10—止挡

电磁型电流继电器由电磁铁、线圈、固定在转轴上的 Z 形舌片和螺旋弹簧及动触点、静触点等构成。通过电磁型电流继电器的电流产生电磁力矩 $M_e$,作用于 Z 形舌片；螺旋弹簧产生反作用力矩 $M_s$,作用于转轴。当 $M_e$ 大于 $M_s$ 时,Z 形舌片转动(忽略轴与轴承的摩擦力矩),动合触点(也称常开触点,即在电磁型电流继电器不带电时处于断开状态,在电磁型电流继电器动作时闭合的触点)闭合,这一过程称为电磁型电流继电器动作。电磁型电流继电器动作的条件为

$$M_e > M_s \qquad (1-1-5)$$

使电磁型电流继电器动作的最小电流值称为动作电流,用 $I_{act}$ 表示。

电磁型电流继电器动作后,减小通过电磁型电流继电器的电流,电流

产生的电磁力矩 $M_e$ 也随之减小，当其小于螺旋弹簧产生的反作用力矩 $M_s$ 时，Z 形舌片在 $M_s$ 的作用下回到动作前的位置，而此时动合触点断开，这一过程称为电磁型电流继电器的返回。电磁型电流继电器的返回条件为

$$M_e < M_s \qquad (1-1-6)$$

使电磁型电流继电器返回原位的最大电流值称为返回电流，用 $I_{re}$ 表示。由于动作前、后 Z 形舌片的位置不同，动作后磁路的气隙变小，故返回电流 $I_{re}$ 总是小于动作电流 $I_{act}$。

电磁型电流继电器的返回电流 $I_{re}$ 与动作电流 $I_{act}$ 的比值称为返回系数 $K_{re}$，即

$$K_{re} = \frac{I_{re}}{I_{act}} \qquad (1-1-7)$$

在实际应用中，要求有较高的返回系数，如 0.85～0.95。另外，返回系数越大，则电流保护装置的灵敏度越高。

**注意：** 过大的返回系数会使电磁型电流继电器触点闭合不够可靠。因此，在实际应用中应根据具体要求选用电磁型电流继电器。

电流继电器的动作

电流继电器的返回

### 3. 电磁型电压继电器

电磁型电压继电器在电压保护中作为测量和启动元件，它的作用是测量被保护元件所接入的电压大小并与其整定值比较，决定其是否动作。电磁型电压继电器与电磁型电流继电器的结构和工作原理基本相同，但电磁型电压继电器的线圈导线细、匝数多，为改善电磁型电压继电器的动态特性，需要增大线圈的电阻，故线圈多用康铜线绕制。

电磁型电压继电器有过电压继电器和低电压继电器之分。过电压继电器动作和返回的概念等同于电磁型电流继电器。低电压继电器设有一对动断触点（也称常闭触点，即电磁型电压继电器线圈不通电或电压低于某定值时处于闭合状态的触点），正常运行时系统电压为额定值，电压互感器的二次额定电压被加在低电压继电器上，产生的电磁力矩

电压继电器

$M_e$ 大于螺旋弹簧产生的反作用力矩 $M_s$，触点处于断开状态；当发生短路故障时，系统电压下降，产生的电磁力矩 $M_e$ 小于螺旋弹簧产生的反作用力矩 $M_e$ 时，动断触点闭合，这一过程称为低电压继电器动作。使其动作的最高电压称为低电压继电器的动作电压 $U_{act}$。当故障消失后，电压便会恢复，由电压升高产生的电磁力矩 $M_e$ 大于螺旋弹簧产生的反作用力矩 $M_s$ 时，动断触点断开，这一过程称为低电压继电器返回。使其返回的最低电

压称为低电压继电器的返回电压 $U_{re}$。返回系数 $K_{re} = U_{re}/U_{act}$，低电压继电器的返回系数大于 1，通常要求 $K_{re}$ 小于或等于 1.2。

#### 4. 辅助继电器

1）时间继电器

时间继电器在继电保护装置中作为时限元件，用来建立继电保护装置所需的动作时限，实现主保护与后备保护或多级线路保护的选择性配合。它的操作电源有直流的也有交流的，一般多为电磁式直流时间继电器。关于时间继电器的要求如下。

（1）应能延时动作。线圈通电后，时间继电器的主触点不是立即闭合，而是经过一段延时后才闭合，并且这个延时应十分准确、可调，不受操作电压波动的影响。

（2）应能瞬时返回。对已经动作或正在动作的时间继电器，一旦线圈上所加电压消失，则整个机构应立即恢复到原始状态，而不应有任何拖延，以便尽快做好下一次动作的准备。

时间继电器的结构及表示符号如图 1-1-21 所示，其由电磁部分、钟表部分和触点组成。当线圈 1 通电时，电磁铁 2 产生磁场，衔铁 3 在磁场的作用下向下运动，钟表机构 10 开始计时，动触点 11 随钟表机构旋转，延迟的时间取决于动触点 11 与静触点 12 接通所旋转的角度，这一延时从刻度盘 13 上可粗略地估计；当线圈 1 失压时，钟表机构 10 在返回弹簧 4 的作用下返回。8 为可瞬动触点。另外，有些时间继电器还有滑动延时触点，即当动触点在静触点上滑过时才闭合的触点。

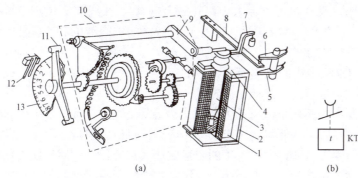

（a）　　　　　　　　　　　　　（b）

**图 1-1-21　时间继电器的结构及表示符号**

（a）结构；（b）表示符号

1—线圈；2—电磁铁；3—衔铁；4—返回弹簧；5，6—固定瞬时动断、动合触点；7—扎头；8—可瞬动触点；9—曲柄杠杆；10—钟表机构；11—动触点；12—静触点；13—刻度盘

2）中间继电器

中间继电器一般是吸引衔铁式结构，起桥梁作用，它的用途如下：

（1）增加触点的数目，以便同时控制几个不同的回路；

（2）增大触点的容量，以便接通或断开电流较大的回路；

（3）起必要的延时和自保持作用，以便在触点动作或返回时得到一定延时，以及使动作后的回路得到自保持。

正因为中间继电器具有上述优点，可满足复杂继电保护装置的需要，因此得到了广泛应用。中间继电器的结构及表示符号如图1－1－22所示。

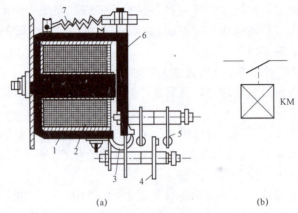

（a）                                （b）

**图1－1－22　中间继电器的结构及表示符号**

（a）结构；（b）表示符号

1—电磁铁；2—线圈；3—衔铁行程控制；4—静触点；5—动触点；6—衔铁；7—弹簧

线圈2通电后，电磁铁1产生电磁力，吸引衔铁行程控制3，从而带动动触点5，使动合触点闭合，动断触点打开。外加电压（或电流）消失后，在弹簧7的拉力下，衔铁6返回。为保证在操作电压降低时中间继电器能可靠动作，一般中间继电器和时间继电器的动作电压不应大于额定电压的70%（动作电流不应大于铭牌额定电流），在线圈2所加电压（或电流）完全消失时衔铁6返回。具有保持线圈的中间继电器的保持电流不应大于其额定电流的80%，保持电压不应大于其额定电压的65%。

在 DZS 型中间继电器的铁芯上，由于装设了短路环或短路线圈等磁阻尼元件，可获得一定的延时特性。当线圈接通或断开电源时，短路环或短路线圈中的感应电流总是力图阻止磁通的变化，延缓铁芯中磁通的建立或消失的过程，从而得到一定的动作或返回延时。当短路环装于铁芯根部时，在衔铁吸持前，它所产生的阻尼磁通大部分经过漏磁回路而闭合，对气隙磁通的影响很小，这是因为返回是在衔铁吸持时开始的，所以对动作时间几乎没有影响，但却可延长返回时间。此时，主磁路没有气隙，阻尼磁通经衔铁而构成闭合回路，故对主磁通的影响较大。与此相反，当短路环装于铁芯靠近气隙一侧时，其便可获得动作延时和返回延时。

3）信号继电器

信号继电器一般是吸引衔铁式结构。由于保护的操作电源一般采用直流电源，所以信号继电器多为电磁式直流继电器。信号继电器的作用是，当继电保护装置动作时，明显标示出其动作状态，或接通灯、声、光信号电路，以便分析保护动作行为和电力系统故障性质。

图 1-1-23 所示为 DX-11 型信号继电器的结构及表示符号。当线圈 8 中通电时，衔铁 3 克服弹簧 2 的拉力被吸引，信号牌 4 由于失去支持而落下，并保持在垂直位置，动触点 6 和静触点 7 闭合，从信号牌显示窗口可以看到掉牌。信号继电器的触点自保持在值班员手动转动复归旋钮后才能将掉牌信号和触点复归，信号牌 4 恢复到水平位置由衔铁 3 支持准备下一次动作。

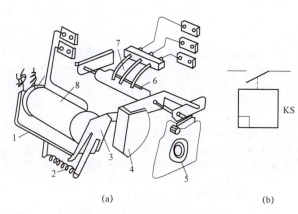

(a)             (b)

**图 1-1-23 DX-11 型信号继电器的结构及表示符号**

（a）结构；（b）表示符号

1—电磁铁；2—弹簧；3—衔铁；4—信号牌；5—信号牌显示窗口；

6—动触点；7—静触点；8—线圈

## 任务实施

### 一、明确任务

校验前期准备及安全措施实施。

### 二、校验前准备的资料

保护装置校验人员分工、二次工作安全措施票、保护检验作业指导书等。

### 三、工器具准备

继电保护测试仪、万用表、钳子、绝缘胶布、测试线等。

### 四、工作任务及安全措施

人员分工、工作时间、工作任务、停电设备、工作地点、临近一次带电部位、工作中相邻运行屏位等。

### 五、二次安全措施的实施工作

1. 检查压板的原始状态。

2. 检查原始定值区的区号。

3. 实施安全措施。

电流回路、电压回路、电压回路外侧用绝缘胶布包裹等。

**校验前期准备及安全措施实施**

 任务评价

**校验前期准备及安全措施实施成果评价表**

| 评价项目 | 评价内容 | 评价标准 | 评价等级 | | |
|---|---|---|---|---|---|
| | | | 自评 | 组评 | 师评 |
| 资料准备（10分） | 专业资料准备（10分） | 优：能根据任务，熟练查找专业网站和专业书籍，咨询资深专业人士，获取需要的较全面的专业资料。<br>良：能根据任务，查找专业网站或专业书籍，或通过咨询资深专业人士，获取需要的部分专业资料。<br>差：没有查找专业资料或资料极少 | 优□<br>良□<br>差□ | 优□<br>良□<br>差□ | 优□<br>良□<br>差□ |
| 实际操作（70分） | 着装和工器具选用（15分） | 优：正确着装，正确选取安全工器具，正确布置工作现场。<br>良：未正确着装，未正确选取安全工器具，正确布置工作现场。<br>差：未正确着装，未正确选取安全工器具，未正确布置工作现场 | 优□<br>良□<br>差□ | 优□<br>良□<br>差□ | 优□<br>良□<br>差□ |
| | 工器具检查（15分） | 优：正确进行安全工器具的外观、电压和有效试验期等检查。<br>良：正确进行安全工器具的外观、电压检查，未进行有效试验期和标示牌字迹等检查。<br>差：安全工器具检查不标准或未检查 | 优□<br>良□<br>差□ | 优□<br>良□<br>差□ | 优□<br>良□<br>差□ |
| | 工作任务及安措交底（10分） | 优：能正确进行人员分工和安措交底。<br>良：能正确进行人员分工和工作任务分配。<br>差：未正确进行人员分工和安措交底 | 优□<br>良□<br>差□ | 优□<br>良□<br>差□ | 优□<br>良□<br>差□ |
| | 二次安全措施的实施（30分） | 优：正确进行电流、电压回路断电及安措布置。<br>良：正确进行电流、电压回路断电，未正确安措布置。<br>差：未正确进行电流、电压回路断电及安措布置 | 优□<br>良□<br>差□ | 优□<br>良□<br>差□ | 优□<br>良□<br>差□ |
| 基本素质（20分） | 辩证思维方法（10分） | 优：能按辩证的思维方法分析和解决问题。<br>良：基本能按辩证的思维方法分析和解决问题。<br>差：不能按辩证的思维方法分析和解决问题 | 优□<br>良□<br>差□ | 优□<br>良□<br>差□ | 优□<br>良□<br>差□ |

续表

| 评价项目 | 评价内容 | 评价标准 | 评价等级 | | |
|---|---|---|---|---|---|
| | | | 自评 | 组评 | 师评 |
| 基本素质<br>（20分） | 技术创新<br>（10分） | 优：具备创新意识和科技强国信念，能对实际生产生活进行观察和思考。<br>良：基本具备创新意识和科技强国信念。<br>差：不具备创新意识和科技强国信念 | 优□<br>良□<br>差□ | 优□<br>良□<br>差□ | 优□<br>良□<br>差□ |
| 小组意见 | | | | | |
| 教师意见 | | | | | |
| 总成绩 | 优□　良□　差□ | 备注 | 总成绩＝自评×0.2＋组评×0.3＋师评×0.5<br>各级权重：优＝1；良＝0.8；差＝0.5 | | |

 码上习题

探寻继电保护的奥秘

对继电保护装置的 4 个基本要求

电流继电器的调校

电压继电器的调校

信号和时间继电器的调校

电流保护接线方式

**实践实拍：** 拆装电磁型继电器并录制调校过程。

## 任务二　单侧电源网络的相间电流保护

 任务描述

　　电网担负着由电源向负荷输送电能的任务，输电线路正常运行时，线路上流过的是负荷电流。当输电线路发生故障时，其主要特征是电流增大（是正常运行时负荷电流的几倍），利用这一特征构成电流保护。电流保护利用电流测量元件反映故障时电流增大而动作的保护。在辐射型单侧电源网络中，为切除线路上的故障，只需要在各条线路的电源侧装设断路器和相应的保护，保护通常采用阶段式电流保护，包括瞬时电流速断保护、限时电流速断保护和定时限过电流保护。具体应用时，可以只采用电流速断加过电流保护或限时电流速断加过电流保护，也可以三者同时采用。阶段式电流保护的主要优点是简单、可靠，并且在一般情况下能够满足快速切除故障的要求。因此，它在电网中（特别是在 35 kV 及以下较低电压的电网中）得到了广泛的应用。

 学习目标

素质目标：培养耐心、细心、专心的"三心意识"，具备标准化作业的职业精神。

知识目标：单侧电源网络相间短路的电流保护构成；阶段式电流保护的动作电流、动作时限整定及灵敏度校验。

技能目标：能识读阶段式电流保护图纸，会按照图纸完成保护校验调试接线，掌握调试的有效方法；会正确使用、维护和保养常用校验设备、仪器和工具。

 任务资料

### 一、瞬时电流速断保护（电流 I 段保护）

#### 1. 工作原理及整定计算

输电线路发生短路故障时，由于反映电流增大而瞬时动作切除故障的电流保护称为瞬时电流速断保护，又称为电流 I 段保护（简称"I 段保护"）。

动作电流的整定必须保证继电保护动作的选择性，电流 I 段保护整定如图 1-2-1 所示，k1 处故障对于保护 1 是外部故障，应当由保护 2 跳开

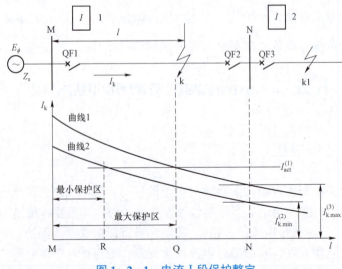

图 1-2-1　电流 I 段保护整定

QF2。当 k1 处故障时短路电流也会流过保护 1，需要保证保护 1 在此时不动作，即保护 1 的动作电流必须大于外部故障时的短路电流。

图 1-2-1 所示曲线为短路电流曲线，表示在一定系统运行方式下短路电流与故障点远近的关系。短路电流计算公式如下：

三相短路时：

$$I_k^{(3)} = \frac{E_\phi}{Z_s + z_1 l} \qquad (1-2-1)$$

两相短路时：

$$I_k^{(2)} = \frac{E_\phi}{Z_s + z_1 l} \times \frac{\sqrt{3}}{2} \qquad (1-2-2)$$

式中　$E_\phi$——相电势；

$Z_s$——系统电源等效阻抗；

$Z_1$——线路单位长度阻抗（架空线路一般为 0.4 Ω/km）；

$l$——故障点到保护安装处的距离（km）。

短路电流的大小由以下因素决定：

（1）系统运行方式与系统电源等效阻抗有关，系统电源等效阻抗 $Z_s$ 与电源投入的数量、电网结构变化有关。$Z_s$ 最大时通过保护装置的短路电流最小，称为最小运行方式；$Z_s$ 最小时通过保护装置的短路电流最大，称为最大运行方式。

（2）故障点到保护安装处的距离 $l$ 越小，短路电流便越大。

（3）对于短路类型，$I_k^{(3)} > I_k^{(2)}$，一般电流保护被用于小电流接地系统，不需要考虑接地短路类型。

最大和最小运行方式

电流保护急先锋

图 1-2-1 中的短路电流曲线 1 对应最大运行方式、三相短路情况，曲线 2 对应最小运行方式、两相短路情况。

根据以上讨论可知，外部故障时流过保护 1 的最大短路电流为

$$I_{k.max}^{(3)} = \frac{E_\phi}{Z_{s.min} + z_1 l_{MN}} \qquad (1-2-3)$$

式中　$Z_{s.min}$——最大运行方式时的系统阻抗；

$l_{MN}$——线路 MN 全长。

由于外部故障距离保护 1 最近之处就是线路的末端 N 处，则 $I_{k.max}^{(3)}$ 为最大运行方式下本线路末端发生三相短路时的短路电流。按照选择性的要求，动作电流应满足

$$I_{act}^{(I)} > I_{k.max.N}^{(3)} \qquad\qquad (1-2-4)$$

电流互感器、电流继电器均有误差，整定时应考虑这些误差并留有裕度，电流Ⅰ段保护整定公式为

$$I_{act}^{(I)} = K_{rel}I_{k.max.N}^{(3)} \qquad\qquad (1-2-5)$$

式中   $K_{rel}$——可靠系数，考虑短路电流计算误差、电流互感器误差、电流继电器动作电流误差、短路电流中非周期分量的影响和必要的裕度，一般取 1.2～1.3。

由图 1-2-1 可以看出，动作电流大于最大的外部短路电流，最大运行方式下 MQ 段发生三相短路时短路电流大于动作电流，保护动作，这个区域称为保护区。电流保护的保护区是变化的，短路电流水平降低时保护区缩短，如最小运行方式下发生两相短路时保护区变为 MR 段。

式（1-2-5）所示的整定公式也可以理解为考虑最大运行方式下短路类型以及电流互感器、保护误差等情况后，瞬时电流速断保护的保护区不超过本线路范围，即电流Ⅰ段。保护无法覆盖本线路的全长。

电流Ⅰ段保护范围 1      电流Ⅰ段保护范围 2

当运行方式为图 1-2-2 所示的线路-变压器组接线方式时，电流Ⅰ段保护可将保护区伸入变压器内，保护本线路全长。

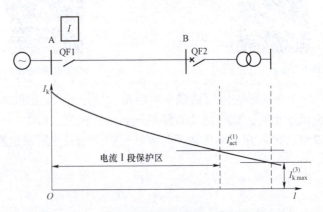

**图 1-2-2 线路-变压器组接线方式的整定方法**

### 2. 电流Ⅰ段保护的单相原理

电流Ⅰ段保护的单相原理如图 1-2-3 所示，其由电流继电器（测量元件）KA、中间继电器 KM、信号继电器 KS 组成。

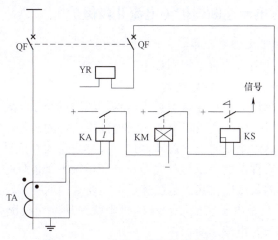

图1-2-3 电流Ⅰ段保护的单相原理

**注意**：采用中间继电器的原因如下。

（1）电流继电器的接点的断流容量比较小，不能直接通过跳闸线圈YR的跳闸电流，因此，应先启动中间继电器，再由中间继电器的接点（容量大）跳闸。

（2）当线路上装有避雷器时，利用中间继电器来增大保护装置的固有动作时间，以防止避雷器放电引起的瞬时电流速断保护误动作。

（3）由于线路空投时线路分布电容的暂态充电电流很大，可能让瞬时电流速断保护误动，使用中间继电器可以延长其动作时间以躲过充电的暂态过程。

电流继电器KA接于电流互感器TA的二次侧，正常运行时，线路中流过的是负荷电流，电流互感器TA的二次电流小于电流继电器KA的动作电流，保护不动作；当线路发生短路故障时，线路中流过短路电流，当流过电流继电器KA的电流大于它的动作电流时，电流继电器KA动作，触点闭合，启动中间继电器KM，中间继电器KM触点闭合，在

电流Ⅰ段保护的单相原理

控制断路器跳闸，切除故障线路的同时，启动信号继电器KS，使其动作，从而发出保护动作的告警信号。

### 3. 电流Ⅰ段保护的特点

电流Ⅰ段保护简单可靠，动作迅速，靠动作电流的整定获得选择性。它不能保护线路全长，保护范围受系统运行方式、短路类型、线路长短等的影响。当运行方式变化很大或被保护线路很短时，甚至没有保护区。但在个别情况下，电流Ⅰ段保护可保护线路全长，如当电网的终端线路采用线路-变压器组接线方式时，可以将线路和变压器视为一个元件，动作电流按躲过变压器低压侧线路出口短路来整定，这样就可以保护线路全长了。

## 二、限时电流速断保护（电流Ⅱ段保护）

### 1. 工作原理及整定计算

限时电流速断保护整定规则如下。

1）动作电流、动作时限的整定

由于有选择性的电流速断保护不能保护线路的全长，故可考虑增加一段新的保护，用来切除本线路上速断保护范围以外的故障，也能作为速断保护的后备，这就是限时电流速断保护，又称为电流Ⅱ段保护。

对这个新设保护的要求，首先是在任何情况下都能保护线路的全长，并具有足够高的灵敏度；其次是在满足上述要求的前提下，力求具有最小的动作时限。正是由于它能以较小的时限快速切除全线路范围以内的故障，故称其为限时电流速断保护。

由图 1-2-4 可以看出，设置电流Ⅱ段保护的目的是保护本线路全长，电流Ⅱ段保护的保护区必然会伸入下一条线路（相邻线路），在图 1-2-4 所示的 k 点发生故障时，保护 1 的电流Ⅱ段保护存在与下一条线路保护 2 的电流Ⅰ段保护"抢动"的问题。

当发生图 1-2-4 所示故障时，保护 1 的电流Ⅱ段保护、保护 2 的电流Ⅰ段保护的电流继电器均动作，而按照保护选择性的要求，保护 2 的电流Ⅰ段保护动作跳开 QF2，保护 1 的电流Ⅱ段保护不跳开 QF1。为了保证选择性，电流Ⅱ段保护动作带有一个延时，且动作慢于电流Ⅰ段保护。这样下一条线路始端发生故障时，电流Ⅱ段保护与下一条线路电流Ⅰ段保护同时启动但不立即跳闸，下一条线路电流Ⅰ段保护动作跳闸后短路电流消失，电流Ⅱ段保护返回。当本线路末端短路时，下一线路电流Ⅰ段保护不动作，本线路电流Ⅱ段保护经延时动作跳闸。

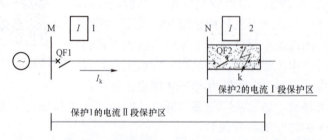

**图 1-2-4　电流Ⅱ段保护与下一条线路电流Ⅰ段保护"抢动"**

电流Ⅱ段保护的整定原则是与下一条线路电流Ⅰ段保护配合。

（1）动作时限配合：

$$t_1^{(\mathrm{II})} > t_2^{(\mathrm{I})} \ , \quad t_1^{(\mathrm{II})} = t_2^{(\mathrm{I})} + \Delta t = \Delta t$$

式中　$\Delta t$ ——时间级差，应长于电流Ⅰ段保护动作、断路器跳闸、电流Ⅱ段保护返回时间之和，同时还要考虑时间继电器误差以及留有一定裕度。

$\Delta t$ 的取值范围为 0.3～0.5 s，一般取 0.5 s，时间元件精度较高时 $\Delta t$ 可取较小值。

（2）保护区配合：电流Ⅱ段保护区不伸出下一条线路电流Ⅰ段保护区。

保护 1 的电流Ⅱ段保护区配合如图 1-2-5 所示，若保护 1 的电流Ⅱ段保护区伸出下一条线路电流Ⅰ段保护区，在图示 k 区域发生故障时，保护 2 的电流Ⅰ段保护不动，保护 1 的电流Ⅱ段保护与保护 2 的电流Ⅱ段保护启动并同时动作，跳开 QF1、QF2，保护动作为非选择性的。

电流Ⅱ段保护区

电流Ⅱ段"抢动"问题

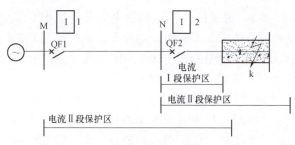

图 1-2-5  保护 1 的电流Ⅱ段保护区配合

电流Ⅱ段保护整定公式为

$$I_{act.1}^{(II)} = K_{rel} I_{act.2}^{(I)}$$
$$t_1^{(II)} = \Delta t \qquad (1-2-6)$$

式中　$K_{rel}$ ——可靠系数，考虑到短路电流中的非周期分量已衰减，取
　　　　　　　1.1～1.2；

　　　$I_{act.2}^{(I)}$ ——下一条线路电流Ⅰ段保护的动作电流；

　　　$\Delta t$ ——动作时限，一般取 0.5 s。

电流Ⅱ段保护整定如图 1-2-6 所示。

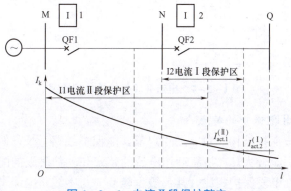

图 1-2-6  电流Ⅱ段保护整定

2）灵敏度校验

设置电流Ⅱ段保护的目的是保护线路全长，故应校验在本线路发生故障，短路电流最小的情况下保护能否可靠动作。电流保护动作条件为 $I_k > I_{act}^{(II)}$，保护反映故障能力以灵敏系数表示，即

$$K_{sen} = \frac{I_k}{I_{act}^{(II)}} \qquad (1-2-7)$$

考虑电流互感器、电流继电器误差，当 $K_{sen}$ 大于规定值（1.3～1.5）时才认为电流保护能可靠动作。灵敏度校验按最不利的情况计算，即在最小运行方式下，被保护线路末端发生两相短路时，短路电流为本线路内部故障时最小的短路电流，以此短路电流校验灵敏度，即

$$K_{sen}^{(II)} = \frac{I_{k.min}^{(2)}}{I_{act}^{(II)}} \qquad (1-2-8)$$

$K_{sen}^{(II)} > 1.3～1.5$，灵敏度合格，说明电流Ⅱ段保护有能力保护本线路全长。当灵敏系数不能满足要求时，电流Ⅱ段保护可与相邻线路电流Ⅱ段保护配合整定，即动作时限为 $t_1^{(II)} = t_2^{(II)} + \Delta t = 2\Delta t$，$I_{act.1}^{(II)} = K_{rel} I_{act.2}^{(II)}$，或使用其他性能更好的保护方式（如距离保护）。

**2. 电流Ⅱ段保护的单相原理**

如图 1-2-7 所示，与电流Ⅰ段保护相比，电流Ⅱ段保护增加了时间继电器 KT，其作用是建立保护所需的延时，当电流元件启动后，必须经过时限元件的延时 $t_1^{(II)}$，才能动作于跳闸。如果在 $t_1^{(II)}$ 前故障已经被切除，则电流元件返回，保护不动作。

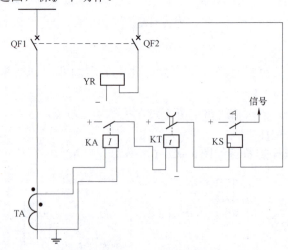

图 1-2-7 电流Ⅱ段保护的单相原理

**3. 电流Ⅱ段保护的特点**

电流Ⅱ段保护结构简单、动作可靠，能保护线路全长，但受系统运行方式变化的影响较大。它是靠动作电流的整定和动作时限的配合获得选择性的。与电流Ⅰ段保护相比，其灵敏度较高，与本线路电流Ⅰ段保护共同构成主保护。

### 三、定时限过电流保护（电流Ⅲ段保护）

定时限过电流保护是动作电流按躲过被保护线路最大负荷电流整定的一种保护，其动作时间按阶梯原则进行整定，以实现动作的选择性。

正常运行时保护不动作，当电网发生故障时，反映电流增大而动作，保护本线路全长，作本线路的近后备保护，而且能保护相邻线路的全长甚至更远，作相邻线路的远后备保护。该保护的动作时间是固定的，与短路电流大小无关，因此被称为定时限过电流保护，又被称为电流Ⅲ段保护。

#### 1. 动作时限的整定

电流Ⅰ段保护和电流Ⅱ段保护的动作电流都是按某点的短路电流整定的。电流Ⅲ段保护要求保护区较长，其动作电流按躲过最大负荷电流整定，一般动作电流较小，其保护范围会伸出相邻线路末端。

电流Ⅰ段保护的动作选择性由动作电流保证，电流Ⅱ段保护的选择性由动作电流与动作时限共同保证，而电流Ⅲ段保护是依靠动作时限的所谓"阶梯特性"来保证的。

其阶梯特性如图 1–2–8 所示，实际上就是实现指定的跳闸顺序，距离故障点最近的（也就是距离电源最远的）保护先跳闸。阶梯的起点是电网末端，每个"台阶"是 $\Delta t$，一般为 0.5 s，而对于 $\Delta t$ 的考虑，与电流Ⅱ段保护的动作时限一样。

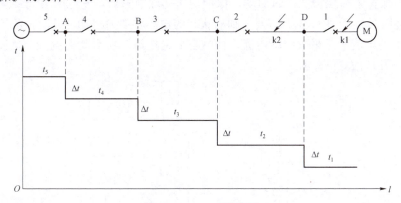

图 1–2–8　阶梯特性

图 1–2–8 所示的电流Ⅲ段保护动作时限整定满足以下关系：$t_5 > t_4 > t_3 > t_2 > t_1$。保护 1 位于线路的最末端，只要电动机内部故障，它就可以瞬时动作予以切除，$t_1$ 即为保护装置本身的固有动作时间。对保护 2 来讲，为了保证 k1 点短路时动作的选择性，应整定其动作时限 $t_2 > t_1$，引入 $\Delta t$，则保护 2 的动作时限为 $t_2 = t_1 + \Delta t$；保护 2 的动作时限确定以后，当 k2 点短路时，它将以 $t_2$ 的时限切除故障。此时，为了保证保护 3 动作的选择性，必须整定 $t_3 > t_2$，在引入 $\Delta t$ 后可得 $t_3 = t_2 + \Delta t$；依次类推，保护 4、保护 5 的动作时限分别为 $t_4 = t_3 + \Delta t$，$t_5 = t_4 + \Delta t$。

一般来说，任一电流Ⅲ段保护的动作时限应选择比下一级线路保护的动作时限至少高出一个 $\Delta t$，只有这样，才能充分保证动作的选择性。

### 2. 动作电流的整定

为了保证被保护线路通过最大负荷时不会误动作，以及当外部短路故障被切除后出现最大自启动电流时可靠返回，电流Ⅲ段保护应按以下两个条件整定：

（1）为了保证电流Ⅲ段保护在正常运行时不动作，其动作电流应大于最大负荷电流，即

$$I_{\text{act}}^{(\text{Ⅲ})} = K_{\text{rel}}^{(\text{Ⅲ})} I_{\text{L.max}} \qquad (1-2-9)$$

（2）为了保证电流Ⅲ段保护在外部故障被切除后能可靠返回，其返回电流应大于外部短路故障被切除后流过保护的最大自启动电流，即

$$I_{\text{re}}^{(\text{Ⅲ})} = K_{\text{rel}}^{(\text{Ⅲ})} K_{\text{Ms}} I_{\text{L.max}}$$

也即

$$I_{\text{act}}^{(\text{Ⅲ})} = \frac{K_{\text{rel}}^{(\text{Ⅲ})} K_{\text{Ms}}}{K_{\text{re}}} I_{\text{L.max}} \qquad (1-2-10)$$

式中　　$K_{\text{rel}}^{(\text{Ⅲ})}$——可靠系数，它是考虑继电器动作电流误差和负荷电流计算不准确等因素而引入的大于 1 的系数，一般取 1.15～1.25；

　　　　$K_{\text{re}}$——返回系数，一般取 0.85；

　　　　$K_{\text{Ms}}$——电动机自启动系数，由网络接线和负荷性质决定，一般取 1.5～3。

自启动情况如图 1-2-9 所示，当故障发生在保护 1 的相邻线路 k 点时，保护 1 和保护 2 同时启动，保护动作切除故障后，变电所 B 母线电压恢复时，接于 B 母线上的处于制动状态的电动机要自启动。此时，流过保护 1 的电流不是最大负荷电流，而是自启动电流，自启动电流大于负荷电流，用 $K_{\text{Ms}} I_{\text{L.max}}$ 表示。

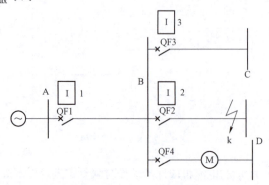

图 1-2-9　自启动情况

必须同时满足式（1-2-9）和式（1-2-10），整定电流Ⅲ段保护动作电流时取两式计算结果的较大值。显然，由式（1-2-10）计算出的动作电流较大，因此电流Ⅲ段保护的动作电流为

$$I_{\text{act}}^{(\text{Ⅲ})} = \frac{K_{\text{rel}}^{(\text{Ⅲ})} K_{\text{Ms}}}{K_{\text{re}}} I_{\text{L.max}} \qquad (1-2-11)$$

### 3. 灵敏系数校验

电流Ⅲ段保护不仅作为本线路的近后备保护，也作为相邻线路的远后

备保护，故应按两种情况校验灵敏系数，即以最小运行方式下本线路末端两相金属性短路时的短路电流，校验近后备灵敏系数；以最小运行方式下相邻线路末端两相金属性短路时的短路电流，校验远后备灵敏系数。

以图 1-2-10 所示的电流Ⅲ段保护为例，近后备灵敏系数为 $K_{\text{sen.1}}^{(\text{III})} = \dfrac{I_{\text{k.min.B}}^{(2)}}{I_{\text{act}}^{(\text{III})}}$，要求大于 1.5；远后备灵敏系数为 $K_{\text{sen.2}}^{(\text{III})} = \dfrac{I_{\text{k.min.C}}^{(2)}}{I_{\text{act}}^{(\text{III})}}$，要求大于 1.25。

**电流Ⅲ段保护的**
**单相原理图**

图 1-2-10　电流Ⅲ段保护灵敏系数校验

此外，在各个电流Ⅲ段保护之间，还必须要求灵敏系数相互配合，即对同一故障点而言，要求越靠近故障点的保护应具有越高的灵敏系数。如图 1-2-8 所示，当 k1 点短路时，应要求各灵敏系数之间的关系为 $K_{\text{sen.1}} > K_{\text{sen.2}} > K_{\text{sen.3}} > K_{\text{sen.4}} > K_{\text{sen.5}}$。在单侧电源网络接线中，由于越靠近电源端时，保护装置的整定电流值越大，而发生故障后，各保护装置均流过同一个短路电流，因此，上述灵敏系数应相互配合。当灵敏系数不满足要求时，应采用性能更好的其他保护方式。

**拓展：**过电流保护的启动电流是按躲过被保护元件的最大负荷电流整定的，而其灵敏度则要用最小运行方式下末端两相短路时的电流进行校验，因此往往难以满足要求。

如果能够实时测出被保护元件的负荷电流 $I_{\text{L}}$，并随之按式（1-2-11）计算出保护装置的整定电流，即可使整定电流降低，使灵敏系数增大。同时在发生故障瞬间也可测出当时的系统阻抗，并据此计算出线路末端的短路电流值，就能够求出在这种运行方式下保护装置的灵敏系数。按上述自适应条件算出的保护整定电流和灵敏度就能显著改善保护的性能。

### 四、线路相间短路的阶段式电流保护

由瞬时电流速断保护、限时电流速断保护、定时限过电流保护组合构成阶段式电流保护。这 3 部分保护分别叫作电流Ⅰ、Ⅱ、Ⅲ段，其中Ⅰ段瞬时电流速断保护、Ⅱ段限时电流速断保护是主保护，Ⅲ段定时限过电流保护是后备保护。

#### 1. 阶段式电流保护各段保护范围及时限的配合

如图 1-2-11 所示，当 L1 线路首端短路时，保护 1 的Ⅰ、Ⅱ、Ⅲ段均启动，由Ⅰ段将故障瞬时切除，Ⅱ段和Ⅲ段返回；在线路末端短路时，保护Ⅱ段和Ⅲ段启动，Ⅱ段以 0.5 s 时限切除故障，Ⅲ段返回。若Ⅰ、Ⅱ段拒绝动作，则定时限过电流保护以较长时限将 QF1 跳开，此为定时限过电流保护的近后备作用。当在线路 L2 上发生故障时，应由保护 2 动作跳开QF2，但若 QF2 拒绝动作，则由保护 1 的定时限过电流保护动作将 QF1

跳开，这是定时限过电流保护的远后备作用。

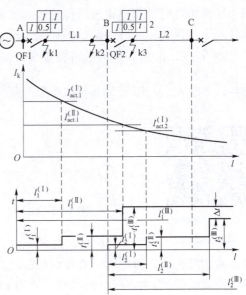

相间电流保护整定

图1-2-11　阶段式电流保护各段保护范围及时限的配合

### 2. 阶段式电流保护的接线图

阶段式电流保护的接线图分为原理图、展开图和安装图。

1）原理图

把整个继电器和有关的一、二次元件绘制在一起，直观而完整地表示它们之间的电气连接及工作原理的接线图称为原理图。阶段式电流保护的原理图如图1-2-12（a）所示，图中各元件均以完整的图形符号表示，有交流及直流回路，图中所示的接线方式是广泛应用于小接地电流系统输电线路的两相不完全星形接线。接于A相的阶段式电流保护，由继电器KA1、KM、KS1组成Ⅰ段；KA3、KT1、KS2组成Ⅱ段；KA5、KT2、KS3组成Ⅲ段。接于C相的阶段式电流保护，由继电器KA2、KM、KS1组成Ⅰ段；KA4、KT1、KS2组成Ⅱ段；KA6、KT2、KS3组成Ⅲ段。为了使保护接线简单，节省继电器，A相与C相共用其中的中间继电器、信号继电器及时间继电器。

原理图的主要优点是便于阅读，能表示动作原理，有整体概念，但原理图不便于现场查线及调试，接线复杂的原理图的绘制、阅读比较困难。同时，原理图只能表示继电器各元件的连线，不能表示元件内部接线、引出端子、回路标号等细节，所以还要有展开图和安装图。

2）展开图

以电气回路为基础，将继电器和各元件的线圈、触点按保护动作顺序，自左而右、自上而下绘制的接线图称为展开图。图1-2-12（b）所示为阶段式电流保护的展开图。展开图的特点是分别绘制保护的交流电流回路、交流电压回路、直流回路及信号回路。各继电器的线圈和触点也分别画在其各自所属的回路中，但属于同一个继电器或元件的所有部件都注明同样的文字符号，所有继电器元件的图形符号按国家标准统一绘制。绘制展开图时应遵守下列规则：

（1）回路的排列次序，一般是先交流电流回路、交流电压回路，后直流回路及信号回路；

（2）每个回路内各行的排列顺序，对交流回路按 a、b、c 相序排列，对直流回路按保护的动作顺序自上而下排列；

（3）每一行中各元件（继电器的线圈、触点等）按实际顺序绘制。

现以图 1−2−12 所示的接线图为例说明如何由图 1−2−12（a）所示的原理图绘制图 1−2−12（b）所示的展开图。首先，画交流电流回路，交流电流从电流互感器 TAa 出来，经电流继电器 KA1、KA3、KA5 的线圈流到

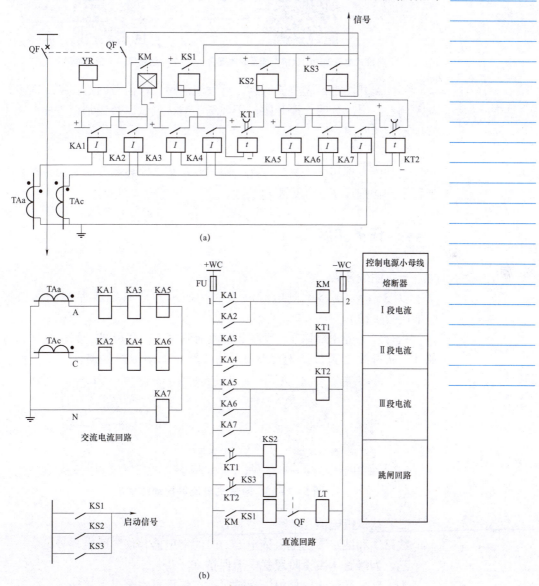

图 1−2−12　阶段式电流保护的接线图

（a）原理图；（b）展开图

中线，经 KA7 形成回路。同理从 TAc 流出的交流电流经 KA2、KA4、KA6 流到中线，经 KA7 形成回路。其次，画直流回路，将属于同一回路的各元件的触点、线圈等按直流电流经过的顺序连接起来，如 "+" →KA1→KM→ "−" 等，形成展开图的各行。各行按动作的先后顺序由上而下垂直排列，形成直流回路展开图。为了便于阅读，在展开图各回路的右侧还有文字说明表，以说明各行的性质或作用，如 " I 段电流 " " 跳闸回路 " 等，最后，绘制信号回路，过程同上。

**阶段式电流保护的保护范围及时限配合**　　　　**线路保护（企业案例）**

阅读展开图时，先交流回路，后直流回路，再信号回路，从上而下，从左到右，层次分明。展开图对于现场安装、调试、查线都很方便，在生产中被广泛应用。

3）安装图

安装图主要用于安装、配线、调试及试验。安装图方面的知识在其他课程中有详细介绍，此处不再赘述。

 ## 任务实施

### 一、明确任务

以 35 kV 线路单侧电源网络为例演示阶段式电流保护动作情况（图 1 – 2 – 13）。

由母线 1 经由线路 1、线路 2 向负荷侧供电，从母线 1 到母线 2 为线路 1，从母线 2 到负荷为线路 2，是线路 1 的下一级线路。

**图 1 – 2 – 13　阶段式电流保护动作情况**

### 二、认识继电器

线路 1 和线路 2 的电流继电器、时间继电器和信号继电器等。

### 三、为线路 1 装设阶段式电流保护

为线路 1 装设阶段式电流保护时，应采用不完全星形接线。

（1）模拟线路 1 首端故障，以三相短路为例，观察保护动作情况；

（2）模拟线路 1 末端故障，以三相短路为例，观察保护动作情况；

（3）将线路 1 的 Ⅱ 段保护退出，以三相短路为例，观察保护动作情况；

（4）将线路 2 的保护退出，模拟线路 2 首端故障并以三相短路为例观察保护动作的情况。

**阶段式电流保护动作**

 任务评价

### 阶段式电流保护动作情况成果评价表

| 评价项目 | 评价内容 | 评价标准 | 评价等级 | | |
|---|---|---|---|---|---|
| | | | 自评 | 组评 | 师评 |
| 资料准备（10 分） | 专业资料准备（10 分） | 优：能根据任务，熟练查找专业网站和专业书籍，咨询资深专业人士，获取需要的较全面的专业资料。<br>良：能根据任务，查找专业网站或专业书籍，或通过咨询资深专业人士，获取需要的部分专业资料。<br>差：没有查找专业资料或资料极少 | 优□<br>良□<br>差□ | 优□<br>良□<br>差□ | 优□<br>良□<br>差□ |
| 实际操作（70 分） | 着装和工器具选用（10 分） | 优：正确着装，正确选取安全工器具，正确布置工作现场。<br>良：未正确着装，未正确选取安全工器具，正确布置工作现场。<br>差：未正确着装，未正确选取安全工器具，未正确布置工作现场 | 优□<br>良□<br>差□ | 优□<br>良□<br>差□ | 优□<br>良□<br>差□ |
| | 故障设置（20） | 优：能按要求进行故障设置。<br>良：基本能按要求进行故障设置。<br>差：不能按要求进行故障设置 | 优□<br>良□<br>差□ | 优□<br>良□<br>差□ | 优□<br>良□<br>差□ |
| | 分析动作情况（40 分） | 优：能正确分析保护动作情况。<br>良：基本能正确分析保护动作情况。<br>差：不能正确分析保护动作情况 | 优□<br>良□<br>差□ | 优□<br>良□<br>差□ | 优□<br>良□<br>差□ |
| 基本素质（20 分） | "三心"意识（10 分） | 优：能耐心、细心、专心地进行操作。<br>良：能完成操作，但过程中有省略步骤。<br>差：不能按照"三心"完成操作 | 优□<br>良□<br>差□ | 优□<br>良□<br>差□ | 优□<br>良□<br>差□ |
| | 标准化作业（10 分） | 优：能完全遵守标准化作业，无违纪行为。<br>良：能遵守现场管理制度，执行过程基本规范。<br>差：不能遵守标准化作业，违反现场管理制度 | 优□<br>良□<br>差□ | 优□<br>良□<br>差□ | 优□<br>良□<br>差□ |
| 小组意见 | | | | | |
| 教师意见 | | | | | |
| 总成绩 | 优□ 良□ 差□ | 备注 | 总成绩＝自评×0.2＋组评×0.3＋师评×0.5<br>各级权重：优＝1；良＝0.8；差＝0.5 | | |

## 码上习题

瞬时电流速断保护

限时电流速断保护

定时限过电流保护

线路相间短路的阶段式
电流保护装置

阶段式电流保护整定计算

阶段式电流保护小结

**实践实拍：**从仿真软件中模拟阶段式电流保护调试过程并记录作业过程。

# 任务三　电网相间短路的方向性电流保护

## 任务描述

　　随着电力工业的发展和对用户供电可靠性要求的提高，现代电力系统实际上都是由多电源组成的复杂网络，特别是地方电网（小火电、小水电、厂矿企业自备电厂）并入国家电网以后，相间方向电流保护以其接线简单、灵敏度高、运行可靠、维护方便得到短路的广泛的使用。但由于使用单位的功率方向继电器带负荷试验手段不健全，对功率方向继电器各有不同的理解，甚至对投入运行的功率方向继电器干脆不做实验，直至发生误动作或拒绝动作现象，造成严重的损失才想办法补救。电网相间短路的方向电流保护应设计正确，整定计算无误，安装接线合理，调整试验的项目、要求和方法必须按检验规程进行严格的试验，这是实现相间短路的方向电流保护正确动作的基本条件。正式投入运行之前，必须用负荷电流和系统电压检测方向元件的电流和电压回路接线是否准确无误。

## 学习目标

　　**素质目标：**培养发现问题、分析问题、解决问题的能力以及"举一反三"的能力。

**知识目标：**功率方向概念的引入；方向电流保护原理；功率方向继电器的原理。

**技能目标：**能够检验功率方向继电器的工作特性；能够进行方向电流保护的整定计算；掌握分析、查找、排除输电线路故障的方法。

## 任务资料

### 一、方向性电流保护的工作原理

#### 1. 功率方向概念的引入

对于辐射型单侧电源网络，只需要在每条线路的电源侧装设继电保护装置即可实现继电保护功能。当线路发生故障时，只要相应的继电保护装置动作于断路器跳闸，便可将故障元件与线路断开，但却要造成一部分线路停电。因此，随着用户对供电可靠性要求的提高，电力系统中出现了由很多电源组成的复杂网络。此时，上述简单的保护方式不能满足系统运行的要求。在这样的电网中，为了切除故障线路，应在线路两侧都装设断路器和继电保护装置。例如，在图 1−3−1 中，当 k1 点短路时，按照选择性要求，应使故障线路切除范围最小，保护 1 和保护 2 都应动作，使 QF1、QF2 跳闸，仅将故障线路从电网中切除。故障线路切除后，接在 A 母线上的用户以及 B、C、D 母线上的用户，仍将继续由电源 B 和 $E_{II}$ 分别供电。

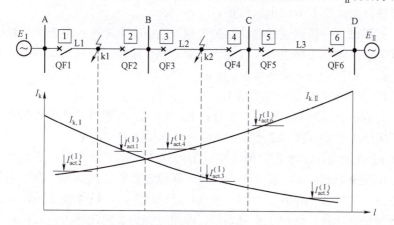

**图 1−3−1 辐射型双侧电源网络阶段式电流保护动作分析**

如果将应用在单侧电源网络中的阶段式电流保护直接用在图 1−3−1 所示的双侧电源网络中，能否满足保护动作选择性的要求呢?下面进行具体分析。

1）对瞬时电流速断保护的影响

现以图 1−3−1 所示的双侧电源网络为例进行分析。先在各断路器上分别装设继电保护装置 1～6，并给出了在线路的不同位置上发生三相短路时，电源 $E_I$ 和 $E_{II}$ 在最大运行方式下分别提供的短路电流曲线。同时，还要根据瞬时电流速断保护动作电流的整定原则，给出其动作电流在短路电流曲线上的大致位置。

对于瞬时电流速断保护，只要短路电流大于其动作电流整定值，就可能动作。在图 1-3-1 中，当 k1 点发生短路时，应由保护 1、保护 2 动作，以切除故障。而对于保护 3 来说，k1 点故障通过它的短路电流是反方向由电源 $E_{II}$ 提供的，比较此时流过保护 3 的短路电流和保护 3 瞬时电流速断保护的动作电流值可以看出，此时保护 3 也会无选

故障点与电流流向

择地动作，使 B 母线停止供电。同样，在 k2 点短路时，保护 2 和保护 5 也可能在反方向电源提供的短路电流下无选择地动作，两种情况均不能满足保护动作选择性的要求。

2）对定时限过电流保护的影响

定时限过电流保护动作时限采用阶梯原则，距离电源最远处为起点，动作时限最短。在图 1-3-1 中，对装在 B 母线两侧的保护 2 和保护 3 而言，当 k1 点短路时，为了保证选择性，要求 $t_2 < t_3$；而当 k2 点短路时，又要求 $t_2 > t_3$。显然，这两个要求是互相矛盾的。分析位于其他母线两侧的保护，也可以得出同样的结论：对于定时限过电流保护，同样会发生无选择性误动作。

综上分析可知，阶段式电流保护直接应用在辐射型双侧电源网络中，不能满足保护动作选择性的要求，需要采用其他技术解决保护动作的选择性问题，因此引入方向电流保护。

根据以上分析判别短路功率的方向，是解决电流保护用于多电源组成的复杂电路输电线路选择性问题的有效方法。这种附加判别短路功率方向的电流保护称为方向电流保护。

### 2. 方向电流保护的工作原理

为解决上述问题，需进一步分析 k1 点和 k2 点短路时其他量的不同变化，从而区别 k1 点和 k2 点短路，由此引入功率方向的概念。首先关注 k1 点和 k2 点短路时功率方向的区别。在 k2 点短路时，流过保护 2 的功率方向是由线路到母线，保护 2 不应动作，而流过保护 3 的功率方向是由母线到线路，保护 3 应动作。同样，在 k1 点短路时，流过保护 3 的功率方向是由线路到母线，保护 3 不应动作，而流过保护 2 的功率方向是由母线到线路，保护 2 应动作。由此可知，利用短路电流和功率方向结合判别可以进行线路保护的判断和选择，即在保护 2 和保护 3 上各加一个方向元件，且只有当功率方向是由母线到线路时，才允许保护动作，反之则不动作。这就解决了保护动作的选择性问题。这种在电流保护的基础上加一个方向元件构成的保护称为方向电流保护，而用来进行功率方向判别的方向元件称为功率方向继电器。

规定短路电流方向是由母线到线路时为功率正向，允许保护动作；短路电流方向是由线路到母线时为功率负向，不允许保护动作。现以

图 1-3-2 中的双侧电源网络为例来进一步说明方向电流保护的工作原理。图 1-3-2 所示的电网中装设了方向电流保护，图中所示箭头方向即各保护方向元件的动作方向。只有当短路功率是由母线到线路时，与保护方向相同，即功率为正时才允许保护动作。这样就可将两个方向的保护分别看成两个辐射型单侧电源网络的保护。图 1-3-2 中的保护 1、保护 3、保护 5 为一组，保护 2、保护 4、保护 6 为另一组，各同方向的电流保护时限仍按阶梯原则来整定，它们的时限特性如图 1-3-2（d）所示。当线路 BC 上发生短路时，保护 1 和保护 5 处的短路功率方向是由线路到母线，与保护方向相反，即功率为负，保护不动作。而保护 2、保护 3、保护 6、保护 7 处的短路功率方向为由母线到线路，与保护方向相同，即功率为正，故保护 2、保护 3、保护 4、保护 6 都启动，但由于 $t_3 > t_2$，$t_7 > t_6$，故保护 2 和保护 6 先动作跳开相应断路器，短路故障消除后保护 1 和保护 6 返回，从而保证了保护动作的选择性。

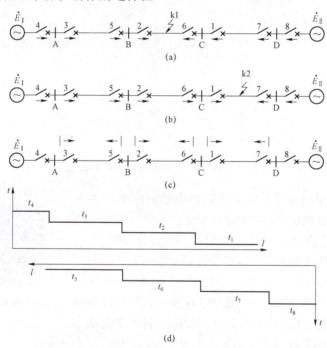

**图 1-3-2　方向过电流保护的电流分布和时限特性**
（a）k1 点短路时的电流分布；（b）k2 点短路时的电流分布；
（c）各保护动作方向的规定；（d）方向电流保护的阶梯型时限特性

### 3. 方向电流保护的构成

方向电流保护的单相原理图如图 1-3-3 所示，其保护装置由 3 个主要元件组成：启动元件（电流继电器 KA，用来判别电流的大小）、功率方向元件（功率方向继电器 KW，用来判别功率的方向）和时限元件（时间继电器 KT）。其工作原理是功率方向继电器 KW 和电流继电器 KA 组成与门，二者同时动作才能启动时间继电器 KT，即只有在正向范围内故障，KW、KA 均动作才能启动时间继电器 KT，经预定延时动作于跳闸，断路器才断开以切除故障。

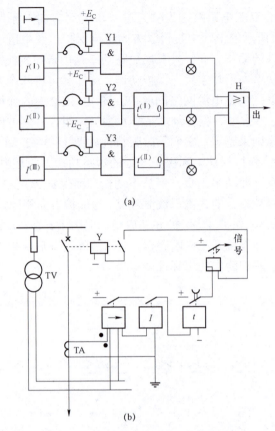

(a)

(b)

图 1-3-3　方向电流保护的单相原理

　　需要说明的是，在多电源供电的网络中，并不是所有的电流保护都要装设功率方向元件才能保证选择性，而是在动作电流值的整定、动作时限的配合不能满足选择性要求时才需要装设功率方向元件。如在图 1-3-2 所示的电网中，由于保护 3 的动作时限已大于保护 2 的动作时限，保护 3 的电流保护可以不装设功率方向元件。因为在 k1 点短路时，保护 2 先发跳闸信号，QF2 跳闸后，保护 3 能立即返回，QF3 不会跳闸。

方向电流保护的单相原理

　　一般来说，对于无时限电流速断保护，利用动作电流的整定能满足选择性要求时，可以不装设功率方向元件；对于限时电流速断保护，利用动作电流的整定和动作时限的配合能满足选择性要求时，可以不装设功率方向元件；对于接在同一变电所母线上的所有双侧电源网络的定时限过电流保护，动作时限长者可以不装设功率方向元件，而动作时限短者或相等者则必须装设功率方向元件。

## 二、功率方向继电器的结构和工作原理

　　功率方向继电器的作用是通过测量送入继电器的电压 $\dot{U}_k$ 和电流 $\dot{I}_k$ 之间的相位来判别功率的方向。方向元件（功率方向继电器）之所以能判别

正、反向故障，是因为发生正、反向故障时保护安装处的母线电压与被保护线路上的电流之间的相位不同，方向元件正是根据这种不同来识别正、反向故障的。对于正方向故障，功率从母线流向线路时动作；对于反方向故障，功率从线路流向母线时不动作。仍以 QF3 上的保护为分析对象，如图 1－3－4 所示，在正方向 k1 点故障时，流过 QF3 的电流 $\dot{I}_{k1}$ 与母线电压 $\dot{U}_k$ 间的夹角为 $\varphi_{k1}$；在反方向 k2 点故障时，$\dot{I}_{k2}$ 的方向与 $\dot{I}_{k1}$ 相反，$\dot{I}_{k2}$ 与母线电压的夹角为 $\varphi_{k2}$。由图 1－3－4（b）可知，正方向 k1 点故障时 $\varphi_{k1}$ 在 $0^\circ \sim 90^\circ$ 范围内变化，$\varphi_{k1}$ 为锐角，其短路功率 $P_{k1} = U_k I_{k1} \cos\varphi_{k1} > 0$；反方向 k2 点故障时，如图 1－3－4（c）所示，$\varphi_{k2} = 180^\circ + \varphi_{k1}$，其短路功率 $P_{k2} = U_k I_{k2} \cos(180^\circ + \varphi_{k1}) < 0$。从短路功率分析可以得出：$P_k > 0$ 为正方向故障，$P_k < 0$ 为反方向故障。方向元件的动作条件可用式（1－3－1）表示：

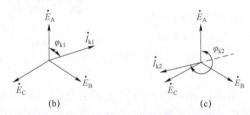

**图 1－3－4 功率方向继电器的工作原理说明**

（a）网络接线；（b）k1 点故障相量图；（c）k2 点故障相量图

功率方向继电器的工作原理

$$-90^\circ \leqslant \arg \frac{\dot{U}_k}{\dot{I}_k} \leqslant 90^\circ \qquad （1-3-1）$$

式中 arg——取复数 $\dfrac{\dot{U}_k}{\dot{I}_k}$ 的相角。

若相角在式（1－3－1）的范围内，则 $P_k > 0$，功率从母线流向线路，继电器动作；否则不动作。

下面分析以式（1－3－1）为判据构成的整流型功率方向继电器，整流型功率方向继电器由极化继电器、电压形成回路、比较回路构成。

### 1. 极化继电器

极化继电器是指由极化磁场与控制电流通过控制线圈所产生的磁场的综合作用而动作的继电器。其极化磁场一般由磁钢或通直流的极化线圈产生，继电器衔铁的吸动方向取决于控制绕组中流过的电流方向。其在自动装置、遥控遥测装置和通信设备中可作为脉冲发生、直流与交流转换、求和、微分和信号放大等线路的元件。

极化继电器的原理结构如图 1－3－5 所示。在线圈上通直流电，正极接在*端，衔铁产生上为 N、下为 S 的磁场，由于磁铁同性相斥、异性相吸，触点迅速闭合。当直流电反向加到极化继电器线圈上时，衔铁产生上为 S、下为 N 的磁场，使触点打开，极化继电器不动作。根据极化继电器的结构，可以看出它有下述优、缺点：优点是动作速度快，且能判别直流电的方向；缺点是不能加交流电，若在极化继电器线圈上加交流电，触点就会随电流的变化来回摆动，摆动的频率为所加交流电的频率，当频率较高时，便会由于衔铁惯性的作用而来不及摆动。

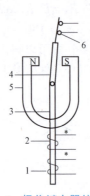

图 1-3-5　极化继电器的原理结构

1、2—线圈；3—电磁铁；4—衔铁；5—永久磁铁；6—触点

极化继电器通入反向
直流电

极化继电器通入正向
直流电

### 2. 电压形成回路

整流型功率方向继电器比相的电流、电压取自电流互感器 TA 和电压互感器 TV 的二次侧。由极化继电器的工作特性可知，要用它来判别交流电的方向（相位），应该首先进行整流，即将交流电转换为直流电。为满足交直流转换器中二极管的工作条件，加到二极管上的电压必须由电压形成回路提供。

电压形成回路分别由电抗变压器 TX 和辅助电压互感器 TVA 构成，接线如图 1-3-6 所示。电抗变压器的作用是将测量电流 $\dot{I}_m$ 变换成电压量 $\dot{K}_I\dot{I}_m$，$\dot{K}_I$ 为电抗变压器的转移阻抗。电压互感器的作用是将测量电压 $\dot{U}_m$ 成比例地变换成电压 $\dot{K}_u\dot{U}_m$，$\dot{K}_u$ 为电压互感器的变比，且 $0 \leqslant \dot{K}_u \leqslant 1$。

图 1-3-6　电抗变压器、辅助电压互感器的接线

### 3. 比较回路

比较回路是整流型功率方向继电器的核心。整流型功率方向继电器的比较回路分为环形相位比较回路和绝对值比较回路。

（1）环形相位比较回路。设参与比相的量为

$$\dot{C} = \dot{K}_u \dot{U}_m$$

$$\dot{D} = \dot{K}_I \dot{I}_m$$

则式（1-3-1）可被写成

$$-90° \leqslant \arg \frac{\dot{C}}{\dot{D}} \leqslant 90°$$

$$-90° \leqslant \arg \frac{\dot{K}_u \dot{U}_m}{\dot{K}_I \dot{I}_m} \leqslant 90° \qquad (1-3-2)$$

环形相位比较回路原理接线如图1-3-7所示。为分析比相原理，可将图1-3-7所示的原理接线画成图1-3-8所示的等效电路。

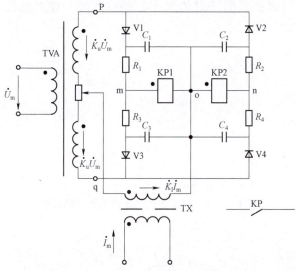

图1-3-7 环形相位比较回路原理接线

图1-3-7和图1-3-8中的KP1、KP2是极化继电器中的两个线圈，给任何一个极性端通入正的直流电后，极化继电器均动作。

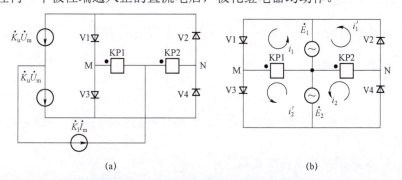

(a)                                        (b)

图1-3-8 环形相位比较回路的等效电路

在图1-3-8中，$\dot{E}_1 = \dot{K}_I \dot{I}_m + \dot{K}_u \dot{U}_m$，当$\dot{E}_1$为正时，产生$i_1$；当$\dot{E}_1$为负时，产生$i_1'$。由于$i_1$和$i_1'$分别从KP极性端流入，故为动作量。

$\dot{E}_2 = \dot{K}_I \dot{I}_m - \dot{K}_u \dot{U}_m$，当$\dot{E}_2$为正时产生$i_2$，当$\dot{E}_2$为负时产生$i_2'$。$i_2$和$i_2'$分

别从 KP 非极性端流入，故为制动量。

所以，动作条件为 $|\dot{E}_1| > |\dot{E}_2|$，即

$$\left|\dot{K}_1\dot{I}_m + \dot{K}_u\dot{U}_m\right| > \left|\dot{K}_1\dot{I}_m - \dot{K}_u\dot{U}_m\right| \qquad (1-3-3)$$

满足式（1-3-3）的条件是 $\dot{K}_u\dot{U}_m$ 与 $\dot{K}_1\dot{I}_m$ 的夹角必须小于 90°，即

$$-90° \leqslant \arg\frac{\dot{K}_u\dot{U}_m}{\dot{K}_1\dot{I}_m} \leqslant 90°$$

因此，图 1-3-8 所示的电路能判断 $\dot{K}_u\dot{U}_m$ 与 $\dot{K}_1\dot{I}_m$ 的相位关系。

（2）绝对值比较回路。根据平行四边形法则，可将 $\dot{K}_u\dot{U}_m$ 与 $\dot{K}_1\dot{I}_m$ 的比相转换成 $\dot{A}$ 与 $\dot{B}$ 的比的绝对值大小。相位比较与绝对值比较的互换如图 1-3-9 所示。

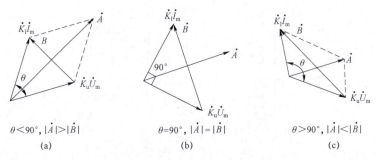

$\theta < 90°,\ |\dot{A}| > |\dot{B}|$      $\theta = 90°,\ |\dot{A}| = |\dot{B}|$      $\theta > 90°,\ |\dot{A}| < |\dot{B}|$

(a)          (b)          (c)

图 1-3-9　相位比较与绝对值比较的互换

从图 1-3-9 可以看出

$$\dot{A} = \dot{K}_1\dot{I}_m + \dot{K}_u\dot{U}_m$$

$$\dot{B} = \dot{K}_1\dot{I}_m - \dot{K}_u\dot{U}_m$$

当 $\dot{K}_u\dot{U}_m$ 与 $\dot{K}_1\dot{I}_m$ 的夹角小于 90° 时，$|\dot{A}| > |\dot{B}|$；当 $\dot{K}_u\dot{U}_m$ 与 $\dot{K}_1\dot{I}_m$ 的夹角等于 90° 时，$|\dot{A}| = |\dot{B}|$；当 $\dot{K}_u\dot{U}_m$ 与 $\dot{K}_1\dot{I}_m$ 的夹角大于 90° 时，$|\dot{A}| < |\dot{B}|$。因此，比相的动作条件为 $-90° \leqslant \arg\dfrac{\dot{K}_u\dot{U}_m}{\dot{K}_1\dot{I}_m} \leqslant 90°$，对应的绝对值比较回路的动作条件为 $|\dot{A}| \geqslant |\dot{B}|$，即

$$\left|\dot{K}_1\dot{I}_m + \dot{K}_u\dot{U}_m\right| \geqslant \left|\dot{K}_1\dot{I}_m - \dot{K}_u\dot{U}_m\right| \qquad (1-3-4)$$

绝对值比较回路又分为均压法比较回路和环流法比较回路，如图 1-3-10 所示。

### 4. 整流型功率方向继电器

实际应用中的整流型功率方向继电器，既有采用比相原理的，也有采用比绝对值原理的。现以应用比较广泛的采用比绝对值原理的 LG-11 型继电器为例，分析整流型功率方向继电器的工作原理。

LG-11 型继电器的原理接线如图 1-3-11 所示。

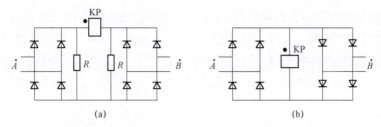

图 1-3-10　绝对值比较回路

（a）均压法比较回路；（b）环流法比较回路

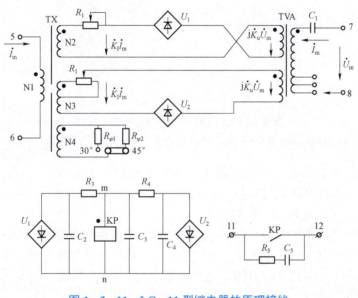

图 1-3-11　LG-11 型继电器的原理接线

在分析整流型功率方向继电器的工作原理之前，应先掌握以下基本概念。

动作区——以某一电气量为参考相量，当另一些（或一个）电气量在某一区域发生变化时，整流型功率方向继电器能动作，该区域就是整流型功率方向继电器的动作区。

死区——在保护范围内发生故障时，保护应该动作，但由于某种因素保护拒绝动作的区域，称为整流型功率方向继电器的死区。

最大灵敏角 $\varphi_{\text{sen.max}}$ ——整流型功率方向继电器的动作量最大、制动量最小（或保护范围最长）时，接入继电器的电压 $\dot{U}_{\text{m}}$ 与电流 $\dot{I}_{\text{m}}$ 的夹角称为最大灵敏角，用 $\varphi_{\text{sen.max}}$ 表示。

由式（1-3-4）可知，在保护出口故障时（ $\dot{K}_{\text{u}}\dot{U}_{\text{m}}=0$ ），保护本应动作，但式（1-3-4）不满足动作条件，整流型功率方向继电器将拒绝动作，即出现死区（也称电压死区）。为了消除死区，就在辅助电压互感器的一次侧串联电容器，让其容抗等于辅助电压互感器的等效电抗，即 $X_C = X_L$ ，构成串联谐振回路。当外接电压 $\dot{U}_{\text{m}}$ 由于近处故障突然降到零时，其内部谐振使 $\dot{K}_{\text{u}}\dot{U}_{\text{m}} \neq 0$ ，死区就可以被消除了。

接入电容器后，电压 $\dot{U}_{\mathrm{m}}$ 与 $\dot{K}_{\mathrm{u}}\dot{U}_{\mathrm{m}}$ 的相位关系发生变化，即 $\dot{K}_{\mathrm{u}}\dot{U}_{\mathrm{m}}$ 超前 $\dot{U}_{\mathrm{m}}$ 90°。从图 1-3-12 所示的动作区可以看出，因电容器与辅助电压互感器构成谐振回路，则 $\dot{I}_{\mathrm{u}}$ 与 $\dot{U}_{\mathrm{m}}$ 同相位，而 $\dot{K}_{\mathrm{u}}\dot{U}_{\mathrm{m}}$ 取的是辅助电压互感器一次侧绕组电感上的电压，$\dot{K}_{\mathrm{u}}\dot{U}_{\mathrm{m}}$ 超前 $\dot{I}_{\mathrm{u}}$ 90°，所以 $\dot{K}_{\mathrm{u}}\dot{U}_{\mathrm{m}}$ 超前 $\dot{U}_{\mathrm{m}}$ 90°。

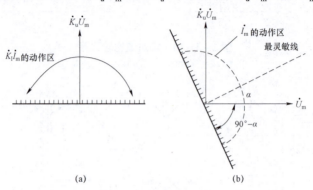

(a)　　　　　　　　　(b)

**图 1-3-12　LG-11 型继电器的动作区**

(a) 以 $\dot{K}_{\mathrm{u}}\dot{U}_{\mathrm{m}}$ 为参考相量，$\dot{K}_{\mathrm{I}}\dot{I}_{\mathrm{m}}$ 的动作区；(b) 以 $\dot{U}_{\mathrm{m}}$ 为参考相量，$\dot{I}_{\mathrm{m}}$ 的动作区

电压 $\dot{K}_{\mathrm{I}}\dot{I}_{\mathrm{m}}$ 取自电抗变压器 TX，所以 $\dot{K}_{\mathrm{I}}\dot{I}_{\mathrm{m}}$ 超前 $\dot{I}_{\mathrm{m}}$ 的角度为 $\varphi_{\mathrm{TX}}$，$\varphi_{\mathrm{TX}}$ 是电抗变压器转移阻抗的阻抗角，$\alpha(\alpha=90°-\varphi_{\mathrm{TX}})$ 称为整流型功率方向继电器的内角（取值为 30° 或 45°）。

在上述原理的基础上，再分析整流型功率方向继电器的动作区，根据动作区的定义，分析以 $\dot{K}_{\mathrm{u}}\dot{U}_{\mathrm{m}}$ 为参考相量，$\dot{K}_{\mathrm{I}}\dot{I}_{\mathrm{m}}$ 变化使继电器动作的动作区，如图 1-3-12（a）所示。进而分析以 $\dot{U}_{\mathrm{m}}$ 为参考相量，$\dot{I}_{\mathrm{m}}$ 变化使继电器动作的动作区，如图 1-3-12（b）所示。

图 1-3-12（a）有利于理解动作区的概念，要满足 $|\dot{A}|>|\dot{B}|$ 的动作条件，$\dot{K}_{\mathrm{I}}\dot{I}_{\mathrm{m}}$ 只能处于上半部。有了图 1-3-12（a）后，要给出实际应用中以 $\dot{U}_{\mathrm{m}}$ 为参考相量，而 $\dot{I}_{\mathrm{m}}$ 的动作区，只需要根据 $\dot{K}_{\mathrm{I}}\dot{I}_{\mathrm{m}}$ 与 $\dot{I}_{\mathrm{m}}$ 的角度关系、$\dot{K}_{\mathrm{u}}\dot{U}_{\mathrm{m}}$ 与 $\dot{U}_{\mathrm{m}}$ 的角度关系画出即可，如图 1-3-12（b）所示。由图 1-3-12 可知，要使继电器动作量最大、制动量最小及继电器动作最灵敏，接入继电器的电流 $\dot{I}_{\mathrm{m}}$ 要超前电压 $\dot{U}_{\mathrm{m}}$ $\alpha$ 角度，即当 $\varphi_{\mathrm{m}}=-\alpha$（$\dot{I}_{\mathrm{m}}$ 超前 $\dot{U}_{\mathrm{m}}$ 的角度为负）时继电器动作最灵敏。因此，将 $\varphi_{\mathrm{m}}=-\alpha=\varphi_{\mathrm{sen.max}}$ 称为最灵敏角，此时 $\dot{I}_{\mathrm{m}}$ 超前 $\dot{U}_{\mathrm{m}}$ 角度的线称为最灵敏线。由此可知，式（1-3-1）可写成

$$\varphi_{\mathrm{sen.max}}-90° \leqslant \arg\frac{\dot{U}_{\mathrm{k}}}{\dot{I}_{\mathrm{k}}} \leqslant \varphi_{\mathrm{sen.max}}+90° \tag{1-3-5}$$

式（1-3-5）三端都减去 $\varphi_{\mathrm{sen.max}}$ 又因为 $-\varphi_{\mathrm{sen.max}}=\arg j\varphi_{\mathrm{sen.max}}$，可得动作方程为

$$-90° \leqslant \arg\frac{\dot{U}_{\mathrm{k}}\mathrm{e}^{\mathrm{j}\varphi_{\mathrm{sen.max}}}}{\dot{I}_{\mathrm{k}}} \leqslant 90° \tag{1-3-6}$$

在此情况下应取 $\varphi_{\mathrm{sen.max}}=\varphi_{\mathrm{m}}$，故式（1-3-6）也可写成

$$-90° \leqslant \arg\frac{\dot{U}_{\mathrm{k}}\mathrm{e}^{-\mathrm{j}\varphi_{\mathrm{m}}}}{\dot{I}_{\mathrm{k}}} \leqslant 90° \tag{1-3-7}$$

**注意：** 对继电保护中的方向继电器或方向元件的基本要求是：

（1）应具有明确的方向性。

（2）故障时，继电器的动作有足够的灵敏度。

最大灵敏角

### 三、功率方向继电器的接线方式及分析

功率方向继电器的接线方式是指它与电流互感器和电压互感器的连接方式。

功率方向继电器的接线方式必须保证正确反映故障的方向。正方向任何形式短路时，功率方向继电器应动作，反方向短路时，功率方向继电器不动作。故障后加入继电器的电流和电压应尽可能大，正方向故障时应使功率方向继电器灵敏地工作，使短路阻抗角接近最大灵敏角，以便消除和减小方向元件的死区。$\varphi_{m}$ 应尽量接近最大灵敏角 $\varphi_{sen.max}$，以提高继电器的灵敏度。

90° 接线方式各相功率方向继电器所加电流 $\dot{I}_{m}$ 和电压 $\dot{U}_{m}$ 如表 1-3-1 所示。需注意，功率方向继电器电流线圈和电压线圈的极性必须与电流、电压互感器二次线圈的极性正确连接。例如，对 A 相的方向继电器加入电流 $\dot{I}_{A}$ 和电压 $\dot{U}_{BC}$（因所用电压 $\dot{U}_{BC}$ 落后于同名相 $\dot{U}_{A}$ 90°，故称为 90° 接线），有

$$\varphi = \arg\left(\frac{\dot{U}_{BC}}{\dot{I}_{A}}\right) \qquad （1-3-8）$$

图 1-3-13 所示为功率方向继电器采用 90° 接线方式时，方向电流保护的原理接线和相量图。

表 1-3-1　90° 接线方式各相功率方向继电器所加电流和电压

| 功率方向继电器 | 电流 | 电压 |
| --- | --- | --- |
| KW1 | $\dot{I}_{A}$ | $\dot{U}_{BC}$ |
| KW2 | $\dot{I}_{B}$ | $\dot{U}_{CA}$ |
| KW3 | $\dot{I}_{C}$ | $\dot{U}_{AB}$ |

接线方式确定后，功率方向继电器内角的大小是决定功率方向继电器能否正确判断电流方向的主要因素。LG-11 型继电器的内角分别为 30°和 45°。选定 30°和 45°的理由，可由分析各种故障（两相、三相、近处、远处）时的动作行为来说明。下面分析采用 90° 接线方式的功率方向继电器在正方向发生各种相间短路时的动作情况，然后确定内角 $\alpha$ 的取值范围。

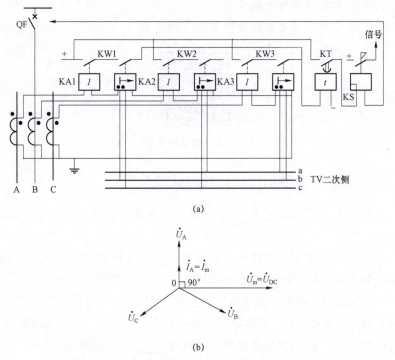

图 1-3-13　功率方向继电器的 90° 接线方式

（a）原理接线；（b）相量图

1）三相短路

正方向发生三相短路时的相量如图 1-3-14 所示，$\dot{U}_A$、$\dot{U}_B$、$\dot{U}_C$ 表示保护安装地点的母线电压，$\dot{I}_A$、$\dot{I}_B$、$\dot{I}_C$ 为三相的短路电流。加于 A 相继电器的电压（$\dot{U}_{BC}$）超前所加电流 $\dot{I}_A$ 的角度为

$$-\varphi_{rA} = -(90° - \varphi_k) = \varphi_k - 90°$$

则式（1-3-7）可写为

$$-90° \leqslant \arg \frac{\dot{U}_k e^{j(90° - \varphi_k)}}{\dot{I}_k} \leqslant 90° \qquad (1-3-9)$$

在习惯上采用 $90° - \varphi_k = \alpha$，$\alpha$ 称为功率方向继电器的内角，则式（1-3-9）变为

$$-90° \leqslant \arg \frac{\dot{U}_k e^{j\alpha}}{\dot{I}_k} \leqslant 90° \qquad (1-3-10)$$

即

$$-90° \leqslant (\varphi + \alpha) \leqslant 90° \qquad (1-3-11)$$

或

$$-(90° + \alpha) \leqslant \arg \frac{\dot{U}_k}{\dot{I}_k} \leqslant 90° - \alpha \qquad (1-3-12)$$

如用有功功率的形式表示，则式（1-3-11）可写成

$$\dot{U}_k \dot{I}_k \cos(\varphi + \alpha) > 0 \qquad (1-3-13)$$

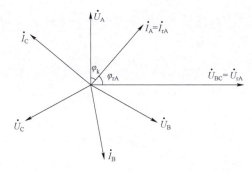

图 1−3−14　三相短路的 90° 接线方式分析

则 A 相功率方向继电器的动作条件为

$$U_{BC}I_A \cos(\varphi_k - 90° + \alpha) > 0 \qquad (1-3-14)$$

为了使功率方向继电器工作在最灵敏的条件下，应使 $\cos(\varphi_k - 90° + \alpha) = 1$，即要求 $\varphi_k + \alpha = 90°$。

假设线路的阻抗角 $\varphi_k = 60°$，则应取内角 $\alpha = 30°$，如果 $\varphi_k = 45°$，则应取内角 $\alpha = 45°$ 等，故功率方向继电器应有可以调整的内角 $\alpha$，其大小取决于功率方向继电器的内部参数。

一般来说，电力系统中任何电缆或架空线路的阻抗角（包括含有过渡电阻短路的情况）都有 $0° < \varphi_k < 90°$，为使功率方向继电器在任何 $\varphi_k$ 的情况下均能动作，必须要求式（1−3−14）始终大于 0。为此需要选择一个合适的内角以满足要求：当 $\varphi_k \approx 0°$ 时，必须选择 $0° < \alpha < 180°$；当

正方向三相短路时内角的选择

$\varphi_k \approx 90°$ 时，必须选择 $-90° < \alpha < 90°$。为同时满足这两个条件，保证功率方向继电器在任何情况下均能动作，在三相短路时应选择 $0° < \alpha < 90°$。

2）两相短路

如图 1−3−15 所示，以 B、C 两相短路为例，用 $\dot{E}_A$、$\dot{E}_B$、$\dot{E}_C$ 表示对称三相电源的电势；$\dot{U}_A$、$\dot{U}_B$、$\dot{U}_C$ 为保护安装处的母线电压；$\dot{U}_{kA}$、$\dot{U}_{kB}$、$\dot{U}_{kC}$ 为短路故障点处的电压。

短路点位于保护安装地点附近时，短路阻抗 $Z_k \ll Z_s$（保护从安装处到电源的系统阻抗），$Z_k \approx 0$，而此时的相量图如图 1−3−16 所示，短路电流

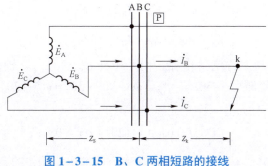

图 1−3−15　B、C 两相短路的接线

$\dot{I}_B$ 由电势 $\dot{E}_{BC}$ 产生，$\dot{I}_B$ 滞后 $\dot{E}_{BC}$ 的角度为 $\varphi_k$，电流 $\dot{I}_C = -\dot{I}_B$，短路点（即保护安装地点）的电压为

$$\dot{U}_A = \dot{U}_{kA} = \dot{E}_A \qquad (1-3-15)$$

$$\dot{U}_B = \dot{U}_{kB} = -\frac{1}{2}\dot{E}_A \qquad (1-3-16)$$

$$\dot{U}_C = \dot{U}_{kC} = -\frac{1}{2}\dot{E}_A \qquad (1-3-17)$$

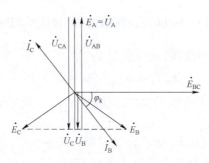

**图 1-3-16  短路点位于保护安装地点附近 B、C 两相短路时的相量图**

此时，对 A 相功率方向继电器而言，当忽略负荷电流时，$I_A \approx 0$，因此功率方向继电器不动作，对于 B 相功率方向继电器，$\dot{I}_{rB} = \dot{I}_B$，$\dot{U}_{rB} = \dot{U}_{CA}$，$\varphi_{rB} = \varphi_k - 90°$，则动作条件应为

$$U_{CA}I_B \cos(\varphi_k - 90° + \alpha) > 0 \qquad (1-3-18)$$

对于 C 相功率方向继电器，$\dot{I}_{rC} = \dot{I}_C$，$\dot{U}_{rC} = \dot{U}_{AB}$，$\varphi_{rC} = \varphi_k - 90°$，则动作条件应为

$$U_{AB}I_C \cos(\varphi_k - 90° + \alpha) > 0 \qquad (1-3-19)$$

由此可知，为了保证 $0° < \varphi_k < 90°$ 时功率方向继电器均能动作，就要选择内角 $\alpha$ 为 $0° < \alpha < 90°$。

短路点远离保护安装地点且系统容量很大时，$Z_k \gg Z_s$，$Z_s \approx 0$，则相量图如图 1-3-17 所示，电流 $\dot{I}_B$ 仍由电势 $\dot{E}_{BC}$ 产生，并滞后 $\dot{E}_{BC}$ 一个角度 $\varphi_k$。保护安装地点的电压为

$$\dot{U}_A = \dot{E}_A$$

$$\dot{U}_B = \dot{U}_{kB} + \dot{I}_B Z_k \approx \dot{E}_B \qquad (1-3-20)$$

$$\dot{U}_C = \dot{U}_{kC} + \dot{I}_C Z_k \approx \dot{E}_C$$

对于 B 相功率方向继电器，由于电压 $\dot{U}_{CA} \approx \dot{E}_{CA}$，较保护安装地点附近短路时相位滞后了 30°，$\varphi_{rB} = \varphi_k - 90° - 30° = \varphi_k - 120°$，则动作条件应为

$$U_{CA}I_B \cos(\varphi_k - 120° + \alpha) > 0 \qquad (1-3-21)$$

因此，当 $0° < \varphi_k < 90°$ 时，使功率方向继电器动作的条件为 $30° < \alpha < 120°$。

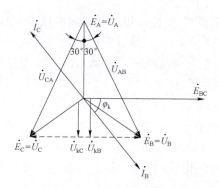

**图 1-3-17　短路点远离保护安装地点 B、C 两相短路时的相量图**

对于 C 相功率方向继电器，由于电压 $U_{AB} \approx E_{AB}$，较保护安装地点附近短路时相位超前了 30°，因此，$\varphi_{rC} = \varphi_k - 90° + 30° = \varphi_k - 60°$，则动作条件应为

$$U_{AB}I_C \cos(\varphi_k - 60° + \alpha) > 0 \qquad (1-3-22)$$

因此，当 0°<$\varphi_k$<90° 时，功率方向继电器能够动作的条件为 -30°<$\alpha$<60°。

综合以上两种情况可以得出，在正方向任何地点两相短路时，B 相功率方向继电器能够动作的条件是 30°<$\alpha$<90°，C 相功率方向继电器能够动作的条件为 0°<$\alpha$<60°。反方向短路时，电流相量位于非动作区，功率方向继电器不会动作。

同理分析 A、B 和 C、A 两相短路时的情况，也可以得出相应的结论。

综上所述，采用 90° 接线方式，除在保护安装地点附近发生三相短路时出现死区外，在线路上发生各种相间短路时功率方向继电器均能正确动作。当 0°<$\varphi_k$<90° 时，功率方向继电器能够动作的条件是 30°<$\alpha$<60°，通常厂家生产的功率方向继电器直接提供了 $\alpha$=30° 和 $\alpha$=45 两种内角，这就满足了上述要求。应该指出的是，以上讨论只是功率方向继电器在各种可能的情况下动作的条件，而不是动作最灵敏的条件。为了减小死区的范围，功率方向继电器动作最灵敏的条件，应根据三相短路时 cos（$\varphi_r + \alpha$）=1 来决定，因此对某一确定了阻抗角的输电线路而言，应采用 $\alpha$=90° - $\varphi_r$ 来获得最大灵敏角。

3）按相启动

当电网中发生不对称故障时，在非故障相中仍然有电流流过，这个电流称为非故障相电流，它可能使非故障相的方向元件误动作。图 1-3-18（a）所示为方向电流保护直流回路非按相启动的接线，即先把各相电流继电器 KA 的触点并联、各相功率方向继电器的触点并联，再将其串联，然后与时间继电器 KT 的线圈串联。如果 B、C 两相发生短路，电流继电器 KA2、KA3 动作，其动合触点闭合；如果方向元件 KW1 在负荷电流作用下误动作，其动合触点闭合，则启动时间继电器 KT，保护 1 误动作使断路器跳闸。图 1-3-18（b）所示为方向电流保护的直流回路按相启动的接线，即先把同名相的电流继电器 KA 和功率方向继电器 KW 的触点直接串联构成与门，再把各同名相串联支路并联起来构成或门，然后与时间继电器 KT 的线圈串联。当反方向故障时，故障相的方向元件 KW2、KW3 不能动作，非故障相的电流元件 KA1 也不会动作，即使 KW1 在负荷电流的作用下误动作，保护 1 也不会误动作。如图 1-3-18（c）所示，大接地电流系统中发生单相接地短路时，非故障相中不仅有负荷电流，而且有一部分故障电流，这对保护的影响更为严重。可以采取零序电流闭锁相间保护，用接地保护中零序电流继电器 KAZ 的触点来闭锁相间保护的方向电流保护。

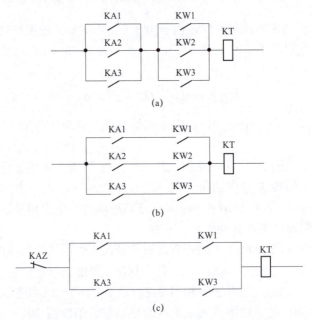

**图 1-3-18 方向电流保护直流回路启动的接线**
（a）非按相启动；（b）按相启动；（c）零序电流闭锁相间保护

4）90°接线方式的优、缺点

90°接线方式的优点：

（1）适当选择功率方向继电器的内角 $\alpha$，对线路上发生的各种相间短路，都能保证正确判断短路功率的方向，而不致误动作。

方向电流保护的起动方式

（2）各种两相短路均无电压死区，因为功率方向继电器接入非故障相间电压，其值很大。

（3）由于功率方向继电器接入非故障相间电压，故对三相短路的电压死区有一定的改善。如果再采用电压记忆回路，一般可以消除三相短路的电压死区。

90°接线方式的缺点：

连接在非故障相电流上的功率方向继电器可能在两相短路或单相接地短路时误动作。

**拓展：**微机保护具有存储（记忆）功能，且计算和判断能力很强，故可以利用故障相故障前瞬间电压的相位和数值及故障后通过保护装置的短路电流计算出电压电流之间的相位夹角，从而判断故障的方向并由此决定是否应有闭锁保护动作。

## 四、方向电流保护的整定

方向电流保护的整定有两个方面的内容，一是电流部分的整定，即动作电流、动作时间与灵敏度的校验；二是确定是否需要装设（投入）方向元件。对于电流部分的整定，其原则与前述阶段式电流保护整定原则基本相同。不同的是与相邻保护的定值配合时，只需要与相邻的同方向保护的定值进行配合。

在多电源供电网络中，Ⅰ段、Ⅱ段电流部分的整定计算可按照一般的不带方向的Ⅰ段、Ⅱ段整定原则进行。Ⅲ段电流部分的整定计算则与一般不带方向的Ⅲ段整定原则有所区别，下面加以说明。

### 1. Ⅲ段保护整定

1）Ⅲ段保护动作电流

Ⅲ段保护动作电流需躲过被保护线路的最大负荷电流，即

$$I_{act}^{(\text{Ⅲ})} = \frac{K_{rel}}{K_{re}} I_{L.max} \qquad (1-3-23)$$

式中　$I_{L.max}$ ——考虑故障切除后电动机自启动的最大负荷电流。

Ⅲ段保护动作电流还需要躲过非故障相的电流 $I_{unf}$，即

$$I_{act}^{(\text{Ⅲ})} = K_{rel} I_{unf} \qquad (1-3-24)$$

在小接地电流系统中，非故障相电流为负荷电流，只需要按照式（1-3-23）进行整定。对于大接地电流系统，非故障相电流除了负荷电流 $I_L$，还包括零序电流 $I_0$，此时按照式（1-3-25）整定动作电流，即

$$I_{act}^{(\text{Ⅲ})} = K_{rel}(I_L + K_3 I_0) \qquad (1-3-25)$$

式中　$K_{rel}$——非故障相中的零序电流与故障相电流的比例系数，显然，对于单相接地故障 $K_{rel}$ 为 1/3。

另外，Ⅲ段保护动作电流要与同方向相邻Ⅲ段保护进行灵敏度配合。为确保选择性，应使前一段线路保护的动作电流大于后一段线路保护的动作电流，即同方向保护的动作电流，从离电源最远处开始逐级增大，这就是与同方向相邻设备灵敏度的配合。

方向电流保护的动作电流应同时满足以上条件，同方向保护应取上述计算结果中的最大者作为方向电流保护的动作电流限定值。

2）Ⅲ段保护动作时间

Ⅲ段保护动作时间按照同方向阶梯特性整定，即前一段线路保护的动作时间比同方向后一段线路保护的动作时间长。

3）保护的灵敏度配合

方向电流保护的灵敏度主要由电流元件决定，其电流元件的灵敏度校

验方法与不带方向的电流保护相同。对于方向元件，一般因为方向元件的灵敏度较高，故不需要校验灵敏度。

现以图1-3-19所示的电网为例说明方向电流保护的整定，图中标明了各个保护的动作方向，其中的1、3、5、7为动作方向相同的一组保护，即同方向保护；2、4、6、8为同方向保护，于是它们的动作电流、动作时间的配合关系应为

$$I_{act1}^{(Ⅲ)} > I_{act3}^{(Ⅲ)} > I_{act5}^{(Ⅲ)} > I_{act7}^{(Ⅲ)}, \quad t_1^{(Ⅲ)} > t_3^{(Ⅲ)} > t_5^{(Ⅲ)} > t_7^{(Ⅲ)}$$

$$I_{act8}^{(Ⅲ)} > I_{act6}^{(Ⅲ)} > I_{act4}^{(Ⅲ)} > I_{act2}^{(Ⅲ)}, \quad t_8^{(Ⅲ)} > t_6^{(Ⅲ)} > t_4^{(Ⅲ)} > t_2^{(Ⅲ)}$$

图1-3-19 方向电流保护整定举例

### 2. 方向元件的装设

并非所有保护都需要装设方向元件，只有当反方向故障可能造成保护无选择性动作时，才需要装设方向元件。例如，在图1-3-15所示的电网中，若保护3的Ⅰ段动作电流大于其反方向母线N处短路时流过保护3的电流，则该Ⅰ段不需经方向元件闭锁；反之，则应当经方向元件闭锁。同理，若保护3的Ⅱ段动作电流大于其反方向保护2的Ⅱ段动作电流，则该Ⅱ段不需经方向元件闭锁，反之则应当经方向元件闭锁。对于母线N处的保护3与保护2，如$t_3^{(Ⅲ)} > t_2^{(Ⅲ)}$，则当线路MN上发生故障时，保护2先于保护3动作，将故障线路切除，即动作时间的配合已能保证保护3不会非选择性动作，故保护3的Ⅲ段可以不装设方向元件。

根据上述讨论可以得出结论：Ⅰ段动作电流大于其反方向母线短路时的电流时，不需要装设方向元件；Ⅱ段动作电流大于其同一母线反方向保护的Ⅱ段动作电流时，不需要装设方向元件；对装设在同一母线两侧的Ⅲ段来说，动作时间最长的，不需要装设方向元件。除此之外，当发生反向故障时，有故障电流流过的保护必须装设方向元件。

方向元件的投退

## 任务实施

### 一、明确任务

继电保护的装置上电和图纸识读。

**二、装置的上电步骤**

略。

**三、图纸的正确识读**

封面、目录、屏布置图、压板定义及排列图、交流回路、直流、网络及对时回路等。

**四、回路分析**

装置接点联系图、端子排等。

继电保护的上电

电气图纸的识读1

电气图纸的识读2

## 任务评价

继电保护的装置上电和图纸识读成果评价表

| 评价项目 | 评价内容 | 评价标准 | 评价等级 | | |
|---|---|---|---|---|---|
| | | | 自评 | 组评 | 师评 |
| 资料准备（10分） | 专业资料准备（10分） | 优：能根据任务，熟练查找专业网站和专业书籍，咨询资深专业人士，获取需要的较全面的专业资料。<br>良：能根据任务，查找专业网站或专业书籍，或通过资深专业人士，获取需要的部分专业资料。<br>差：没有查找专业资料或资料极少 | 优□<br>良□<br>差□ | 优□<br>良□<br>差□ | 优□<br>良□<br>差□ |
| 实际操作（70分） | 装置上电（10分） | 优：能按照正确的操作顺序进行装置上电。<br>良：能进行装置上电。<br>差：未能按照正确的操作顺序进行装置上电 | 优□<br>良□<br>差□ | 优□<br>良□<br>差□ | 优□<br>良□<br>差□ |
| | 图纸识读（20） | 优：能准确进行图纸的识读，并按图纸进行接线。<br>良：基本能行图纸的识读。<br>差：不能识读图纸 | 优□<br>良□<br>差□ | 优□<br>良□<br>差□ | 优□<br>良□<br>差□ |
| | 回路分析（40分） | 优：能正确分析保护的二次回路。<br>良：基本能正确分析保护的二次回路。<br>差：不能正确分析保护的二次回路 | 优□<br>良□<br>差□ | 优□<br>良□<br>差□ | 优□<br>良□<br>差□ |

续表

| 评价项目 | 评价内容 | 评价标准 | 评价等级 | | |
|---|---|---|---|---|---|
| | | | 自评 | 组评 | 师评 |
| 基本素质（20分） | 分析、解决问题能力（10分） | 优：具备发现问题、分析问题并有针对性地解决问题的能力。<br>良：基本具备发现问题、分析问题并有针对性地解决问题的能力。<br>差：不具备发现问题、分析问题并有针对性地解决问题的能力 | 优□<br>良□<br>差□ | 优□<br>良□<br>差□ | 优□<br>良□<br>差□ |
| | 举一反三的能力（10分） | 优：具备举一反三的能力。<br>良：基本能按照提示进行举一反三。<br>差：不具备举一反三的能力 | 优□<br>良□<br>差□ | 优□<br>良□<br>差□ | 优□<br>良□<br>差□ |
| 小组意见 | | | | | |
| 教师意见 | | | | | |
| 总成绩 | 优□ 良□ 差□ | 备注 | 总成绩＝自评×0.2＋组评×0.3＋师评×0.5<br>各级权重：优＝1；良＝0.8；差＝0.5 | | |

 码上习题

方向电流保护的概念

方向电流保护的工作原理

功率方向继电器的结构和工作原理

整流型功率方向继电器

功率方向继电器的接线方式及分析

方向电流保护的整定原则

**实践实拍**：小组成员共同进行装置上电训练和图纸识读并录制讲解过程。

# 电网接地保护的检验与整定

 项目场景

葛双Ⅱ回线于 1989 年 8 月 10 日发生 B 相瞬时接地短路，于 1990 年 12 月 13 日发生 C 相瞬时接地短路，于 1991 年 8 月 24 日发生 A 相瞬时接地短路。在这 3 次单相接地短路中，葛厂侧都单相跳闸、单相重合，线路重合成功，而双边侧每次在保护动作单相跳闸后经过一延时，在 0.78～0.82 s 后，先发出"双 08 重合闸闭锁"的异常信号（双 07 为靠母线断路器先合上，重合时间为 0.8 s；双 08 为中间断路器后合上，重合时间为 1.4 s），再经过 57～60 ms 后，双 07、双 08 三相跳闸不重合，造成葛双Ⅱ回线 3 次停电事故。

葛双Ⅱ回线连续 3 年发生 3 次单相瞬时接地短路，双边侧均三相跳闸不重合。每次事故后检查，试验模拟单相瞬时接地短路，两套保护均单相跳闸、单相重合成功。多次模拟试验，结果都一样。

从 3 次事故的录波图的特点来看，每次事故录波时间都是 0.78～0.82 s，故障相电流均接近线路电容电流。这 3 次单相接地短路均为瞬时接地短路，分别为 B、C、A 相。每次发生的单相瞬时接地短路都是在 0.8 s 左右三相跳闸。其非单相永久性短路，对侧已重合成功，也非保护误动，更不是干扰误动。综合分析，其是由保护回路有错误接线或寄生回路导致的。经双河变电所专责工程师证实，对照葛双Ⅰ、Ⅱ回线两屏的端子排，发现葛双Ⅱ回线端子排同期回路多了一根标号为 503 的线头，即寄生回路。图 2-0-1 所示为 RAAAK 型重合闸部分接线。

设计的同期回路被放在重合闸回路中，利用重合闸完成手动同期合闸。实际上，由于线路都采用单相重合闸方式，同期回路根本就不用，但是同期回路并未拆除。在 500 kV 线路中，都采用线路 CVT，正常运行时，断路器的线路侧和母线上电压均一样，因此，同期继电器触点始终是闭合的。从图 2-0-1 中可知，当重合时间为 0.8 s 时，325 继电器触点闭合，经虚框内同期继电器触点，再走 503 寄生回路，启动准备三跳 349 继电器，349 继电器触电闭合便三相跳闸。这就是葛双Ⅱ回线三次单相瞬时接地短路故障，三次误跳三相不重合的原因。

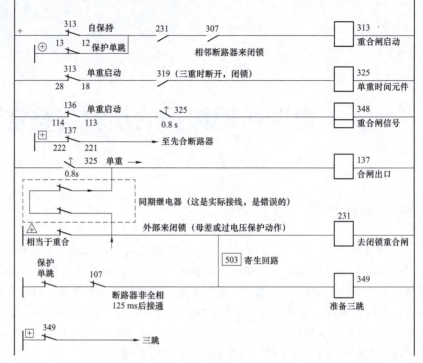

图 2-0-1　RAAAK 型重合闸部分接线

 **相关知识技能**

① 中性点直接接地系统的接地保护；② 中性点非直接接地系统的接地保护；③ 勇敢、果断的操作意识；④ 大局意识和团结协作精神。

110 kV 线路保护配置（案例导学）

# 任务一　中性点直接接地系统的接地保护

 **任务描述**

当中性点直接接地或经过小电阻接地的电网发生接地故障时，将出现数值较大的零序电流，该电流在正常情况下是不存在的。这是接地故障的显著特征，据此可以构成有效的保护。

 **学习目标**

素质目标：具备勇敢、果断的操作意识，拥有大局观。

知识目标：接地短路时零序分量的特点；阶段式零序电流保护的构成

与接线；方向性零序电流保护。

**技能目标：**能够分析、查找和排除中性点直接接地电网中的接地故障；能够进行零序保护装置配置。

## 任务资料

### 一、探秘中性点接地系统

电力系统中性点工作方式，是综合考虑供电可靠性、系统过电压水平、系统绝缘水平、对继电保护的要求、对通信线路的干扰以及系统稳定的要求等因素而确定的。我国采用的中性点工作方式主要有中性点直接接地方式、中性点经消弧线圈接地方式和中性点非直接接地方式。

目前，我国 110 kV 及以上电压等级的电力系统都是中性点直接接地系统。在中性点直接接地系统中，当发生单相接地短路时会产生较大的短路电流，所以中性点直接接地系统又被称为大接地电流系统。据统计，在这种系统中，单相接地短路故障占总故障的 80%～90%，甚至更高。前述电流保护采用完全星形接线方式时，也能反映单相接地短路，但灵敏度常常不能满足要求，而且保护动作时间长。因此，为了反映接地短路情况，必须装设专用的接地短路保护，并作用于跳闸。

在我国 35 kV 及以下电压等级的电力系统中，采用中性点非直接接地方式或中性点经消弧线圈接地方式。当发生单相接地短路故障时，接地故障电流较小，所以这种系统又称为小接地电流系统。

小接地电流系统和大接地电流系统是根据电网中发生单相接地短路故障时接地电流的大小来区分的。小接地电流系统和大接地电流系统的划分标准，是依据系统的零序电抗 $X_0$ 与正序电抗 $X_1$ 的比值。我国相关标准规定：中性点 $X_0/X_1 >$（4～5）的系统属于小接地电流系统；中性点 $X_0/X_1 \leq$（4～5）的系统属于大接地电流系统。

在电力系统中发生接地短路故障时，电流和电压可以利用对称分量法分解为正序、负序、零序分量，接地短路的特点是有零序分量存在，应用这一特点可以构成反映接地短路故障的零序保护。当其发生单相接地故障时，由于电力系统中性点的工作方式不同，零序分量的特点也就不同。

零序分量的由来

### 二、中性点直接接地电网接地短路故障的特点

#### 1. 接地短路故障分析

中性点直接接地方式，即将中性点直接接入大地。我国 110 kV 及以上电压等级的电网均采用大接地电流系统。统计表明，在大接地电流系统中发生的故障，绝大多数是接地短路故障。因此，在这种系统中需装设有效的接地保护，并使之动作于跳闸，以切断接地的短路电流。从原理上讲，

接地保护可以与三相星形接线的相间短路保护共用一套设备，但实际上，这样构成的接地保护灵敏度低（因为继电器的动作电流必须躲开最大短路电流或负荷电流）、动作时间长（因为保护的动作时限必须满足相间短路时的阶梯原则），所以普遍采用专门的接地保护装置。下面以图 2－1－1 为例来分析接地短路故障的特点。

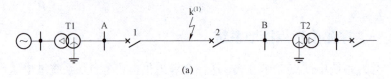

(a)

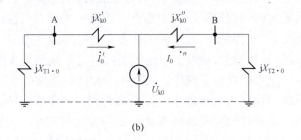

(b)

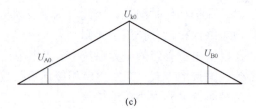

(c)

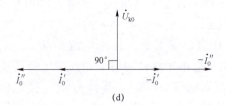

(d)

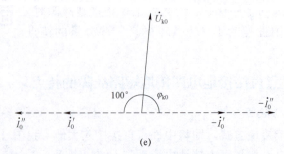

(e)

**图 2－1－1　接地短路时的零序等效网络**

（a）系统接线；（b）零序网络；（c）零序电压的分布；（d）忽略电阻时的相量图；
（e）计及电阻时的相量图（设 $\varphi_{k0}=80°$）

在电力系统中发生接地短路时，如图 2-1-1（a）所示，可以利用对称分量法将电流和电压分解为正序、负序和零序分量，并利用复合序网来表示它们之间的关系。短路计算的零序网络如图 2-1-1（b）所示，零序电流可以看成在故障点出现一个零序电压 $U_{k0}$ 而产生的，它必须经过变压器接地的中性点构成回路。对于零序电流的方向，仍然采用母线流向故障点为正；对于零序电压的方向，则是线路高于大地的电压为正，如图 2-1-1（b）中的"↑"所示。

由上述等效网络可见，零序分量的参数具有如下特点：

（1）故障点的零序电压越高，系统中距离故障点越远处的零序电压越低，零序电压的分布如图 2-1-1（c）所示，如在变电所 A 母线上零序电压为 $U_{A0}$、变电所 B 母线上零序电压为 $U_{B0}$ 等。

（2）由于零序电流是 $U_{k0}$ 产生的，当忽略回路的电阻时，按照规定的正方向画出零序电流和零序电压的相量图，如图 2-1-1（d）所示，$I_0'$ 和 $I_0''$ 将超前 $U_{k0}$ 90°。在计及回路电阻时，如取零序阻抗角为 $\varphi_{k0}=80°$，如图 2-1-1（e）所示，$I_0'$ 和 $I_0''$ 将超前 $U_{k0}$ 100°。

零序电流的分布主要取决于送电线路的零序阻抗和中性点接地变压器的零序阻抗，而与电源的数目和位置无关，在图 2-1-1（a）中，当变压器 T2 的中性点不接地时，$I_0''=0$。

（3）对于发生故障的线路，两端零序功率的方向与正序功率的方向相反，零序功率的方向实际上都是从线路指向母线。

（4）从任一保护（如保护 1）安装处的零序电压与零序电流之间的关系看，由于 A 母线上的零序电压 $U_{A0}$ 实际上是从该点到零序网络中性点之间零序阻抗上的电压降，因此可以表示为

$$U_{A0}=(-I_0)X_{T1.0}$$

式中　$X_{T1.0}$——变压器 $T_1$ 的零序阻抗。

该处零序电流与零序电压之间的相位差也由 $X_{T1.0}$ 的阻抗角决定，与被保护线路的零序阻抗及故障点的位置无关。

（5）在电力系统运行方式变化时，如果送电线路和中性点接地变压器的数量不变，则零序阻抗和零序网络就是不变的。但此时，系统的正序阻抗和负序阻抗要随着运行方式而变化，正、负序阻抗的变化将引起 $U_{k1}$、$U_{k2}$、$U_{k3}$ 之间电压分配的改变，从而间接影响零序分量的大小。

### 2. 零序电流滤过器

要构成专门的接地保护，就需要取出零序电流（或零序电压），根据对称分量的表达式，将三相电流互感器二次侧同极性端并联，构成零序电流过滤器，如图 2-1-2 所示。

流入继电器的电流为

$$\dot{I}_k = \dot{I}_a + \dot{I}_b + \dot{I}_c = 3\dot{I}_0$$

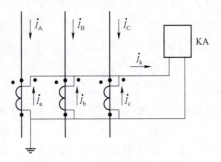

图 2-1-2　零序电流过滤器

只有当接地短路故障时，才产生零序电流，正常运行和相间短路时不产生零序电流，理想情况下 $\dot{I}_k = 0$，继电器不会动作。但实际上三相电流互感器的励磁特性不一致，继电器中会有不平衡电流流过。设三相电流互感器的励磁电流分别为 $\dot{I}_{A \cdot E}$、$\dot{I}_{B \cdot E}$、$\dot{I}_{C \cdot E}$，则流入继电器的电流为

$$\dot{I}_k = \frac{1}{n_{TA}}[(\dot{I}_A - \dot{I}_{A \cdot E}) + (\dot{I}_B - \dot{I}_{B \cdot E}) + (\dot{I}_C - \dot{I}_{C \cdot E})]$$

$$= \frac{1}{n_{TA}}(\dot{I}_A + \dot{I}_B + \dot{I}_C) - \frac{1}{n_{TA}}(\dot{I}_{A \cdot E} + \dot{I}_{B \cdot E} + \dot{I}_{C \cdot E}) \quad （2-1-1）$$

$$= \frac{1}{n_{TA}} \times 3\dot{I}_0 + \dot{I}_{unb}$$

式中　$n_{TA}$——电流互感器变比；

$\dot{I}_{unb}$——不平衡电流，$\dot{I}_{unb} = -\dfrac{1}{n_{TA}}(\dot{I}_{A \cdot E} + \dot{I}_{B \cdot E} + \dot{I}_{C \cdot E})$。

当设备正常运行时，不平衡电流很小，在相间短路故障时互感器一次电流很大，铁芯饱和使不平衡电流增大。接地保护的动作电流应躲过此时的不平衡电流，以防止误动作。当发生接地短路时，在零序电流滤过器输出端有 $3\dot{I}_0$ 的电流输出，但 $\dot{I}_{unb}$ 相对于 $3\dot{I}_0$ 一般很小，可以忽略，零序保护即可反映于这个电流而动作。

### 3. 零序电流互感器

零序电流互感器是一种利用单相接地短路故障线路的零序电流值较非故障电路大的特征，取出零序电流信号使继电器动作，实现有选择性跳闸或发出信号的装置。对于采用电缆引出的线路，广泛采用零序电流互感器取得零序电流，如图 2-1-3 所示。零序电流互感器套在电缆的外面，电缆穿过变流器（零序电流互感器）的铁芯为一次绕组，即零序电流互感器一次电流是 $\dot{I}_A + \dot{I}_B + \dot{I}_C$。二次绕组绕在铁芯上并与电流继电器串联。正常运行或三相对称短路时，没有零序电流；单相接地时，有接地电容电流通过铁芯，在一次侧通过零序电流时，零序电流互感器二次侧才有相应的 $3\dot{I}_0$ 输出，使继电器动作，故称为零序电流互感器。它的优点是不平衡电流小、接线简单。

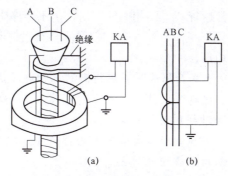

图 2-1-3 零序电流互感器

(a) 结构；(b) 接线

当发生接地短路故障时，接地电流不仅可能在地中流动，还可能沿着故障线路电缆的导电外皮或非故障电缆的外皮流动；正常运行时，地中杂散电流也可能在电缆外皮上流过。这些电流可能导致保护的误动作、拒绝动作或使其灵敏度降低。为了解决这个问题，在安装零序电流互感器时，可以使电缆头与支架绝缘，并将电缆头外皮的接地线穿过零序电流互感器的铁芯窗口后再接地（图 2-1-3）。这样，沿电缆外皮流动的电流来回两次穿过铁芯，互相抵消，因此不会在铁芯中产生相应的磁通，于是也就不会影响保护的正确工作。

### 4. 零序电压互感器

为了获得零序电压，需采用零序电压互感器。构成零序电压互感器时，必须考虑零序磁通的铁芯路径，所以采用的电压互感器铁芯类型只能是三个单相的或三相五柱式的。其一次绕组接成星形，并将中性点接地，其二次绕组一般接成开口三角形，即首尾相连，如图 2-1-4（a）和图 2-1-4（b）所示，以获得零序电压。

输出电压为

$$\dot{U}_{mn} = \dot{U}_a + \dot{U}_b + \dot{U}_c = 3\dot{U}_0$$

对于正序或负序电压的分量，由于三相相加等于零，没有输出，这种接线就是零序电压互感器，只输出零序电压。

当发电机（或变压器）中性点经电压互感器或消弧线圈接地时，可直接通过它们的二次侧获得零序电压。因发电机（或变压器）中性点对地的电压值即零序电压的值，如图 2-1-4（c）所示。

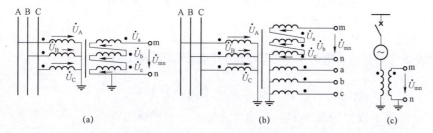

(a)             (b)             (c)

图 2-1-4 零序电压互感器

(a) 由三个单相电压互感器组成；(b) 由三相五柱式电压互感器组成；
(c) 由发电机中性点电压互感器（零序电压互感器）取得零序电压

实际上，在正常运行和电网相间短路时，由于零序电压互感器的误差及三相系统对地电压不平衡，在开口三角形侧会有数值不大的电压输出，此电压称为不平衡电压。

**拓展：** 微机保护根据数据采集系统得到的三相电压值再用软件进行矢量相加得到 $3U_0$ 值，这种方式称为自产 $3U_0$ 方式，在线路保护中 $3U_0$ 主要用于在接地短路故障时判别故障方向。

**注意：** 目前零序电压的获取大多数采用自产 $3U_0$ 方式，只有当 TV 断线时，才改用开口三角形绕组处的 $3U_0$。

## 三、中性点直接接地系统的接地保护

中性点直接接地系统发生接地短路故障时会产生很大的零序电流，而反映零序电流增大而构成的保护称为零序电流保护。零序电流保护与相间短路的电流保护相同，也可以构成阶段式保护，通常为三段式或四段式。三段式零序电流保护由零序电流速断（零序Ⅰ段）、零序电流限时速断（零序Ⅱ段）、零序过电流（零序Ⅲ段）组成。这三段保护在保护范围、动作值、动作时间方面的配合与三段式电流保护类似。图 2-1-5 所示为三段式零序电流保护原理接线图，其采用零序电流滤过器获取零序电流。零序Ⅰ段由电流继电器 KA1、中间继电器 KM 和信号继电器 KS1 组成；零序Ⅱ段由电流继电器 KA2、时间继电器 KT1 和信号继电器 KS2 组成；零序Ⅲ段由电流继电器 KA3、时间继电器 KT2 和信号继电器 KS3 组成。零序Ⅰ段保护瞬时动作，保护范围为线路首端的一部分；零序Ⅱ段保护经一个时限级差动作，保护线路全长；零序Ⅲ段保护作为本线路及下一线路的后备保护，保护本线路及下一线路全长。

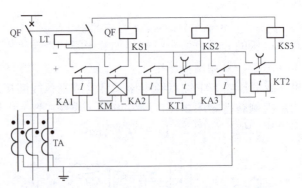

**图 2-1-5　三段式零序电流保护原理接线图**

### 1. 零序电流速断保护（零序电流Ⅰ段保护）

零序Ⅰ段保护反映测量点的零序电流大小而瞬时动作，为保证其选择性，保护范围不可超过线路全长。当发生单相或两相接地故障时，可先发出零序电流 $3I$。随线路长度 $l$ 变化的关系曲线，然后进行保护整定计算。

其整定原则如下：

（1）其动作电流应躲过被保护线路末端发生单相或两相接地短路时可能出现的最大零序电流 $3I_{0.max}$，即

$$I_{act}^{(I)} = K_{rel}3I_{0.max} \qquad (2-1-2)$$

式中　$K_{rel}$——可靠系数，取 1.2～1.3。

在计算最大零序电流时，要考虑最大的运行方式和接地短路故障类型。

（2）躲过由于断路器三相触头不同期合闸所出现的最大零序电流，即

$$I_{act}^{(I)} = K_{rel}3I_{0.unbmax} \qquad (2-1-3)$$

式中　$K_{rel}$——可靠系数，取 1.1～1.2；

$3I_{0.unbmax}$——由于断路器三相触头不同期合闸所出现的最大零序电流。

**注意：** 如果保护装置的动作时间大于断路器三相不同期合闸的时间，则可以不考虑这一条件。

保护的整定值取原则（1）（2）中的较大者。若按照整定原则（2）整定使动作电流较大，灵敏度不满足要求时，则可在零序电流速断保护的接线中装一个小延时的中间继电器，使保护装置的动作时间大于断路器三相触头不同时合闸的时间，则可不考虑整定原则（2）。

（3）在 220 kV 及以上电压等级的电网中，当采用单相或综合重合闸时，会出现非全相运行状态，若此时系统又发生振荡，则将产生很大的零序电流，按整定原则（1）（2）来整定的零序Ⅰ段保护可能误动作。如果使零序Ⅰ段保护的动作电流按躲开非全相运行系统振荡的零序电流来整定，则整定值高，正常情况下发生接地短路故障时保护范围缩小，不能充分发挥零序Ⅰ段保护的作用。

为了解决这个问题，通常设置两个零序Ⅰ段保护。其中一个零序Ⅰ段保护按整定原则（1）（2）整定，由于其整定值较小，保护范围较大，被称为灵敏Ⅰ段，针对全相运行状态下的接地短路起保护作用并在非全相运行时退出。在单相重合闸时，将其自动闭锁并自动投入另一个零序Ⅰ段保护。另一个零序Ⅰ段保护，按躲开非全相振荡的零序电流整定，其整定值较大，灵敏系数较小，被称为不灵敏Ⅰ段，在单相重合闸过程中其他两相又发生接地短路故障时，用于弥补失去灵敏Ⅰ段的缺陷，尽快地将故障清除。当然，不灵敏Ⅰ段也能反映全相运行下的接地短路故障，只是其保护范围较灵敏Ⅰ段小。

**2. 零序电流限时速断保护（零序电流Ⅱ段保护）**

零序电流Ⅰ段保护能瞬时动作，但不能保护线路全长，为了以较短时限切除全线的接地短路故障，还应装设零序电流限时速断保护（零序电流

单向永久金属性接地事故分析（企业案例）　　继电保护十八项反措中"误整定"（企业案例）

Ⅱ段保护），其动作电流与下一条线路零序电流Ⅰ段保护配合，按躲过下一条线路零序电流Ⅰ段保护区末端接地短路故障时，通过本保护装置的最大零序电流整定，保护范围不超过下一条线路零序电流Ⅰ段保护范围的末端，即

$$I_{\mathrm{act.1}}^{(\mathrm{II})} = K_{\mathrm{rel}} I_{\mathrm{act.2}}^{(\mathrm{I})} \qquad (2-1-4)$$

式中　　$K_{\mathrm{rel}}$——可靠系数，取 1.1～1.2；

　　　　$I_{\mathrm{act.2}}^{(\mathrm{I})}$——相邻线路保护 2 的零序电流Ⅰ段保护的动作电流。

当相邻两个保护之间的变电站母线上接有中性点接地的变压器时，需要考虑分支电路对零序电流分布的影响。

与相间短路的限时电流速断保护相同，零序电流Ⅱ段保护的动作时限比下一条线路零序电流Ⅰ段保护的动作时限大一个时限级差 $\Delta t$，一般取 0.5 s。

零序电流Ⅱ段保护的灵敏系数，按本线路末端接地短路时流过本保护的最小零序电流来校验，要求 $K_{\mathrm{sen}} \geqslant 1.5$。当下一条线路比较短或运行方式变化比较大，灵敏系数不满足要求时，可采用下列方法解决。

（1）使本线路的零序电流Ⅱ段保护与下一条线路的零序电流Ⅱ段保护配合，其动作电流、动作时限都与下一条线路的零序电流Ⅱ段保护配合：动作电流为 $I_{\mathrm{act.1}}^{(\mathrm{II})} = K_{\mathrm{rel}} I_{\mathrm{act.2}}^{(\mathrm{II})}$，动作时限为 1 s。

（2）采用两个灵敏度不同的零序电流Ⅱ段保护，保留原来 0.5 s 时限的零序电流Ⅱ段保护，保证在正常、最大方式下快速切除故障；增设一个与下一条线路零序电流Ⅱ段保护配合的、动作时限为 1 s 左右的零序电流Ⅱ段保护，它们与零序电流Ⅰ段及Ⅲ段保护一起，构成四段式零序电流保护，保证在各种方式下切除故障。

（3）从电网接线的全局考虑，改用接地距离保护。

### 3. 零序过电流保护（零序电流Ⅲ段保护）

零序过电流保护与相间短路的定时限过电流保护类似，用作本线路接地短路的近后备保护和下一条线路接地短路的远后备保护，但在中性点直接接地电网的终端线路上，也可以作为主保护。零序过电流保护在正常运行及下一条线路相间短路时不应动作，而此时的零序电流互感器有不平衡电流输出并流过本保护，所以其动作电流应按躲过下一条线路出口处相间短路所出现的最大不平衡电流来整定，即

$$I_{\mathrm{act}}^{(\mathrm{III})} = K_{\mathrm{rel}} I_{\mathrm{unb.max}} \qquad (2-1-5)$$

式中　　$K_{\mathrm{rel}}$——可靠系数，取 1.2～1.3；

$I_{\text{unb.max}}$——最大不平衡电流，相邻线路出口处发生三相短路时，零序电流互感器所输出的最大不平衡电流。

零序电流Ⅲ段保护的灵敏系数，按保护范围末端接地短路时流过本保护的最小零序电流来校验。当其作为本线路近后备保护时，应按本线路末端发生接地短路时流过保护的最小零序电流来校验，校验点取本线路末端，要求 $K_{\text{sen}} \geqslant 1.3 \sim 1.5$ ；当其作为相邻线路的远后备保护时，应按相邻元件末端发生接地短路时流过保护的最小零序电流来校验，校验点取下一条线路末端，要求 $K_{\text{sen}} \geqslant 1.2$ 。

按上述原则整定的零序电流Ⅲ段保护，其动作电流的数值都很小，当电网发生接地短路故障时，同一电压等级内各零序电流Ⅲ段保护都有可能启动。为了保证动作的选择性，各零序电流Ⅲ段保护动作时限也应按阶梯原则进行配合。但是，考虑到零序电流只在接地故障点与变压器接地中性点之间的一部分电网中流通，所以只在这一部分线路的零序保护上进行时限的配合即可。例如，在图 2−1−6 所示的电网中，零序电流Ⅲ段保护 3 可以是无延时的，不必考虑与变压器 T2 后面的保护 4 配合，即可取 $t_{03} = 0$s 。因为当变压器 T2 的△侧（低压侧）发生接地短路故障时，不可能在 Y 侧产生零序电流，所以没有零序电流流过保护。但保护 1、保护 2、保护 3 的动作时限应符合阶梯原则，即 $t_{02} = t_{03} + \Delta t$ ， $t_{01} = t_{02} + \Delta t$ 。其时限特性如图 2−1−6 所示。

但是，相间短路的过电流保护则不同。由于相间故障无论发生在变压器的△侧还是在 Y 侧（高压侧），故障电流均要从电源一直流至故障点，所以整个电网过电流保护的动作时限应从离电源最远处的保护开始，逐级按阶梯原则进行配合。为了便于比较，图 2−1−6 给出了相间短路过电流保护的时限特性。保护 3 的时限 $t_3$ ，要与变压器 T2 后的保护 4 配合；保护 4 的时限还要与下一元件的保护时限配合。比较接地保护的时限特性曲线和相间过电流保护的时限特性曲线后可知：虽然它们在配合上均遵循阶梯原则，但零序电流Ⅲ段保护需要配合的范围小，其动作时限要比相间短路过电流保护短。同一线路上的零序电流Ⅲ段保护的时限小于相间短路过电流保护的动作时限，这是装设零序电流Ⅲ段保护的又一个优点。

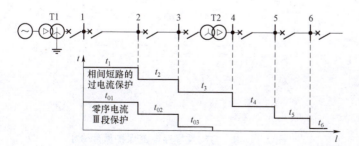

图 2−1−6　零序电流Ⅲ段保护与相间过电流保护的时限特性的比较

## 四、方向性零序电流保护

### 1. 装设方向元件的必要性

在双侧电源或多电源的中性点直接接地系统中，当线路两端有中性点接地变压器时，若线路发生接地短路，故障点的零序电流将分为两个支路分别流向两侧的接地中性点。这种情况与在双侧电源网络中实施相间短路的电流保护一样，不装设方向元件将不能保证保护动作的选择性。例如，在图 2-1-7 所示的电网中，当 k1 点发生接地短路时，有零序电流流过保护 2 和保护 3，为了保证选择性，应使 $t_{02} < t_{03}$。但当接地短路发生在 k2 点时，为了保证选择性，又要求 $t_{02} > t_{03}$，显然这是矛盾的。因此，与方向电流保护相同，必须在零序电流保护上增加零序功率方向元件，以判别零序电流的方向，构成零序方向电流保护，以确保在各种接地故障短路情况下保护动作的选择性。

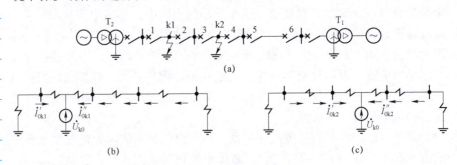

**图 2-1-7　方向性零序分析**

（a）网络接线；（b）k1 点接地短路时的零序网络；（c）k2 点接地短路时的零序网络

### 2. 零序功率方向继电器

以图 2-1-8 所示系统为例，当 M 侧保护正方向 k1 点发生接地短路故障时，流过保护 2 的零序电流和零序电压的关系可表示为

$$\dot{U}_{k0} = -\dot{I}_{01}'' Z_0$$

式中　$Z_0$——变压器 T2、线路 NP 及 K1 点至母线线路的零序阻抗之和。

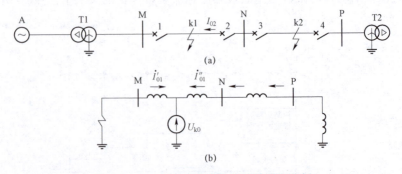

**图 2-1-8　方向性零序电流保护原理分析**

（a）网络接线；（b）k1 点接地短路时的零序网络

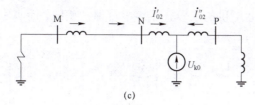

(c)

图 2-1-8 方向性零序电流保护原理分析（续）

（c）k2 点接地短路时的零序网络

保护安装处 N 母线的零序电压为

$$\dot{U}_{02} = -\dot{I}''_{01} Z_{N0} = -\dot{I}_{02} Z_{N0}$$

式中 $Z_{N0}$——变压器 T2 和线路 NP 的零序阻抗之和，其阻抗角约为 80°，则保护安装处零序电流 $\dot{I}_{02}$ 超前零序电压 $\dot{U}_{02}$ 为 95°～110°。

正向故障

当保护的反方向 k2 点发生接地短路故障时，流过保护 2 的零序电流与保护安装处 N 母线的零序电压的关系为

$$\dot{U}_{02} = -\dot{I}'_{02} Z_{N1} = \dot{I}_{02} Z_{N1}$$

式中 $Z_{N1}$——变压器 T1 和线路 MN 段的零序阻抗，其阻抗角为 75°～85°，则保护安装处零序电压 $\dot{U}_{02}$ 超前零序电流 $\dot{I}_{02}$ 的相位角为 75°～85°。

反向故障

由此可见，在保护的正方向和反方向发生接地短路时，零序电压和零序电流的相角差是不同的，而零序功率方向继电器可依次判断接地短路发生的方向。三段式零序方向电流保护的原理接线图如图 2-1-9 所示。

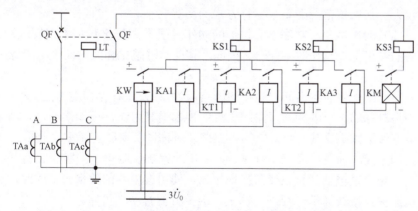

图 2-1-9 三段式零序方向电流保护的原理接线图

在零序电流保护中加装方向元件后，只需要同一方向的保护在保护范围和动作时限上配合。图 2-1-10 所示为三段式零序方向电流保护时限特性，保护 1、保护 3、保护 5 为相同动作方向，保护 2、保护 4、保护 6 为相同动作方向，它们之间的配合以及各段的配合如图 2-1-10 所示。

在同一保护方向上，方向性零序电流保护动作电流和动作时限的整定

计算原则与前面所讲的三段式零序电流保护相同。而零序电流元件灵敏度的校验方法也与其相同。

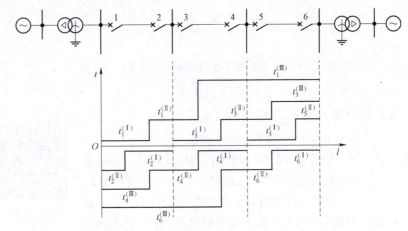

**图 2-1-10　三段式零序方向电流保护时限特性**

## 五、对零序电流保护的评价

零序电流保护的优点有以下几个。

（1）灵敏度高。过电流保护是按能躲过最大负荷电流整定的，继电器动作电流一般为5～7 A。而零序电流保护是按躲过最大不平衡电流整定的，继电器动作电流一般为2～4 A。因此，零序电流保护的灵敏度高。

由于零序阻抗远较正序阻抗、负序阻抗大，故线路始端与末端接地短路时，零序电流变化显著，曲线较陡，因此，零序Ⅰ段和零序Ⅱ段保护范围较大，其保护范围受系统运行方式的影响较小。

（2）动作迅速。零序电流保护的动作时限不必与Yd接线的降压变压器后的线路保护动作时限配合，因此，其动作时限比相间短路过电流保护的动作时限短。

（3）不受系统振荡和过负荷的影响。当系统发生振荡和对称过负荷时，三相是对称的，反映相间短路的电流保护都受其影响，可能误动作。而零序电流保护则不受其影响，因为当振荡及对称过负荷时，无零序分量。

（4）接线简单、经济、可靠。零序电流保护反映单一的零序分量，故用一个测量继电器就可以反映接地短路，使用继电器的数量少。因此，零序电流保护接线简单、经济，调试、维护方便且动作可靠。

零序电流保护的缺点有如下几个。

（1）对于短线路或运行方式变化很大的情况，保护往往不能满足系统运行所提出的要求。对于复杂的双回线环网，灵敏度常常难以满足要求。

（2）随着单相重合闸的广泛应用，在重合闸动作的过程中将出现非全相运行状态，再考虑系统两侧的电机发生摇摆，则可能由于出现较大的零序电流而影响零序电流保护的正确工作。此时，应从整定计算方面考虑，或在单相重合闸动作过程中使之短时退出运行。

（3）当采取自耦变压器联系两个不同电压等级的网络时（例如 110 kV 和 220 kV 电网），则任一网络的接地短路都将在另一网络中产生零序电流，这将使零序保护的整定配合复杂化，并将提升零序第Ⅲ段保护的动作时限。

 ## 任务实施

### 一、明确任务
线路零序保护调试。

### 二、零序保护定值校验
1. 零序功能压板投入。
2. A、B、C 三相分相跳闸出口压板退出。
3. 重合闸出口退出。

### 三、零序Ⅱ段校验
1. 零序Ⅱ段试验定值设为 0.5A，时间 2 s，故障相设为 A 相。
2. 模拟其 0.95 倍可靠不动作。
3. 模拟其 1.05 倍可靠动作。
4. 模拟其 1.05 倍反向可靠不动作。

### 四、零序Ⅲ段校验
1. 零序Ⅲ段试验定值设为 0.3A，时间 3 s，故障相设为 A 相。
2. 模拟其 0.95 倍可靠不动作。
3. 模拟其 1.05 倍可靠动作。
4. 模拟其 1.05 倍反向可靠不动作。

线路零序保护调试

 ## 任务评价

线路零序保护调试成果评价表

| 评价项目 | 评价内容 | 评价标准 | 评价等级 | | |
| --- | --- | --- | --- | --- | --- |
| | | | 自评 | 组评 | 师评 |
| 资料准备（10 分） | 专业资料准备（10 分） | 优：能根据任务，熟练查找专业网站和专业书籍，咨询资深专业人士，获取需要的较全面的专业资料。<br>良：能根据任务，查找专业网站或专业书籍，或通过资深专业人士，获取需要的部分专业资料。<br>差：没有查找专业资料或资料极少 | 优□<br>良□<br>差□ | 优□<br>良□<br>差□ | 优□<br>良□<br>差□ |
| 实际操作（70 分） | 着装和工器具选用（15 分） | 优：正确着装，正确选取安全工器具，正确布置工作现场。<br>良：未正确着装，未正确选取安全工器具，正确布置工作现场。<br>差：未正确着装，未正确选取安全工器具，未正确布置工作现场 | 优□<br>良□<br>差□ | 优□<br>良□<br>差□ | 优□<br>良□<br>差□ |

续表

| 评价项目 | 评价内容 | 评价标准 | 评价等级 | | |
|---|---|---|---|---|---|
| | | | 自评 | 组评 | 师评 |
| 实际操作（70分） | 零序保护定值校验（15分） | 优：正确进行压板的投退。<br>良：能进行压板投退，但不熟练。<br>差：未能正确进行压板投退 | 优□<br>良□<br>差□ | 优□<br>良□<br>差□ | 优□<br>良□<br>差□ |
| | 零序Ⅱ段校验（10分） | 优：能熟练模拟其 0.95 倍可靠不动作和 1.05 倍动作，并正确分析动作结果。<br>良：能进行其 0.95 倍可靠不动作和 1.05 倍动作。<br>差：未正确动作和不动作校验 | 优□<br>良□<br>差□ | 优□<br>良□<br>差□ | 优□<br>良□<br>差□ |
| | 零序Ⅲ段校验（30分） | 优：能熟练模拟其 0.95 倍可靠不动作和 1.05 倍动作，并正确分析动作结果。<br>良：能进行其 0.95 倍可靠不动作和 1.05 倍动作。<br>差：未正确动作和不动作校验 | 优□<br>良□<br>差□ | 优□<br>良□<br>差□ | 优□<br>良□<br>差□ |
| 基本素质（20分） | 勇敢果断（10分） | 优：能按规程要求勇敢果断操作。<br>良：能完成操作，但过程中有拖沓。<br>差：不能按照规程要求完成操作 | 优□<br>良□<br>差□ | 优□<br>良□<br>差□ | 优□<br>良□<br>差□ |
| | 大局意识（10分） | 优：能完全遵守现场管理制度和劳动纪律，有大局意识。<br>良：基本能遵守现场管理制度。<br>差：违反现场管理制度，不能协调配合工作 | 优□<br>良□<br>差□ | 优□<br>良□<br>差□ | 优□<br>良□<br>差□ |
| 小组意见 | | | | | |
| 教师意见 | | | | | |
| 总成绩 | 优□ 良□ 差□ | 备注 | 总成绩=自评×0.2＋组评×0.3＋师评×0.5<br>各级权重：优＝1；良＝0.8；差＝0.5 | | |

 码上习题

零序电流Ⅲ段保护

零序电流Ⅱ段保护

零序方向电流保护

零序电流Ⅰ段保护

接地短路时零序分量的特点

探秘中性点接地系统

**实践实拍：**实拍中性点直接接地系统的架空线路。

## 任务二　中性点非直接接地系统的接地保护

### 任务描述

当小接地电流系统发生接地短路故障时，产生的短路电流是全网络非故障线路的容性电流，它与大接地电流系统发生短路时产生的短路电流相对较小，所以在发生单相故障时，该线路的线电压依然是对称的，不影响线路向负荷送电。

### 学习目标

**素质目标：** 具备社会责任意识和沟通协作能力。

**知识目标：** 中性点非直接接地系统单相接地故障特点与保护；中性点经消弧线圈接地电网的特点与保护；零序功率方向保护。

**技能目标：** 掌握中性点不接地系统的保护配置方法；掌握中性点经消弧线圈接地的应用。

### 任务资料

### 一、中性点非直接接地系统单相接地时的故障特点

中性点非直接接地系统正常运行时，系统的三相电压对称。为了便于分析，忽略电源和线路上的压降，用集中电容 $C_{\mathrm{O.F}}$ 表示三相各自的对地电容，即 $C_{\mathrm{A}} = C_{\mathrm{B}} = C_{\mathrm{C}} = C_{\mathrm{O.F}}$，并设负荷电流为零。这三个电容相当于一个对称星形负载，中性点就是大地，电源中性点与负荷中性点电位相等。正常运行时，电源中性点的对地电压等于零，即 $\dot{U}_{\mathrm{N}} = 0$，由于忽略电源和线路上的压降，所以各相的对地电压即相电动势。各相电容 $C_{\mathrm{O.F}}$ 在三相对称电压的作用下，产生的三相电容电流也是对称的，并超前相应的相电压 $90°$。三相对地电压之和与三相电容电流之和都为零，所以当电网正常运行时，无零序电压和零序电流。

中性点非直接接地系统单相接地时，接地相对地电容 $C_{\mathrm{O.F}}$ 被短接，接地短路故障相对地电压变为零，该相电容电流也为零。由于三相对地电压以及电容电流的对称性遭到破坏，故会出现零序电压和零序电流。如图 2-2-1 所示，当 L3 线路中发生 A 相接地时，经过分析可以得出如下结论：

（1）接地相对地电压降为零时的中性点对地电压 $\dot{U}_{\mathrm{N}} = -\dot{E}_{\mathrm{A}}$。线路各相对地电压和零序电压分别为

$$\dot{U}_{\mathrm{A}} = 0$$

$$\dot{U}_B = \dot{E}_B - \dot{E}_A = \sqrt{3}\dot{E}_A e^{-j150°}$$

$$\dot{U}_C = \dot{E}_C - \dot{E}_A = \sqrt{3}\dot{E}_A e^{j150°}$$

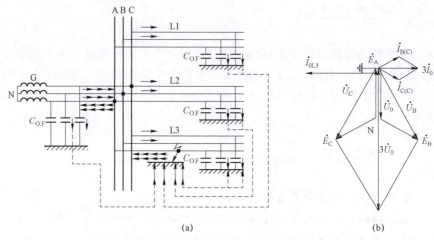

(a)                    (b)

**图 2-2-1　中性点非直接接地系统单相接地**

(a) 电容电流的分布；(b) 电流电压相量图

$$\dot{U}_0 = \frac{1}{3}(\dot{U}_A + \dot{U}_B + \dot{U}_C) = -\dot{E}_A$$

由此可知，在 A 相接地后，B 相和 C 相对地电压升高到原来的 $\sqrt{3}$ 倍，即升高为线电压，中性点发生位移，中性点电压等于正常运行时的相电压。此时三相电压之和不为零，出现了零序电压，其相量图如图 2-2-1（b）所示。

**电容电流的分布图**

（2）接地相电容电流为零，其他两相电容电流随该两相对地电压升高而增大到正常值的 $\sqrt{3}$ 倍，因此线路上出现零序电流。非故障线路的零序电流为本线路两非故障相的电容电流的相量和，其相位超前零序电压 90°，方向由母线流向线路；故障线路始端的零序电流等于系统全部非故障线路对地电容电流之和，其相位滞后零序电压 90°，其方向由线路流向母线。

根据以上特点可构成不同原理的接地保护装置。

综上所述，中性点非直接接地电网单相接地时零序分量的特点如下：

① 单相接地时，故障相对地电压降为零，非故障相电压升高为原来的 $\sqrt{3}$ 倍，电网中出现零序电压，其大小等于故障前电网的相电压。

② 在非故障线路中保护安装处流过的零序电流，其数值等于线路本身非故障相对地电容电流之和，方向为由母线流向线路。

③ 在故障线路中保护安装处流过的零序电流，其数值为所有非故障线路零序电流之和，方向为从线路流向母钱。

**拓展**：给中性点加装消弧线圈是为了减小单相接地故障发生后的接地电容电流，使电弧不得重燃，使接地故障的危害进一步降低，但也使有选择性的接地保护的构成更加困难，尽管该保护只需要给出接地发生的信号，不需要跳闸。

## 二、中性点非直接接地系统中的单相接地保护

中性点非直接接地电网单相接地的保护方式有绝缘监视装置、零序电流保护、零序功率方向保护。

### 1. 绝缘监视装置

利用中性点非直接接地电网发生单相接地时电网出现零序电压分量的特点，构成绝缘监视装置，实现无选择性的接地保护。

如图 2-2-2 所示，绝缘监视装置由一个过电压继电器接于三相五柱式电压互感器二次侧开口三角形绕组的输出端构成。电压互感器的二次侧有两组绕组，其中，一组接成星形，在它的引出线上接三只电压表加一个三相切换开关以测量各相对地电压；另一组接成开口三角形，接过电压继电器，用来反映接地短路故障时出现的零序电压，并接通信号回路。

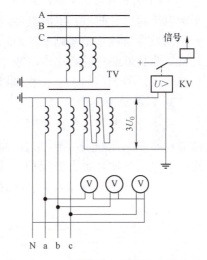

图 2-2-2 绝缘监视装置原理接线图

当电网正常运行时，系统三相电压对称，无零序电压分量，所以三只电压表读数相等，分别指示各自的相电压，过电压继电器不动作。当电网母线上任一条线路发生金属性单相接地时，接地相电压变为零，该相电压表读数为零，而其他两相对地电压升高至原来的 $\sqrt{3}$ 倍，所以电压表读数升高。由于系统各处都会出现零序电压，开口三角形绕组输出端有零序电压输出，使继电器动作并启动信号继电器发信号。为了确定哪一相发生了接地短路故障，可以通过电压表读数来判别，接地相对地电压为零，非故障相电压升高到线电压。

根据这种装置的动作可知，系统发生了接地短路故障和故障的相别，但不知道接地短路故障发生在哪条线路上。因此，绝缘监视装置是无选择性的。为了查找故障线路，需要由值班人员依次短时断开每条线路，再用自动重合闸将断开线路投入。当断开某条线路时零序电压消失，三个电压表读数相同，即说明该线路发生了接地短路故障。显然，这种保护方式只适用于比较简单并且允许短路时停电的线路，或采用微机保护装置实现的自动寻检选线。

三相五柱式分析

**注意：** 当电网正常运行时，由于电压互感器本身有误差以及高次谐波电压存在，在开口三角形绕组输出端有不平衡电压输出，电压继电器的动作电压要躲过这一不平衡电压。

### 2. 零序电流保护

当发生单相接地故障时，故障线路的零序电流是所有非故障元件的零序电流之和，当出线较多时，故障线路的零序电流比非故障线路的零序电流大，利用这个特点可以构成有选择性的零序电流保护。这种保护一般被用在有条件安装零序电流互感器的电缆线路或经电缆引出的架空线上。

零序电流保护的原理接线图如图2-2-3所示，保护装置通过零序电流互感器取得零序电流，电流继电器用来反映零序电流的大小并动作于信号。采用零序电流互感器，其不平衡电流较小，电流继电器的整定值按不平衡电流和自身的电容电流整定，从而提高了保护的灵敏度。

当发生单相接地短路故障时，故障线路的零序电流大，保护动作发出信号，非故障线路的零序电流较小，保护不动作，因此零序电流保护是有选择性的，但当出线少时往往难以实现。

### 3. 零序功率方向保护

在中性点非直接接地电网中出线较少的情况下，非故障相零序电流与故障相零序电流差别可能不大，采用零序电流保护不能满足灵敏度要求，这时可采用零序功率方向保护。其原理接线图如图2-2-4所示，其中的零序功率方向继电器输入$3\dot{U}_0$和$3\dot{I}_0$。

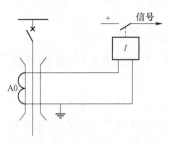

图2-2-3　零序电流保护的原理接线图

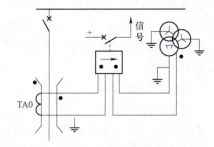

图2-2-4　零序功率方向保护的原理接线图

发生接地短路故障时，故障线路的零序电流滞后零序电压90°，若使零序功率方向继电器的最大灵敏角为90°，此时保护装置能灵敏动作；非故障线路的零序电流超前零序电压90°，零序电流落入非动作区，此时保护不动作。

零序功率方向保护多用于零序电流保护不能满足灵敏系数的要求和接线复杂的网络中。在实际运行中，零序功率方向保护有拒绝动作和误动作的可能，所以，小接地电流系统的单相接地保护还有待进一步研究和开发。

## 三、中性点经消弧线圈接地电网中单相接地短路故障的特点

中性点非直接接地系统中发生单相接地短路故障时，流过故障点的电流为整个系统电容电流的总和。如果这个电流的数值较大，就会在接地点燃起电弧，引起间歇性弧光过电压，甚至导致非故障相的绝缘损坏，从而

发展成相间短路故障或多点接地短路故障,从而扩大事故范围。为了解决这个问题,在接地短路故障电流大于一定值的电网中,中性点均应采用经消弧线圈接地的方式。如当 22～66 kV 电网单相接地时,故障点的零序电容电流总和若大于 10 A,10 kV 电网大于 20 A,3～6 kV 电网大于 30 A,则其电源、中性点应采取经消弧线圈(带铁芯的电感线圈)接地方式。这样当单相接地时,在接地点就有一个电感分量电流流过,此电流和原电网中的电容电流抵消,使故障点的电流减小。

中性点经消弧线圈接地系统发生单相接地短路故障时,电容电流的分布与图 2-2-1(a)所示的分布完全相同。但是在中性点对地电压的作用下,在消弧线圈中产生一个电感电流 $\dot{I}_L$,此电流也经接地故障点而构成回路,如图 2-2-5 所示。这时接地故障点的电流包括两部分,即原来的接地电容电流 $\dot{I}_C$ 和消弧线圈的电感电流 $\dot{I}_L$。电感电流 $\dot{I}_L$ 的相位与电容电流 $\dot{I}_C$ 的相位相反,相互抵消,起到了补偿作用,使接地点故障的电流减小,从而消除接地故障点的电弧。

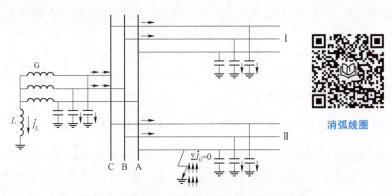

消弧线圈

**图 2-2-5　中性点经消弧线圈接地电网单相接地短路故障**

由前面的分析可知,消弧线圈的作用是用电感电流来补偿接地点的电容电流,根据其对电容电流补偿程度的不同,可以分为完全补偿、欠补偿和过补偿。

### 1. 完全补偿

完全补偿就是使 $I_L = I_C$,此时接地故障点的电流为零。从消除故障点的电弧及避免出现弧光过电压的角度来看,这种补偿方式最好。但它存在严重缺点,因为当完全补偿时,感抗等于电网的容抗,会发生串联谐振现象,使系统产生过电压。

此外,在断路器三相触头不同时闭合或断开时,也将短时出现一个数值更大的零序分量电压 $\dot{U}_O$,$\dot{U}_O$ 将在串联谐振回路中产生更大的电流,此电流在消弧线圈上又会产生更大的电压降,从而使电源中性点对地电压升高,这是不允许的,因此在实际使用中不采用完全补偿方式。

### 2. 欠补偿

欠补偿就是使 $I_L < I_C$,补偿后的接地点电流仍然是容性的。当系统运行方式改变时,如某个元件被切除,或某些线路因检修被迫切除或因短

路跳闸时，则系统零序电容电流会减小，致使电容电流由于可能得到完全补偿而引起过电压。所以，欠补偿方式一般也不被采用。

### 3. 过补偿

过补偿就是使 $I_L > I_C$，补偿后接地点残余电流是感性的。这时即使系统运行方式发生改变，也不会发生串联谐振现象产生过电压的问题，因此这种补偿方式在实际中得到了广泛的应用。

总结以上分析结果，可以得出如下结论。

（1）当采用完全补偿方式时，流经故障线路和非故障线路的零序电流都是本身的电容电流，而电容性无功功率的实际方向都是由母线流向线路。因此，在这种情况下，利用稳态零序电流的大小和功率方向都无法判断出是哪一条线路发生了故障。

（2）当采用过补偿方式时，流经故障线路的零序电流将大于本身的电容电流，而电容性无功功率的实际方向仍然是由母线流向线路，和非故障线路的方向一样。因此在这种情况下，首先无法利用功率方向的差别来判断故障线路，其次由于过补偿度不大，因此也很难像中性点不接地系统那样，利用零序电流大小的不同来找出故障线路。

实际电力系统所接线路的回路数会发生变化，导致全系统的对地电容电流发生变化，消弧线圈补偿可能出现过补偿，因此可采用可变消弧线圈自动跟踪补偿解决此问题。

## 四、中性点经消弧线圈接地系统中的单相接地保护

由前面的分析可知，中性点经消弧线圈接地电网要实现有选择性的接地保护是较为困难的。目前，这类电网一般采用无选择性的绝缘监视装置。除此之外，还可以采用稳态高次谐波分量或暂态零序电流原理的方式对其进行保护。

### 1. 反映稳态 5 次谐波分量的接地保护

电力系统中之所以出现高次谐波电压、电流，主要是因为发电机转子的磁通密度不可能完全按正弦分布，所以定子电压不可能是绝对正弦波，而是有一定数量的谐波电压。另外，变压器励磁电流中也包含了高次谐波分量。一般来说，高次谐波分量中最大的是 5 次谐波分量。前面所讲的消弧线圈电感电流补偿故障点电容电流是对基波而言的，对 5 次谐波来说，消弧线圈的感抗 $X_L = 5\omega L$，增大为原来的 5 倍，其对地电感电流减小为原来的 1/5；而电网对地的容抗 $X_C = \dfrac{1}{5\omega C_\Sigma}$，减小为原来的 1/5，接地电容电流增大为原来的 5 倍。因此，消弧线圈的 5 次谐波电感电流相对于电网的 5 次谐波电容电流来说是很小的，即 5 次谐波电容电流几乎未被补偿，此时 5 次谐波电容电流的分布规律与基波电容电流在中性点非直接接地电网中的分布规律完全相同。这样，不仅可以利用 5 次谐波电流构成有选择性的保护，也可以利用 5 次谐波功率方向构成有选择性的保护。

### 2. 反映暂态零序电流的接地保护

前文所述有关零序电流的特点指的都是关于稳态电流值的。实际上，

在发生接地短路故障时，接地电容电流的暂态值较稳态值大很多倍，又因为故障时的暂态过程不受接地方式的影响，即电网不接地和电网经消弧线圈接地时的暂态过程是相同的，因此可利用暂态值的某些特点构成接地保护。

中性点非直接接地电网发生单相接地短路故障后，故障相对地电压突然降为零，并引起相对地电容放电，由于放电回路的电阻和电感都比较小，放电电流衰减很快，振荡频率可高达数千赫兹；而非故障线路由于对地电压突然升高为线电压，从而引起充电电流。由于充电回路要通过电源，电感较大，充电电流衰减较慢，且振荡频率也较低（仅数百赫兹）。

由此可见，接地短路故障发生后，故障线路暂态零序电流第一个周期的首半波比非故障线路的保护安装处的暂态零序电流大得多，且方向相反，故可利用这些特点构成有选择性的接地保护。

### 五、对小接地电流系统零序保护的评价

绝缘监视装置是一种无选择性的信号装置，它的优点是简单、经济，但在寻找接地短路故障的过程中，不仅要短时中断对用户的供电，而且操作工作量大。这种装置广泛安装在发电厂和变电所母线上，用于监视本网络中的单相接地短路故障。

当中性点非直接接地系统中出线线路数较多，全系统对地电容电流较大时，可以采用零序电流保护实现有选择性的接地保护；当灵敏度不够时，可以利用接地短路故障时故障线路与非故障线路电容电流方向不同的特点实现零序功率方向保护。

在中性点经消弧线圈接地系统中，仍可用零序电压保护原理构成绝缘监视，但不能采用反映零序电流或零序电流方向构成有选择性的保护，可以利用零序电流的高次谐波分量构成高次谐波（5次）电流方向保护，但其效果不理想。目前，在中性点经消弧线圈接地系统中实行有选择性接地保护的课题还没有完全实现。

 任务实施

**明确任务**

此次事故是由电网一次设备故障构成的单重事故，在231断路器石奥一线距石云站50%处发生A相金属性永久接地故障，从保护装置动作、故障录波曲线等对该故障发生的整个过程进行分析。

1. 在 $t = -11.7$ ms，石奥一线发生故障，录波曲线显示A相电流将显著增大，母线电压明显降低，保护启动。

2. 在 $t = -0.2$ ms，PSL-603G装置的电流差动保护动作，发出相跳闸指令。PSL-603G装置的"保护动作"灯亮，操作箱两组A相跳闸信号指示灯亮。

3. 在 $t = 55.4$ ms，231 断路器 A 相跳闸，录波曲线显示 A 相电流降至零，成功切除故障电流，操作箱 A 相跳闸位置指示灯亮，操作箱两组 A 相合闸位置指示灯灭。

4. 在 $t = 684.7$ ms，PSL-603G 装置发出重合闸指令，"重合动作"灯亮，操作箱重合闸灯亮。

5. 在 $t = 733.0$ ms，231 断路器 A 相合闸于永久故障，操作箱两组 A 相合闸位置灯亮，跳闸位置灯灭，故障录波曲线显示 A 相电流再次显著增大，A 相电压降低。

6. 在 $t = 751.2$ ms，PSL-603G 装置后加速保护动作，发出三相跳闸指令，操作箱的 B 相、C 相跳闸灯亮。

7. $t = 815.8$ ms，231 断路器三相跳闸，录波曲线显示三相电流降至为零，成功切除故障电流，操作箱的两组 A 相、B 相、C 相合闸位置灯灭，A 相、B 相、C 相跳闸位置灯亮，A 相接地永久故障被切除。

单相永久金属性接地事故分析

 ## 任务评价

### 单相永久金属性接地事故分析成果评价表

| 评价项目 | 评价内容 | 评价标准 | 评价等级 | | |
|---|---|---|---|---|---|
| | | | 自评 | 组评 | 师评 |
| 资料准备（10分） | 专业资料准备（10分） | 优：能根据任务，熟练查找专业网站和专业书籍，咨询资深专业人士，获取需要的较全面的专业资料。<br>良：能根据任务，查找专业网站或专业书籍，或通过资深专业人士，获取需要的部分专业资料。<br>差：没有查找专业资料或资料极少 | 优□<br>良□<br>差□ | 优□<br>良□<br>差□ | 优□<br>良□<br>差□ |
| 实际操作（70分） | 着装和工器具选用（10分） | 优：正确着装，正确选取安全工器具，正确布置工作现场。<br>良：未正确着装，未正确选取安全工器具，正确布置工作现场。<br>差：未正确着装，未正确选取安全工器具，未正确布置工作现场 | 优□<br>良□<br>差□ | 优□<br>良□<br>差□ | 优□<br>良□<br>差□ |
| | 保护装置动作分析（30分） | 优：能正确进行保护装置动作分析。<br>良：能进行保护装置动作分析，但不熟练。<br>差：不能正确进行保护装置动作分析 | 优□<br>良□<br>差□ | 优□<br>良□<br>差□ | 优□<br>良□<br>差□ |
| | 故障录波曲线分析（30分） | 优：能正确进行故障录波曲线分析。<br>良：能进行故障录波曲线分析，但不熟练。<br>差：不能正确进行故障录波曲线分析 | 优□<br>良□<br>差□ | 优□<br>良□<br>差□ | 优□<br>良□<br>差□ |

续表

| 评价项目 | 评价内容 | 评价标准 | 评价等级 | | |
|---|---|---|---|---|---|
| | | | 自评 | 组评 | 师评 |
| 基本素质（20分） | 社会责任（10分） | 优：能按规程要求完成回路检查，具备安全责任意识。<br>良：能进行回路检查，但未能履行工作票。<br>差：不能按照规程要求完成操作 | 优□<br>良□<br>差□ | 优□<br>良□<br>差□ | 优□<br>良□<br>差□ |
| | 沟通协作（10分） | 优：能班组沟通协作，完成工作任务。<br>良：基本能沟通能完成工作任务。<br>差：不能协调配合完成工作 | 优□<br>良□<br>差□ | 优□<br>良□<br>差□ | 优□<br>良□<br>差□ |
| 小组意见 | | | | | |
| 教师意见 | | | | | |
| 总成绩 | 优□　良□　差□ | 备注 | 总成绩＝自评×0.2＋组评×0.3＋师评×0.5<br>各级权重：优＝1；良＝0.8；差＝0.5 | | |

## 码上习题

中性点不接地故障特点

中性点非直接接地保护方式

消弧线圈对电容补偿的作用

中性点经消弧线圈接地电网的接地保护

**实践实拍**：检索消弧线圈实物资料，掌握其结构和应用方法。

模块三

# 电网距离保护的检验与整定

 项目场景

1989 年 9 月 19 日,当某变电所工作人员进行系统操作时,一条 220 kV 线路使用 PJH－11D 型相间距离保护装置,距离保护Ⅱ段信号表示动作跳闸。当时,距离Ⅰ段连接片 XB1 位于断开之处,如图 3-0-1 所示。

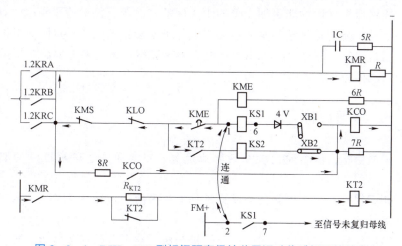

图 3-0-1 PJH-11D 型相间距离保护装置误动作跳闸回路接线

经过现场调查,有一个垫片落在信号继电器 KS1 的 1 号、2 号端子间。2 号端子为信号正电源,其相当于在 1 号、2 号端子间加一根连线,当系统有操作时,出现负序和零序电流分量,KMS 失磁触点闭合。正电源通过 KME 自保持触点、KLO 和 KMS 常闭触点,启动距离保护Ⅰ、Ⅱ段重动中间继电器 KMR,KMR 常开触点闭合,启动距离保护Ⅱ段时间继电器 KT2,其滑动触点闭合,启动出口 KCO 跳闸并让 KCO 触点自保持。此时,使断路器跳闸后重合不成功,因为跳闸脉冲没有消失。

220kV 线路保护配置
(案例导学)

 相关知识技能

① 阻抗继电器的动作特性和接线方式;② 距离保护的工作原理和整

定；③ 系统振荡、短路点过渡电阻、分支电路、电压回线断线等对距离保护的影响；④ 距离保护的调试和排故；⑤ 专注的工作态度和奋勇争先的职业精神；⑥ 团结奋进的精神面貌和严谨、缜密的思维能力。

# 任务一 阻抗继电器的动作特性分析

## 任务描述

大多电流、电压保护的范围随系统运行方式的变化而变化，对长距离、重负荷线路，由于线路的最大负荷电流可能与线路末端短路时的短路电流相差甚微，采用电流、电压保护的，其灵敏性也常常不能满足要求。随着电力系统的发展，电压等级逐渐提高，网络的结构越来越复杂，系统的变化方式比较大，电流、电压保护难以满足电网对保护的要求，一般只适用于 35 kV 及以下电压等级的电网。对于 110 kV 及以上电压等级的复杂网络，线路保护采用性能更加完善的距离保护，而距离保护能否正确动作，取决于保护能否正确地测量从短路点到保护安装处的阻抗，并使该阻抗与整定阻抗比较，而这个任务由阻抗继电器来完成。本任务主要分析阻抗继电器的动作特性。

## 学习目标

**素质目标**：培养爱岗敬业的职业道德；奋勇争先、追求进步的职业精神。

**知识目标**：距离保护的构成；阻抗继电器的动作特性及接线方式；精工电流。

**技能目标**：可以识读图纸；能够检验阻抗继电器的动作特性；可以对输电线路进行接线配置。

## 任务资料

### 一、距离保护的构成与运行

#### 1. 距离保护的引入

如图 3-1-1 所示，当 k 点短路时，短路电流 $\dot{I}_k = \dot{E}/(Z_s + zl_k)$，随着系统运行方式的变化，系统的等值阻抗 $Z_s$ 变化范围越大，反映到短路电流与故障距离的曲线上，就是最大短路电流曲线 $\dot{I}_{k.max}$ 与最小短路电流曲线 $\dot{I}_{k.min}$ 的间距越大，可能导致电流保护在最小运行方式下没有保护区（图 3-1-1 所示的最小短路电流曲线 $\dot{I}_{k.min}$ 继续向下平移），也就是电流保护的灵敏度很低。同理可得，电压保护或者零序电流保护同样受系统运行方式的影响。

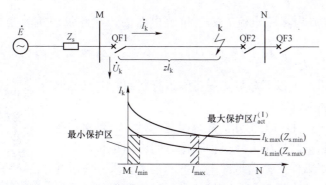

图 3-1-1　电流保护灵敏度受运行方式的影响分析

如图 3-1-1 所示，当 M 母线的电压与电流在 k 点发生三相短路时，有如下关系：

$$\dot{U}_k = \dot{I}_k z l_k$$

即

$$\frac{\dot{U}_k}{\dot{I}_k} = z l_k \qquad (3-1-1)$$

式中　$l_k$——保护安装处到故障点的距离；

　　　$z$——线路每千米阻抗。

由式（3-1-1）可知，保护安装处的电压、电流的比值与其到故障点的距离成正比，且与系统的运行方式无关。距离保护就是利用该比值判断故障的一种保护，且不受系统运行方式的影响，可以获得较为稳定的灵敏度。

### 2. 距离保护概述

1）距离保护的基本概念

距离保护是反映故障点到保护安装处的距离（或阻抗），并根据该距离的远近确定动作时限的一种继电保护装置。短路点越靠近保护安装处，其测量阻抗越小，保护的动作时限越短；反之，短路点越远，其测量阻抗越大，保护的动作时限也就越大。

测量保护安装处至故障点的距离，实际上是测量保护安装处至故障点之间的阻抗大小，故有时又称为阻抗保护。该阻抗为被保护线路始端电压和线路电流的比值，而用来完成这一测量任务的元件称为阻抗继电器。

2）距离保护的工作原理

在线路正常运行时，加在阻抗继电器上的电压为额定电压 $\dot{U}_N$，电流为负荷电流 $\dot{I}_L$，此时测量阻抗就是负荷阻抗 $Z_L = \dfrac{\dot{U}_N}{\dot{I}_L}$，其值较大；当系统短路时，由阻抗继电器完成电压 $\dot{U}_m$、电流 $\dot{I}_m$ 的比值测量，测量阻抗等于保护安装处到短路点的线路阻抗（短路阻抗），通常将该比值称为阻抗继电器的测量阻抗，而且故障点越靠近保护安装处，其值越小。当测量阻抗小于预先规定的整定阻抗 $Z_{set}$ 时，保护动作。

图 3-1-1 所示的 k 点短路时，加在阻抗继电器上的电压为母线的残

压 $\dot{U}_{mk}$，电流为短路电流 $\dot{I}_k$，阻抗继电器的一次测量阻抗就是短路阻抗 $Z_k = z \cdot l_k = \dfrac{\dot{U}_{mk}}{\dot{I}_k}$。由于 $U_{mk} \ll U_N$，$I_k \gg I_L$，$Z_k \ll Z_L$，故利用阻抗继电器的测量阻抗可以区分故障与正常运行状态，并且能够判断故障的远近。

由式（3-1-1）可知，故障距离越远，测量阻抗越大，因此测量阻抗越大，保护动作时间应当越长，并采用三段式距离保护来满足继电保护的基本要求。三段式距离保护的动作原则与电流保护类似。距离保护的阶梯形时限特性如图 3-1-2 所示。

距离保护的基本原理

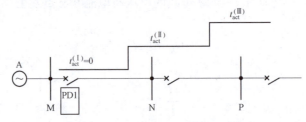

图 3-1-2　距离保护的阶梯形时限特性

距离保护的 Ⅰ 段是瞬时动作的，为保证选择性，保护区不能伸出本线路，其启动阻抗的整定值必须躲开短路点所测量到的阻抗，即测量阻抗小于本线路 Ⅰ 段动作时的阻抗。考虑到阻抗继电器和电流、电压互感器的误差，需引入可靠系数 $K_{rel}^{(I)}(0.8 \sim 0.85)$，距离保护 Ⅰ 段动作阻抗 $Z_{act.1}^{(I)}$ 为

$$Z_{act.1}^{(I)} = K_{rel}^{(I)} Z_{MN} \qquad (3-1-2)$$

为了切除本线路末端 15%～20% 的故障，需要设置距离保护 Ⅱ 段。为了保证选择性，保护区就不能伸出下一线路距离保护 Ⅰ 段的保护范围，即测量阻抗小于本线路阻抗与相邻线路 Ⅰ 段动作阻抗之和时动作；同时，还高出相邻线路距离保护 Ⅰ 段一个 $\Delta t$ 的时限动作。引入可靠系数 $K_{rel}^{(II)}$（一般取 0.8），距离保护 Ⅱ 段的动作阻抗 $Z_{act.1}^{(II)}$ 为

$$Z_{act.1}^{(II)} = K_{rel}^{(II)}(Z_{MN} + K_{rel}^{(I)} Z_{NP}) \qquad (3-1-3)$$

距离保护 Ⅰ 段和 Ⅱ 段的联合工作构成本线路的主保护。

距离保护 Ⅲ 段除了作为本线路的近后备保护，还要作为相邻线路的远后备保护，所以，除了在本线路故障有足够的灵敏度，相邻线路故障也要有足够的灵敏度，其测量阻抗小于负荷阻抗时启动，故动作阻抗小于最小的负荷阻抗。动作时间与电流保护 Ⅲ 段时间有相同的配置原则，即大于相邻线路最长的动作时间。

3）距离保护的组成

与电流保护类似，目前电网中应用的距离保护装置，一般也采用阶梯时限配合的三段式配置方式。如图 3-1-3 所示，距离保护一般由启动元件、阻抗测量元件（$Z_I$、$Z_{II}$、$Z_{III}$）、时限元件（$t_{II}$、$t_{III}$）、振荡闭锁元

件、电压二次回路断线闭锁元件、配合逻辑和出口等几部分组成,它们的作用分述如下:

(1)电压二次回路断线闭锁元件。

由 $Z_m = \dfrac{\dot{U}_m}{\dot{I}_m} = Z_1 L + Z_{Ld}$ 和 $Z_m = \dfrac{\dot{U}_m}{\dot{I}_m} = Z_1 L_k$ 可知,当电压二次回路断线时 $\dot{U}_m = 0$ , $Z_m = 0$ ,保护会误动作。为防止电压二次回路断线时保护误动作,当出现电压二次回路断线时就可将距离保护闭锁。

(2)启动元件。

启动元件的主要作用是区分故障和正常状态,在发生故障的瞬间启动整套保护,并和距离元件动作后组成"与门",启动出口回路动作于跳闸。因为在无故障时启动元件不启动保护,不会由于干扰或装置中元件损坏而使保护误动,从而提高了保护装置的可靠性。启动元件可由过电流继电器、低阻抗继电器或反映于负序和零序电流及相电流突变量或相电流差突变量等的继电器构成。具体选用哪一种,应由被保护线路的具体情况确定。

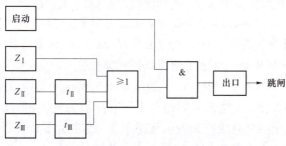

图 3-1-3　三段式距离保护原理框图

(3)Ⅰ、Ⅱ、Ⅲ段阻抗测量元件 $Z_Ⅰ$ 、 $Z_Ⅱ$ 、 $Z_Ⅲ$ 由阻抗继电器实现,作用是测量故障点到保护安装处阻抗的大小(距离的长短),来判断故障是否发生在保护范围内,决定保护是否动作。

(4)振荡闭锁元件。振荡闭锁元件用来防止当电力系统发生振荡时距离保护误动作。在正常运行或系统发生振荡时,振荡闭锁元件可将保护闭锁,而当系统发生短路故障时,解除闭锁开放保护,所以振荡闭锁元件又可被理解为故障开放元件。

(5)时限元件。时限元件主要是按照故障点到保护安装处的远近,根据保护间配合的需要和预定的时限特性确定动作的时限,以保证保护动作的选择性,一般采用时间继电器。

正常运行时:启动元件不启动,保护装置处于闭锁状态。

如图 3-1-3 所示,当发生故障时启动元件动作,如果故障位于第Ⅰ段范围内,则 $Z_Ⅰ$ 动作,并与启动元件的输出信号通过与门后,瞬时作用于出口回路,动作于跳闸。如果故障位于距离Ⅰ段保护范围外和Ⅱ段保护范围内,则 $Z_Ⅰ$ 不动作, $Z_Ⅱ$ 动作,随即启动Ⅱ段的时间元件 $t_Ⅱ$ ,待 $t_Ⅱ$ 延时到达后,也通过"与门"启动出口回路动作于跳闸。如果故障位于距离Ⅲ段保护范围以内，则 $Z_{III}$ 动作启动 $t_{III}$，在 $t_{III}$ 的延时之内，假定故障未被其他的保护动作切除，则当 $t_{III}$ 延时到达后，仍通过"与门"和出口回路动作于跳闸，从而起到后备保护的作用。

### 3. 距离保护与电流保护的主要差别

（1）测量元件采用阻抗元件而不是电流元件。

（2）电流保护中不设专门的启动元件，而是与测量元件合二为一；距离保护中每相均有独立的启动元件，可以提高保护的可靠性。

（3）电流保护只反映电流的变化，而距离保护既反映电流的变化（增加）又反映电压的变化（降低），其灵敏度明显高于电流保护。

（4）电流保护的保护范围与系统运行方式和故障类型有关，而距离保护的保护范围基本上不随系统运行方式变化，较为稳定。

## 二、阻抗继电器的原理及动作特性

阻抗继电器是距离保护装置的核心元件，其主要作用是在系统发生短路故障时，测量故障点到保护安装处的距离（阻抗），获得故障环上的测量阻抗 $Z_m$，并与整定阻抗 $Z_{set}$ 进行比较，以确定保护是否应该动作。

**拓展：** 阻抗继电器按照构成方式可分为单相补偿式（第 I 类）和多相补偿式（第 II 类）两种。以下先讨论单相补偿式阻抗继电器。即加入继电器的只有一个电压和一个电流的阻抗继电器。

现以图 3-1-4 中线路 BC 上的保护 1 为例说明阻抗继电器的动作特性。为了分析方便，设电流互感器与电压互感器的变比相同，取 $n_{TA} = n_{TV}$。在复数平面上，用有向线段来表示线路阻抗，线路始端 B 位于坐标的原点，线路 BC 和线路 BA 的阻抗角相等，表示为 $\varphi_k$。

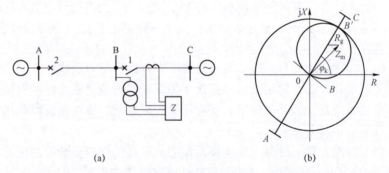

(a)                              (b)

**图 3-1-4　阻抗继电器动作特性的复数平面分析**
(a) 网络图；(b) 测量阻抗及动作特性示意

图 3-1-4（b）所示为测量阻抗及动作特性示意。在第一象限，测量阻抗与短路电流方向相同；在第三象限，测量阻抗与短路电流方向相反。当不同地点发生短路时，保护 1 的测量阻抗将在第一象限的直线 *BC* 或第三象限的直线 *BA* 上变化。当正方向发生短路时，测量阻抗在第一象限；当反方向短路时，由于电流为反向，测量阻抗在第三象限。正向测量阻抗

与 $R$ 轴的夹角为线路阻抗角 $\varphi_k$。假如保护 1 的阻抗继电器的动作特性为一条直线，其整定阻抗按照整定原则为 $Z_{set} = 0.85Z_{BC}$，整定阻抗角 $\varphi_{set} = \varphi_k$，其动作特性直线就位于 $BC$ 上，图 3−1−4（b）所示的直线 $BB'$。这样，当故障发生在 $BB'$ 范围以内时，阻抗继电器就动作，故障点超出 $BB'$ 范围以外时，继电器不动作。若故障发生在线路的反方向，其动作特性直线位于 $BA$ 上。

在实际应用过程中，由于短路点存在过渡电阻 $R_g$，故障点虽然在 $BB'$ 范围以内，但其测量阻抗 $Z_m$ 却不在直线 $BB'$ 上，因而保护 1 会拒绝动作。又因为过渡电阻 $R_g$ 具有一定的非线性，故阻抗继电器的动作特性往往不是一条直线，而为一个面，如圆形、椭圆形或四边形等。在这些描述阻抗继电器动作特性的各种图形中，圆特性比较简单、容易实现，因此在工程实践过程中应用较多的是具有圆动作特性的阻抗继电器，如全阻抗继电器、方向阻抗继电器、偏移阻抗继电器等。

**距离保护的阻抗测量元件**

**拓展：** 在微机距离保护中可以实现任何形状的动作特性。

### 1. 偏移特性阻抗继电器

偏移特性阻抗继电器的动作区域如图 3−1−5 所示，包括两个整定阻抗，即正方向整定阻抗 $Z_{set1}$ 和反方向整定阻抗 $Z_{set2}$，$Z_{set2} = \alpha Z_{set1}$（$\alpha$ 为偏移率），两个整定阻抗对应相量末端的连线构成特性圆的直径。特性圆包括坐标原点，圆心位于 $\frac{1}{2}(Z_{set1} + Z_{set2})$ 处，半径为 $\left| \frac{1}{2}(Z_{set1} - Z_{set2}) \right|$。圆内为动作区，圆外为非动作区。

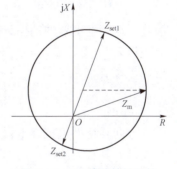

**图 3−1−5　偏移特性阻抗继电器的动作区域**

当测量阻抗 $Z_m$ 落在圆内或圆周上时，$Z_m$ 末端到圆心的距离一定小于或等于圆的半径，而当测量阻抗 $Z_m$ 落在圆外时，$Z_m$ 末端到圆心的距离一定大于圆的半径，所以动作条件可以表示为

$$Z_m - \left| \frac{1}{2}(Z_{set1} + Z_{set2}) \right| \leqslant \left| \frac{1}{2}(Z_{set1} - Z_{set2}) \right| \qquad (3-1-4)$$

在式（3−1−4）中，$Z_{set1}$ 和 $Z_{set2}$ 均为已知的整定阻抗，$Z_m$ 由测量电压 $\dot{U}_m$ 和测量电流 $\dot{I}_m$ 求出。当 $Z_m$ 满足式（3−1−4）时，阻抗继电器动作，否则不动作。

使阻抗元件处于临界动作状态的对应阻抗称为动作阻抗，通常用 $Z_{act}$ 表示。对于具有偏移圆特性的阻抗继电器来说，当测量阻抗 $Z_m$ 的阻抗角不同时，对应的动作阻抗也是不同的。当测量阻抗 $Z_m$ 的阻抗角与正向整定阻抗 $Z_{set1}$ 的阻抗角相等时，阻抗继电器的动作阻抗最大且等于 $Z_{set1}$，即 $Z_{act} = Z_{set1}$，此时继电器最为灵敏，所以 $Z_{set1}$ 的阻抗角又称为最灵敏角。最灵敏角是阻抗继电器的一个重要参数，一般与被保护线路的阻抗角相等。

当测量阻抗 $Z_m$ 的阻抗角与反向整定阻抗 $Z_{set2}$ 的阻抗角相等时，动作阻抗最小且等于 $Z_{act}$，即 $Z_{act} = Z_{set2}$。当测量阻抗 $Z_m$ 的阻抗角为其他角度时，动作阻抗将随之变化。

偏移圆特性阻抗继电器的特点如下：

（1）具有一定的方向性。

（2）动作阻抗有无数个，当测量阻抗与正向整定阻抗的阻抗角相等时，动作阻抗最大，动作最灵敏的阻抗角称为最灵敏角，一般取为被保护线路的阻抗角，当测量阻抗与反向整定阻抗的阻抗角相等时，动作阻抗最小。

（3）一般用于距离保护的后备段。

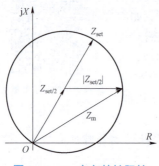

图 3-1-6 方向特性阻抗
继电器动作区域

### 2. 方向特性阻抗继电器

在偏移特性中，如果令 $Z_{set2} = 0$，$Z_{set1} = Z_{set}$，则动作特性变化成方向特性，动作区域如图 3-1-6 所示，特性圆经过坐标原点处，圆心位于 $\frac{1}{2} Z_{set}$，半径为 $\left| \frac{1}{2} Z_{set} \right|$。当正方向短路时，若故障在保护范围内部，则继电器动作。当反方向短路时，测量阻抗在第三象限，继电器不动。

因此，这种继电器的动作具有方向性。

将 $Z_{set2} = 0$，$Z_{set1} = Z_{set}$ 代入式（3-1-4），可以得到方向特性的绝对值比较动作方程，即

$$\left| Z_m - \frac{1}{2} Z_{set} \right| \leqslant \left| \frac{1}{2} Z_{set} \right| \tag{3-1-5}$$

方向圆特性阻抗继电器的特点如下：

（1）具有方向性。

（2）在整定阻抗的方向上，动作阻抗最大；在整定阻抗的反方向上，动作阻抗为零。

（3）一般用于距离保护的主保护段。

方向特性阻抗继电器

### 3. 全阻抗特性阻抗继电器

在偏移特性中，如果令 $Z_{set2} = -Z_{set}$，$Z_{set1} = Z_{set}$，则动作特性变化成全阻抗特性，动作区域如图 3-1-7 所示，它没有方向性。特性圆的圆心位于坐标原点，半径为 $|Z_{set}|$。

将 $Z_{set2} = -Z_{set}$，$Z_{set1} = Z_{set}$ 代入式（3-1-4），可以得到全阻抗特性的绝对值比较动作方程，即

$$|Z_m| \leqslant |Z_{set}| \tag{3-1-6}$$

全阻抗特性阻抗继电器的特点如下：

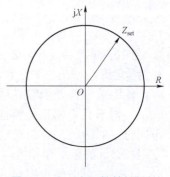

图 3-1-7 全阻抗特性阻抗
继电器动作区域

（1）无方向性。

（2）动作阻抗有无数个，且其大小均与整定阻抗的大小相等。

**全阻抗特性阻抗继电器**

### 三、阻抗继电器的精确工作电流

前面所分析的阻抗继电器动作特性都是在理想情况下得出的，即认为比相回路（或幅值比较回路中的执行元件）的灵敏度很高，因此阻抗继电器的特性只与加入继电器的电压与电流的比值有关，而与电流的大小无关。实际上阻抗继电器必须考虑执行元件在动作时消耗的功率及电压降等因素。

图 3-1-8 所示为阻抗继电器 $Z_{act} = f(I_m)$ 关系曲线。可见，动作阻抗 $Z_{act}$ 曲线由死区、上升区与饱和区 3 部分组成。在曲线的上升区，阻抗继电器的动作阻抗会随着输入电流的变化而变化。当加入继电器的电流较小或很大时，继电器的启动阻抗都将下降，使阻抗继电器的实际保护范围缩小，这将直接影响距离保护的配合，甚至引起非选择性动作。为了把启动阻抗的误差限制在一定范围内，规定了精确工作电流 $I_{ac}$。所谓精确工作电流，又称最小工作电流或最小精确工作电流（简称精工电流），是指当 $\varphi_m = \varphi_{sen}$ 时，使继电器动作阻抗 $Z_{act} = 0.9 Z_{set}$ 所对应的最小输入电流。当继电器输入电流大于或等于最小精工电流时，保证阻抗继电器的测量误差不超过 10%。

引入精确工作电流的意义如下：

（1）它用来衡量继电器动作阻抗与整定阻抗之间的误差是否满足 10% 的要求。

（2）若加入阻抗继电器的电流大于精确工作电流，则说明阻抗继电器的误差在 10% 之内。

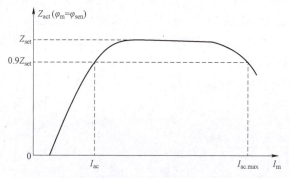

**精确工作电流**

**图 3-1-8　阻抗继电器 $Z_{act}=f(I_m)$关系曲线**

（3）为了减小阻抗继电器的误差，精确工作电流越小越好。

## 四、阻抗继电器的接线方式

阻抗继电器的接线方式将直接影响距离保护的灵敏度和动作特性。阻抗继电器的接线方式是指给阻抗继电器接入电压和电流的相别。接线方式不同，阻抗继电器端子上的测量阻抗也不同。

### 1. 阻抗继电器接线方式的基本要求

（1）阻抗继电器的测量阻抗应与故障点到保护安装处的距离成正比，即 $Z_m \propto L_k$，且与系统运行方式无关。

**注意**：对长距离特高压输电线，应采取相应措施消除分布电容的影响，以满足这一个要求。

（2）阻抗继电器的测量阻抗与故障类别无关，即保护范围应不随故障类型变化，以保证在出现不同类型故障时保护装置都能正确动作。

（3）阻抗继电器的测量阻抗应不受短路故障点过渡电阻的影响。

### 2. 反映相间故障的阻抗继电器的 0° 接线方式

所谓 0° 接线方式，是假设系统 $\cos\varphi = 1$ 时，接入继电器的电流、电压同相位（实际系统 $\cos\varphi \neq 1$，若 $\cos\varphi = 1$，则系统工作在谐振状态而无法运行）。

反映相间故障的阻抗继电器采用线电压与两相电流差（也可理解为线电流）的 0° 接线方式。接入的电压、电流如表 3-1-1 所示。为反映各种相间短路，在 A 相、B 相，B 相、C 相，C 相、A 相各接入一个阻抗继电器，用于反映该相间短路故障。下面根据不同的故障类型进行阐述。

表 3-1-1 反映相间故障的阻抗继电器的 0° 接线方式

| 继电器编号 | $\dot{U}_m$ | $\dot{I}_m$ |
|---|---|---|
| KR1 | $\dot{U}_{AB}$ | $\dot{I}_A - \dot{I}_B$ |
| KR2 | $\dot{U}_{BC}$ | $\dot{I}_B - \dot{I}_C$ |
| KR3 | $\dot{U}_{CA}$ | $\dot{I}_C - \dot{I}_A$ |

（1）三相短路时的测量阻抗分析如图 3-1-9 所示。由于三相是对称的，三个阻抗继电器 KR1~KR3 的工作情况完全相同，仅以 KR1 为例进行分析。设短路点 $k^{(3)}$ 至保护安装处的距离为 $l$，每千米线路的正序阻抗为 $Z_1$，则保护安装处的电压为

$$\dot{U}_{AB} = \dot{U}_A - \dot{U}_B = \dot{I}_A Z_1 l - \dot{I}_B Z_1 l = Z_1 l(\dot{I}_A - \dot{I}_B)$$

$$(3-1-7)$$

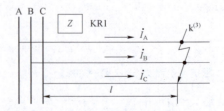

图 3-1-9 三相短路时的测量阻抗分析

此时，阻抗继电器的测量阻抗为

$$Z_{\mathrm{m}}^{(3)} = \frac{\dot{U}_{\mathrm{AB}}}{\dot{I}_{\mathrm{A}} - \dot{I}_{\mathrm{B}}} = Z_1 l \qquad （3-1-8）$$

在三相短路时，3 个继电器的测量阻抗均等于短路点到保护安装处的正序阻抗，3 个继电器均能正确动作。

距离保护的 0° 接线方式

（2）两相短路时测量阻抗分析如图 3-1-10 所示。设在 $\mathrm{k}^{(2)}$ 点发生 B、C 两相短路，对 KR2 来说，$\dot{I}_{\mathrm{m}} = \dot{I}_{\mathrm{B}} - \dot{I}_{\mathrm{C}} = 2\dot{I}_{\mathrm{B}}$，其所加电压为

$$\dot{U}_{\mathrm{BC}} = \dot{U}_{\mathrm{B}} - \dot{U}_{\mathrm{C}} = \dot{I}_{\mathrm{B}} Z_1 l - \dot{I}_{\mathrm{C}} Z_1 l = 2 Z_1 l \dot{I}_{\mathrm{B}} \qquad （3-1-9）$$

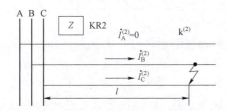

图 3-1-10　两相短路时测量阻抗分析

此时阻抗继电器的测量阻抗为

$$Z_{\mathrm{m}}^{(2)} = \frac{\dot{U}_{\mathrm{BC}}}{\dot{I}_{\mathrm{B}} - \dot{I}_{\mathrm{C}}} = \frac{2 Z_1 l \dot{I}_{\mathrm{B}}}{2 \dot{I}_{\mathrm{B}}} = Z_1 l \qquad （3-1-10）$$

和三相短路时的测量阻抗相同，所以 KR2 能正确动作。在 B、C 两相短路的情况下，对继电器 KR1 和 KR3 而言，由于所加电压为非故障相间的电压，其数值比 $U_{\mathrm{BC}}$ 高，而电流又只有一个故障相的电流，其数值比 $I_{\mathrm{A}} - I_{\mathrm{B}}$ 小。因此，测量阻抗必然大于式（3-1-10）的数值，也就是说它们测量到的阻抗大于保护安装地点到短路点的阻抗，不会动作。

由此可见，在 B、C 两相短路时只有 KR2 能准确地测量短路阻抗而动作。同理，分析 A、B 两相和 C、A 两相短路可知，相应地只有 KR1 和 KR3 能准确地测量到短路点的阻抗而动作。这就是要用三个距离继电器分别接于不同相间的原因。

（3）两相接地短路时测量阻抗分析如图 3-1-11 所示。当距离保护安装处 $l$ 位置发生 A、B 两相接地短路时，短路电流为 $\dot{I}_{\mathrm{A}}$ 和 $\dot{I}_{\mathrm{B}}$，并经大地和中性点形成回路。此时可将 A 相和 B 相看成两个"导线-大地"的输电线

路并有互感耦合在一起。

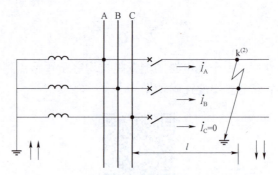

图 3－1－11　两相接地短路时测量阻抗分析

设每千米自感阻抗为 $Z_L$、互感阻抗为 $Z_M$，则故障相电压为

$$\dot{U}_A = \dot{U}_{kA} + \dot{I}_A Z_L l + \dot{I}_B Z_M l$$

$$\dot{U}_B = \dot{U}_{kA} + \dot{I}_B Z_L l + \dot{I}_A Z_M l$$

A、B 两相阻抗继电器的测量阻抗为

$$Z_m = \frac{\dot{U}_A - \dot{U}_B}{\dot{I}_A - \dot{I}_B} = \frac{(\dot{I}_A - \dot{I}_B)(\dot{Z}_L - \dot{Z}_M)l}{\dot{I}_A - \dot{I}_B} = (\dot{Z}_L - \dot{Z}_M)l = \dot{Z}_1 l$$

当发生 A、B 两相接地短路时，测量阻抗与三相短路时相同。同两相短路分析一样，故障相上的测量阻抗继电器最为灵敏，而其他两个继电器的测量阻抗不能反映保护安装处至故障点之间的距离，因此，必须装设 3 个继电器，分别反映 A、B，B、C，C、A 的两相接地短路故障，且 3 个阻抗继电器通过或门控制出口跳闸回路。

综上分析可知，当发生各种相间短路时，采用 0°接线方式，阻抗继电器的测量阻抗为 $\dot{Z}_1 l$，所以 0°接线方式基本满足要求。

### 3. 接地短路时阻抗继电器的零序电流补偿接线方式

在中性点直接接地电网中，当零序电流保护不能满足灵敏性和快速性要求时，一般考虑采用接地距离保护，它的主要任务是正确反映电网中的单相接地短路。因此，需要进一步讨论阻抗继电器的接线方式。

发生单相接地短路时，只有故障相的电流和电压变化，用 0°接线方式不能完全正确地反映保护安装处至接地点的距离，因此一般采用带零序电流补偿的接线方式，这种接线方式可以很好地满足其对灵敏性的要求。

设 A 相发生单相接地，A 相的电压为

$$\dot{U}_A = \dot{U}_{A1} + \dot{U}_{A2} + \dot{U}_{A0} = Z_1 l \dot{I}_{A1} + Z_2 l \dot{I}_{A2} + Z_0 l \dot{I}_{A0}$$

$$= Z_1 l \left( \dot{I}_{A1} + \dot{I}_{A2} + \frac{Z_0}{Z_1} \dot{I}_{A0} \right) = Z_1 l \left( \dot{I}_{A1} + \dot{I}_{A2} + \dot{I}_{A0} - \dot{I}_{A0} + \frac{Z_0}{Z_1} \dot{I}_{A0} \right)$$

$$= Z_1 l \left( \dot{I}_A + \dot{I}_{A0} \frac{Z_0 - Z_1}{Z_1} \right) = Z_1 l (\dot{I}_A + 3K\dot{I}_0)$$

（3－1－11）

式中　　$\dot{U}_{A1}$、$\dot{U}_{A2}$、$\dot{U}_{A0}$——正序、负序、零序电压；

　　　　$\dot{I}_{A1}$、$\dot{I}_{A2}$、$\dot{I}_{A0}$——正序、负序、零序电流；

　　　　$\dot{Z}_1$、$\dot{Z}_2$、$\dot{Z}_0$——正序、负序、零序单位长度的阻抗,输电线路的$Z_1 = Z_2$,

$$K = \frac{Z_0 - Z_1}{3Z_1}。$$

取 $\dot{U}_m = \dot{U}_A = Z_1 l(\dot{I}_A + 3K\dot{I}_0)$，$\dot{I}_m = \dot{I}_A + 3K\dot{I}_0$，则

$$Z_m = \frac{\dot{U}_m}{\dot{I}_m} = \frac{Z_1 l(\dot{I}_A + 3K\dot{I}_0)}{\dot{I}_A + 3K\dot{I}_0} = Z_1 l \qquad (3-1-12)$$

采用零序电流补偿的接线方式

　　由式（3−1−12）可知，此接线方式下继电器能正确测量保护安装处到短路点的距离，且同一地点发生接地短路故障时，与采用0°接线方式的阻抗继电器有相同的测量值。为了反映任一相的单相接地短路，接地继电器也必须采用3个。B相阻抗继电器的电压和电流分别取为$\dot{U}_B$，$\dot{I}_B + 3K\dot{I}_0$；C相阻抗继电器的电压和电流分别取为$\dot{U}_C$，$\dot{I}_C + 3K\dot{I}_0$。因为三相都引入了补偿电流$3K\dot{I}_0$，所以称为零序电流补偿接线方式。反映接地故障阻抗继电器的接线方式如表3−1−2所示，反映接地故障阻抗继电器的接线原理如图3−1−12所示。

表 3−1−2　反映接地故障阻抗继电器的接线方式

| 继电器编号 | $\dot{U}_m$ | $\dot{I}_m$ |
|---|---|---|
| KR1 | $\dot{U}_A$ | $\dot{I}_A + 3K\dot{I}_0$ |
| KR2 | $\dot{U}_B$ | $\dot{I}_B + 3K\dot{I}_0$ |
| KR3 | $\dot{U}_C$ | $\dot{I}_C + 3K\dot{I}_0$ |

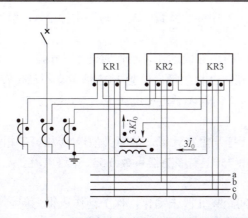

图 3−1−12　反映接地故障阻抗继电器的接线原理

同理可证，采用零序电流补偿接线方式，线路两相接地短路和三相接地短路时，接于故障点的阻抗继电器的测量阻抗也为$Zl$。

 **任务实施**

### 一、明确任务
线路相间距离保护调试。

### 二、模拟相间故障
1. 相间距离Ⅰ段校验

（1）模拟A相、B相故障，校验0.95倍可靠动作。

打开测试仪状态序列模块，打开状态1，三相输入额定相电压57.7 V，相位0°、−120°、120°，输出时间20 s；

打开状态2，打开短路计算，故障类型选AB短路，定值阻抗2.37 Ω，正序灵敏角75°，零序补偿系数0.55，短路电流2 A，触发时间0.1 s，开始测试；

装置显示相间距离Ⅰ段动作，动作时间35 ms，故障选相A相、B相。

（2）模拟A相、B相故障，校验1.05倍可靠不动作。

打开测试仪状态序列模块，打开状态1，三相输入额定相电压57.7 V，相位0°，−120°，120°，输出时间20 s；

打开状态2，打开短路计算，故障类型选AB短路，定值阻抗2.63 Ω，正序灵敏角75°，零序补偿系数0.55，短路电流2 A，触发时间0.1 s，开始测试；

装置显示相间距离Ⅰ段不动作，保护动作逻辑无问题。

2. 相间距离Ⅱ段校验

（1）模拟B相、C相故障，校验0.95倍可靠动作。

打开测试仪状态序列模块，打开状态1，三相输入额定相电压57.7 V，相位0°，−120°，120°，输出时间20 s；

打开状态2，打开短路计算，故障类型选BC短路，定值阻抗8.6 Ω，正序灵敏角75°，零序补偿系数0.55，短路电流2 A，触发时间0.6 s，开始测试；

装置显示相间距离Ⅱ段动作，动作时间523 ms。

（2）模拟B相、C相故障，校验1.05倍可靠不动作校验。

打开状态1，三相输入额定相电压57.7 V，相位0°，−120°，120°，输出时间20 s；

打开状态2，打开短路计算，故障类型选B相、C相短路，定值阻抗9.5 Ω，正序灵敏角75°，零序补偿系数0.55，短路电流2 A，触发时间0.6 s，开始测试；

装置显示相间距离Ⅱ段未动作，保护动作逻辑无问题。

3. 相间距离Ⅲ段校验

（1）模拟A相、C相故障，校验0.95倍可靠动作。

打开状态 1，三相输入额定相电压 57.7 V，相位 0°，−120°，120°，输出时间 20 s；

打开状态 2，打开短路计算，故障类型选 AC 短路，定值阻抗 13.3 Ω，正序灵敏角 75°，零序补偿系数 0.55，短路电流 2 A，触发时间 2.1 s，开始测试；

装置显示相间距离Ⅲ段动作，动作时间 2 023 ms。

（2）模拟 A 相、C 相故障，校验 1.05 倍可靠不动作。

打开状态 1，三相输入额定相电压 57.7 V，相位 0°，−120°，120°，输出时间 20 s；

打开状态 2，打开短路计算，故障类型选 A 相、C 相短路，定值阻抗 14.7 Ω，正序灵敏角 75°，零序补偿系数 0.55，短路电流 2 A，触发时间 2.1 s，开始测试；

装置显示相间距离Ⅲ段未动作，保护动作逻辑无问题。

线路相间距离保护调试

## 任务评价

### 线路相间距离保护调试实施成果评价表

| 评价项目 | 评价内容 | 评价标准 | 评价等级 | | |
|---|---|---|---|---|---|
| | | | 自评 | 组评 | 师评 |
| 资料准备（10分） | 专业资料准备（10分） | 优：能根据任务，熟练查找专业网站和专业书籍，咨询资深专业人士，获取需要的较全面的专业资料。<br>良：能根据任务，查找专业网站或专业书籍，或通过资深专业人士，获取需要的部分专业资料。<br>差：没有查找专业资料或资料极少 | 优□<br>良□<br>差□ | 优□<br>良□<br>差□ | 优□<br>良□<br>差□ |
| 实际操作（70分） | 着装和工器具选用（15分） | 优：正确着装，正确选取安全工器具，正确布置工作现场。<br>良：未正确着装，未正确选取安全工器具，正确布置工作现场。<br>差：未正确着装，未正确选取安全工器具，未正确布置工作现场 | 优□<br>良□<br>差□ | 优□<br>良□<br>差□ | 优□<br>良□<br>差□ |
| | 状态序列设置（15分） | 优：能正确进行状态序列的电压、相位、时间等设置。<br>良：基本能正确进行状态序列的电压、相位、时间等设置。<br>差：不能正确进行状态序列的电压、相位、时间等设置 | 优□<br>良□<br>差□ | 优□<br>良□<br>差□ | 优□<br>良□<br>差□ |
| | 故障模拟（10分） | 优：能正确进行故障情况的设定和模拟。<br>良：基本能正确进行故障情况的设定和模拟。<br>差：未能正确进行故障情况的设定和模拟 | 优□<br>良□<br>差□ | 优□<br>良□<br>差□ | 优□<br>良□<br>差□ |

续表

| 评价项目 | 评价内容 | 评价标准 | 评价等级 | | |
|---|---|---|---|---|---|
| | | | 自评 | 组评 | 师评 |
| 实际操作（70分） | 动作分析（30分） | 优：能正确观察动作情况并进行结果分析。<br>良：基本能正确观察动作情况并进行结果分析。<br>差：不能正确观察动作情况并进行结果分析 | 优□<br>良□<br>差□ | 优□<br>良□<br>差□ | 优□<br>良□<br>差□ |
| 基本素质（20分） | 爱岗敬业（10分） | 优：能忠于职守、认真负责、精益求精。<br>良：能认真做好本职工作。<br>差：不能忠于职守、认真负责、精益求精 | 优□<br>良□<br>差□ | 优□<br>良□<br>差□ | 优□<br>良□<br>差□ |
| | 奋勇争先（10分） | 优：面对挑战和困难时，展现出顽强的毅力和坚定的信念，积极寻找解决问题的方法。<br>良：基本能分析和解决问题。<br>差：不能探寻正确的解决问题方法 | 优□<br>良□<br>差□ | 优□<br>良□<br>差□ | 优□<br>良□<br>差□ |
| 小组意见 | | | | | |
| 教师意见 | | | | | |
| 总成绩 | 优□ 良□ 差□ | 备注 | 总成绩＝自评×0.2＋组评×0.3＋师评×0.5<br>各级权重：优＝1；良＝0.8；差＝0.5 | | |

 码上习题

距离保护的基本概念及特点

距离保护的基本配置原则

方向特性阻抗继电器

全阻抗特性阻抗继电器

偏移特性阻抗继电器

幅值比较回路与相间比较回路

**实践实拍**：小组成员检索距离保护各种接线方式的应用场合，讨论并提交讨论汇报视频。

# 任务二　影响距离保护正确工作的因素分析

## 任务描述

距离保护的灵敏度高，受电力系统运行方式的影响较小，装置运行灵活、动作可靠、性能稳定，可以应用在任何结构复杂、运行方式多变的电力系统中，能有选择性地、较快地切除故障。

影响距离保护正确动作的因素比较多，其中主要有短路点过渡电阻，保护安装处与短路点之间的分支电流、电压互感器与电流互感器的稳态误差，保护装置电压回路断线，电力系统振荡等。本任务分析影响距离保护正确工作的因素。

## 学习目标

**素质目标**：展现团结奋进的精神风貌；培养缜密的逻辑思维能力。

**知识目标**：距离保护的整定；系统振荡、短路点过渡电阻、分支电路和电压回路断线等对距离保护的影响。

**技能目标**：可以对距离保护进行整定；能够对距离保护进行调试；可以分析各种因素对距离保护的影响并掌握其消除方法。

## 任务资料

### 一、距离保护的整定计算

理想的距离保护时限特性应该是动作时间与故障点到保护安装处的距离成正比，即故障点离保护安装处越近，动作时间越短；故障点离保护安装处越远，动作时间越长。而实际上，要实现上述时限特性太困难，所以，到目前为止，距离保护仍为阶段式特性。距离保护的整定计算就是根据被保护电力系统的实际情况，确定距离保护Ⅰ段、Ⅱ段和Ⅲ段测量元件对应的整定阻抗以及Ⅱ段和Ⅲ段的动作时限。

当距离保护应用于双侧电源的电力系统时，为便于配合，一般要求保护Ⅰ段和Ⅱ段的测量元件具有明确的方向性，即采用具有方向性的测量元件。Ⅲ段为后备段，包括对本线路Ⅰ、Ⅱ段保护的近后备，相邻下一线路保护的远后备和反向母线保护的后备，所以Ⅲ段通常采用有偏移特性的测量元件。如图3-2-1所示，以各段测量元件均采用圆形动作特性为例，绘出了它们的动作区域，为使各测量元件的整定阻抗方向与线路阻抗方向一致，复平面坐标的方向做了旋转，圆周1、2、3分别为线路AB的A处保护Ⅰ、Ⅱ、Ⅲ段的动作特性圆，4 为线路 BC 的 B 处保护Ⅰ段的动作特性圆。

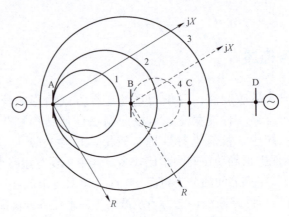

图 3-2-1 距离保护各段动作区域示意

下面讨论各段保护具体的整定原则。

#### 1. 距离保护Ⅰ段的整定

距离保护Ⅰ段为瞬时动作的速动段（动作时限为零，不含阻抗元件的固有动作时间），同电流保护Ⅰ段一样，它只反映本线路的故障，为保证动作的选择性，在本线路末端或下级线路始端故障时，应不动作。其测量元件的整定阻抗，按躲过本线路末端短路时的测量阻抗来整定，即

距离保护的整定计算

$$Z_{set}^{(I)} = K_{rel}Z_{AB} = K_{rel}Z_1 l_{AB} \qquad (3-2-1)$$

式中　　$Z_{set}^{(I)}$——距离保护Ⅰ段的整定阻抗；

$Z_{AB}$——本线路末端短路时的测量阻抗；

$Z_1$——线路单位长度的正序阻抗；

$l_{AB}$——被保护线路的长度；

$K_{rel}$——可靠系数，由于距离保护为欠量动作，所以 $K_{rel} < 1$，考虑到继电器动作阻抗及互感器误差等因素，一般取 $K_{rel} = 0.8 \sim 0.85$。

式（3-2-1）表明，距离保护Ⅰ段的整定阻抗值为线路阻抗值的 0.8～0.85 倍，整定阻抗的阻抗角与线路阻抗的阻抗角相同。这样，在线路发生金属性短路时，若不考虑测量误差，则其最大保护范围为线路全长的 80%～85%，否则就无法满足选择性的要求。

#### 2. 距离保护Ⅱ段的整定

为了弥补距离保护Ⅰ段不能保护本线路全长的缺陷，应增设距离保护Ⅱ段，要求它能够保护本线路的全长，保护范围需与下级线路的距离保护Ⅰ段（或距离保护Ⅱ段）配合。

如图 3-2-2 所示，由于电网结构复杂，还有其他回路的影响，距离保护需要考虑分支电路的影响。

1）分支电路对测量阻抗的影响

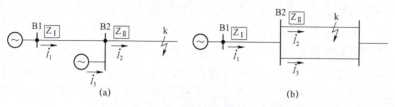

图 3-2-2　分支电路对测量阻抗的影响

（a）助增分支；（b）外汲分支

图 3-2-2 中 k 点发生短路时，B1 保护处的测量阻抗为

$$Z_{ml} = \frac{\dot{U}_{B1}}{\dot{I}_1} = \frac{\dot{I}_1 Z_{12} + \dot{I}_2 Z_k}{\dot{I}_1} = Z_{12} + \frac{\dot{I}_2}{\dot{I}_1} Z_k = Z_{12} + K_{br} Z_k$$

$$(3-2-2)$$

式中　$Z_{12}$——母线 B1、B2 之间线路的正序阻抗；

$\quad\quad Z_k$——母线 B2 与短路点之间线路的正序阻抗；

$\quad\quad K_{br}$——分支系数。

在图 3-2-2（a）所示的情况下，$K_{br} = \dfrac{\dot{I}_2}{\dot{I}_1} = \dfrac{\dot{I}_1 + \dot{I}_3}{\dot{I}_1} = 1 + \dfrac{\dot{I}_3}{\dot{I}_1}$，其值大

于 1，使 B1 处保护测量到的阻抗 $Z_{ml}$ 大于阻抗 $Z_{12}+Z_k$。这种使测量阻抗变大的分支称为助增分支，对应的电流 $\dot{I}_3$ 称为助增电流。

在图 3-2-2（b）所示的情况下，$K_{br} = \dfrac{\dot{I}_2}{\dot{I}_1} = \dfrac{\dot{I}_1 - \dot{I}_3}{\dot{I}_1} = 1 - \dfrac{\dot{I}_3}{\dot{I}_1}$，其值小

于 1，使保护 1 测量得到的阻抗 $Z_{ml}$ 小于阻抗 $Z_{12}+Z_k$。这种使测量阻抗变小的分支称为外汲分支，对应的电流 $\dot{I}_3$ 称为外汲电流。

**助增分支电路对距离保护的影响**

**外汲分支电路对距离保护的影响**

2）距离保护 Ⅱ 段的整定阻抗

距离保护 Ⅱ 段的整定阻抗应按以下两个原则计算。

（1）与相邻线路距离保护 Ⅰ 段配合。当线路 2 上发生故障时，为了保证保护 1 的 Ⅱ 段不越级跳闸，其 Ⅱ 段的动作范围不应该超出保护 2 的 Ⅰ 段的动作范围。若保护 2 的 Ⅰ 段的整定阻抗为 $Z_{set2}^{(I)}$，则保护 1 的 Ⅱ 段的整定阻抗应为

$$Z_{set1}^{(II)} = K_{rel}' Z_{12} + K_{rel}'' K_{br.min} Z_{set2}^{(I)} \qquad (3-2-3)$$

式中 $K'_{rel}$，$K''_{rel}$——可靠系数，一般取 $K'_{rel} = 0.8 \sim 0.85$，$K''_{rel} = 0.8$。

当电网的结构或运行方式变化时，分支系数 $K_{br}$ 会随之变化。为确保在各种运行方式下保护 1 的 Ⅱ 段范围不超过保护 2 的 Ⅰ 段范围，式（3-2-3）的 $K_{br.min}$ 应取各种情况下的最小值。

（2）与相邻变压器的快速保护配合。当被保护线路的末端接有变压器时，距离保护 Ⅱ 段应与变压器的快速保护（一般是差动保护）配合，其动作范围不应超出相邻变压器快速保护的范围，整定值按躲过变压器低压侧出口处短路时的阻抗值来确定。设变压器的阻抗为 $Z_t$，则距离保护 Ⅱ 段的整定值应为

$$Z_{set1}^{(Ⅱ)} = K'_{rel}Z_{12} + K''_{rel}K_{br.min}Z_t \qquad （3-2-4）$$

式中 $K'_{rel}$，$K''_{rel}$——可靠系数，一般取 $K'_{rel} = 0.8 \sim 0.85$，$K''_{rel} = 0.7 \sim 0.75$。

当被保护线路末端变电所既有出线，又有变压器时，线路首端距离保护 Ⅱ 段的整定阻抗应分别按式（3-2-3）和式（3-2-4）计算，与所有的相邻出线的 Ⅰ 段配合，并取最小者作为整定阻抗。

如果相邻线路的 Ⅰ 段为电流保护或变压器以电流速断为快速保护，则应将电流保护的动作范围换算成阻抗，然后用上述公式进行计算。

3）灵敏度校验

距离保护 Ⅱ 段应能保护线路的全长和下级线路首端的一部分，本线路末端短路时，应有足够的灵敏度，其可以用保护范围来衡量。考虑各种误差因素后，要求灵敏系数应满足

$$K_{sen} = \frac{Z_{set}^{(Ⅱ)}}{Z_{12}} \geqslant 1.25 \qquad （3-2-5）$$

如果 $K_{sen}$ 不满足要求，则距离保护 Ⅱ 段应改为与相邻元件的 Ⅱ 段保护配合。

4）动作时间的整定

距离保护 Ⅱ 段的动作时间与下级线路 Ⅰ 段配合，在与之配合的相邻元件保护动作时间的基础上，高出一个时间级差 $\Delta t$，即

$$t_1^{(Ⅱ)} = t_2^{(x)} + \Delta t \qquad （3-2-6）$$

式中 $t_2^{(x)}$——与本保护配合的相邻元件保护段（$x$ 为 Ⅰ 或 Ⅱ）的动作时间。

时间级差 $\Delta t$ 的选取方法与阶段式电流保护中时间级差的选取方法相同。

### 3. 距离保护Ⅲ段的整定

1）距离保护Ⅲ段的整定阻抗

距离保护Ⅲ段为后备保护，应保证在正常运行时不动作。其整定阻抗按以下原则计算：

（1）按与相邻下级线路距离保护Ⅱ或Ⅲ段配合整定。

首先，应考虑与相邻下级线路距离保护Ⅱ段配合，即

$$Z_{set1}^{(\text{III})} = K'_{rel}Z_{12} + K''_{rel}K_{br.min}Z_{set2}^{(\text{II})} \qquad (3-2-7)$$

可靠系数的取法与距离保护 II 段整定类似。

如果与相邻线路距离保护 II 段配合灵敏系数不满足要求（一般较难满足），则应改为与相邻线路距离保护 III 段配合，即

$$Z_{set1}^{(\text{III})} = K'_{rel}Z_{12} + K''_{rel}K_{br.min}Z_{set2}^{(\text{III})} \qquad (3-2-8)$$

（2）按与相邻下级变压器的电流、电压保护配合整定，则整定计算为

$$Z_{set1}^{(\text{III})} = K'_{rel}Z_{12} + K''_{rel}K_{br.min}Z_{min} \qquad (3-2-9)$$

式中　$Z_{min}$——电流、电压保护的最小保护范围对应的阻抗值。

（3）按躲过正常运行时的最小负荷阻抗整定。当线路上负荷最大时，即线路中的电流为最大负荷电流且母线电压最低时，负荷阻抗最小，其值为

$$Z_{L.min} = \frac{\dot{U}_{L.min}}{\dot{I}_{L.max}} = \frac{(0.9 \sim 0.95)\dot{U}_N}{\dot{I}_{L.max}} \qquad (3-2-10)$$

式中　$\dot{U}_{L.min}$——负荷情况下母线电压的最低值；

　　　$\dot{I}_{L.max}$——最大负荷电流；

　　　$\dot{U}_N$——母线额定电压。

参考过电流保护的整定原则，考虑到当外部故障被切除后，在电动机自启动的情况下，距离保护 III 段必须立即可靠返回的要求，即在故障切除后应当可靠返回。

若采用全阻抗特性，动作阻抗即整定阻抗，整定值为

$$Z_{set1}^{(\text{III})} = \frac{K_{rel}}{K_{ast}K_{re}}Z_{L.min} \qquad (3-2-11)$$

式中　$K_{rel}$——可靠系数，一般取 $K_{rel}$=0.8～0.85；

　　　$K_{ast}$——电动机自启动系数，取 $K_{ast}$=1.5～2.5；

　　　$K_{re}$——阻抗测量元件的返回系数，取 $K_{re}$=1.15～1.25。

若采用方向特性，则负荷阻抗与整定阻抗的阻抗角不同，动作阻抗随阻抗角的变化而变化，只有当阻抗角等于最大灵敏角时，动作阻抗才等于整定阻抗。整定阻抗为

$$Z_{set1}^{(\text{III})} = \frac{K_{rel}Z_{L.min}}{K_{ast}K_{re}\cos(\varphi_{set} - \varphi_L)} \qquad (3-2-12)$$

式中　$\varphi_{set}$——整定阻抗的阻抗角；

　　　$\varphi_L$——负荷阻抗的阻抗角。

按上述 3 个原则进行计算，取其中的最小者作为距离保护 III 段的整定阻抗。

当距离保护 III 段采用偏移特性时，反向动作区的大小通常用偏移率来整定，通常偏移率取 5%左右。

　　2）灵敏度校验

距离保护 III 段不仅作为本线路 I、II 段的近后备保护，也作为相邻设

备的远后备保护，灵敏度应分别校验。

将其作为近后备保护时，按本线路末端短路校验，即

$$K_{sen(1)} = \frac{Z_{set}^{(III)}}{Z_{12}} \geq 1.5 \qquad (3-2-13)$$

将其作为远后备保护时，按相邻设备末端短路校验（如果有几个相邻线路，考虑几个远后备保护时，应取这几个灵敏度中的最小值），即

$$K_{sen(2)} = \frac{Z_{set}^{(III)}}{Z_{12} + K_{br.max} Z_{next}} \geq 1.2 \qquad (3-2-14)$$

式中　$Z_{next}$——相邻设备（线路、变压器等）的阻抗；

　　　$K_{br.max}$——相邻设备末端短路时分支系数的最大值。

相邻线路灵敏度需考虑分支系数的影响，取其中最大的分支系数。

3）动作时间的整定

距离保护III段应按照阶梯原则确定动作时限，且应大于最大的振荡周期（1.5～2 s）。

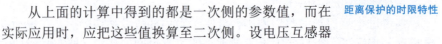

距离保护的时限特性

### 4. 将整定参数换算到二次侧

从上面的计算中得到的都是一次侧的参数值，而在实际应用时，应把这些值换算至二次侧。设电压互感器 TV 的变比为 $n_{TV}$，电流互感器 TA 的变比为 $n_{TA}$，系统的一次参数用下标"（1）"标注，二次参数用下标"（2）"标注，则一、二次测量阻抗之间的关系为

$$Z_{m(1)} = \frac{\dot{U}_{m(1)}}{\dot{I}_{m(1)}} = \frac{n_{TV}\dot{U}_{m(2)}}{n_{TA}\dot{I}_{m(2)}} = \frac{n_{TV}}{n_{TA}} Z_{m(2)}$$

即

$$Z_{m(2)} = \frac{n_{TV}}{n_{TA}} Z_{m(1)} \qquad (3-2-15)$$

整定阻抗也可以按照类似的方法换算到二次侧，即

$$Z_{set(2)} = \frac{n_{TV}}{n_{TA}} Z_{set(1)} \qquad (3-2-16)$$

### 5. 对距离保护的评价

根据上述分析和实际运行的经验，对距离保护可以给出如下评价：

（1）阻抗继电器是同时反映电压的降低与电流的增大而动作的，因此，距离保护比单一反映电流的保护的灵敏度高。距离保护I段的保护范围不受电网运行方式变化的影响，保护范围比较稳定，II段、III段的保护范围受运行方式变化的影响（分支系数变化），能满足多电源复杂电网对保护动作选择性的要求。

（2）距离保护I段的整定范围为线路全长的80%～85%，对双侧电源网络，至少有30%的范围保护要以II

线路保护双重化配置
（企业案例）

段时间切除故障。在双端供电系统中，有 30%～40%区域内故障时，两侧保护相继动作切除故障，若不满足速动性的要求，则必须配备能够实现全线速动的保护——纵联保护。

（3）距离保护的阻抗测量原理，除可以应用于输电线路的保护，还可以应用于发电机、变压器保护，作为其后备保护。

（4）与电流、电压保护相比，由于阻抗继电器本身构成复杂，距离保护的直流回路多，振荡闭锁、断线闭锁等使接线、逻辑都比较复杂，调试起来比较困难，装置自身的可靠性稍差。

距离保护的应用：在 35～110 kV 电网中作为相间短路的主保护和后备保护，采用带零序电流补偿的接线方式，在 110 kV 电网中也可作为接地短路故障的保护。在 220 kV 电网中作为后备保护。另外，接地阻抗继电器还可以作为重合闸装置中的选相元件，与高频收发信机配合，从而构成高频闭锁（或允许）式距离保护。

## 二、影响距离保护正确工作的因素

### 1. 短路点过渡电阻对距离保护的影响

前面章节的分析大多是以金属性短路为例进行的，但在实际工况下，电力系统的短路一般都不是金属性的，而是在短路点存在过渡电阻。过渡电阻的存在使距离保护的测量阻抗、测量电压等发生变化，有可能造成距离保护的不正确工作。

#### 1）过渡电阻的性质

短路点的过渡电阻 $R_g$ 是一种瞬间状态的电阻，是当电气设备发生相间短路或接地短路时，短路电流从一相流到另一相或从一相导线流入接地部位的途径中所通过的物质的电阻，包括电弧、中间物质的电阻、相导线与地之间的接触电阻、金属杆塔和接地电阻等。相间短路时，过渡电阻主要是电弧电阻。在短路初瞬间，电弧电流特别大，而经过几个周期后，随着电弧电阻的逐渐变大，电弧电流就会变小。相间故障的电弧电阻一般为数 Ω 至十几 Ω。接地短路时，过渡电阻主要是杆塔及其接地电阻。铁塔的接地电阻与大地电导率有关，对于跨越山区的高压线路，铁塔的接地电阻可达数十 Ω。当导线通过树木或其他物体对地短路时，过渡电阻更大。对于 500 kV 的线路，最大过渡电阻可达 300 Ω，对于 220 kV 的线路，最大过渡电阻约为 100 Ω。一旦故障消失，过渡电阻也随之消失。

#### 2）单侧电源线路上过渡电阻的影响

如图 3-2-3（a）所示，在没有助增分支和外汲分支的单侧电源线路上，过渡电阻中流过的短路电流与保护安装处的电流为同一电流，而此时保护安装处测量电压和测量电流的关系为

$$\dot{U}_m = \dot{I}_m \dot{Z}_m = \dot{I}_m (Z_k + R_g) \qquad (3-2-17)$$

由此可以看出，$R_g$ 的存在总是使继电器的测量阻抗值增大、阻抗角变小、保护范围缩小。

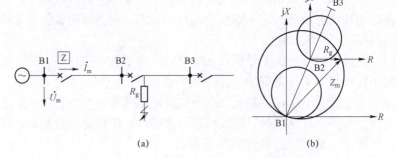

图 3-2-3　　单侧电源线路上过渡电阻的影响
（a）系统示意；（b）对不同安装地点的距离保护的影响

　　当 B2 与 B3 之间的线路始端经过渡电阻 $R_g$ 短路时，B2 处保护的测量阻抗为 $\dot{Z}_{m2} = R_g$，B1 处保护的测量阻抗 $\dot{Z}_{m1} = \dot{Z}_{12} + R_g$，$R_g$ 的数值较大时，可能出现 $\dot{Z}_{m2}$ 超出其 Ⅰ 段范围而 $\dot{Z}_{m1}$ 仍位于其 Ⅱ 段范围内的情况，在此种故障情况下，B1 处的 Ⅱ 段动作切除故障，从而失去了选择性，但也同时降低了动作的速度。由图 3-2-3 可知，保护装置距短路点越近，受过渡电阻影响越大；保护装置的整定阻抗越小，受过渡电阻的影响越大。

短路点过渡电阻对距离保护的影响

　　3）双侧电源线路上过渡电阻的影响

　　双侧电源线路上过渡电阻的影响如图 3-2-4 所示。

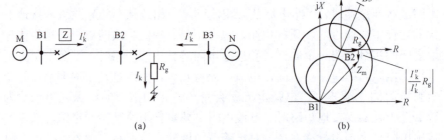

图 3-2-4　　双侧电源线路上过渡电阻的影响
（a）系统示意；（b）对不同安装地点的距离保护的影响

　　若双侧电源线路没有助增支路和外汲支路，过渡电阻中的短路电流不再与保护安装处的电流为同一个电流，此时保护安装处测量电压和测量电流的关系为

$$\dot{U}_m = \dot{I}_m, \quad \dot{Z}_m = \dot{I}'_k Z_k + \dot{I}_k R_g = \dot{I}'_k (Z_k + R_g) + \dot{I}''_k R_g \qquad （3-2-18）$$

　　令 $\dot{I}_m = \dot{I}'_k$，则继电器的测量阻抗为

$$\dot{Z}_m = Z_k + \frac{\dot{I}_k}{\dot{I}'_k} R_g = (Z_k + R_g) + \frac{\dot{I}''_k}{\dot{I}'_k} R_g \qquad （3-2-19）$$

$R_g$ 对测量阻抗的影响取决于两侧电源提供的短路电流 $\dot{I}_k'$ 和 $\dot{I}_k''$ 之间的相位关系，可能增大，也可能减小。若在故障前 M 端为送端，N 端为受端，则 M 侧电源电动势的相位超前 N 侧。这样，在两端系统阻抗的阻抗角相同的情况下，$\dot{I}_k'$ 的相位将超前 $\dot{I}_k''$，$\dfrac{\dot{I}_k''}{\dot{I}_k'}R_g$ 将具有负的阻抗角，即表现为阻容性质的阻抗，它的存在有可能使总的测量阻抗变小。反之，若 M 端为受端，N 端为送端，则 $\dfrac{\dot{I}_k''}{\dot{I}_k'}R_g$ 将具有正的阻抗角，即表现为阻感性质的阻抗，它的存在总是使测量阻抗变大。在系统振荡加故障的情况下，$\dot{I}_k'$ 和 $\dot{I}_k''$ 之间的相位差可能在 0°～360° 的范围内变化，此时测量阻抗末端的轨迹为圆。

当 B2 与 B3 之间的线路始端经过渡电阻 $R_g$ 短路时，B2 处保护的测量阻抗为 $\dot{Z}_{m2} = R_g + \dfrac{\dot{I}_k''}{\dot{I}_k'}R_g$，而 B1 处保护的测量阻抗为 $\dot{Z}_{m1} = \dot{Z}_{12} + \dfrac{\dot{I}_k''}{\dot{I}_k'}R_g$。

综上所述，在 M 端为送端的情况下，B1 处的总测量阻抗因过渡电阻的影响而严重减小的情况下，相邻的下级线路始端短路时可能使测量阻抗落入其 I 段范围内，造成其 I 段误动作。由于过渡电阻的存在导致保护测量阻抗变小，进一步引起了保护误动作。

**注意**：在整定范围外短路时，由于短路电压、电流中的暂态分量（非周期分量和高次谐波）可能使测量阻抗减小而误动，称为"暂态超越"。

4）克服过渡电阻影响的措施

由上述分析可知，对于方向特性阻抗继电器来说，在被保护区的始端和末端短路时过渡电阻的影响比较大，而在保护区的中部短路时过渡电阻的影响比较小。在整定值相同的情况下，动作特性在+R 轴方向所占的面积越小，受过渡电阻 $R_g$ 的影响就越大。此外，由于接地短路故障时的过渡电阻远大于相间短路故障时的过渡电阻，所以过渡电阻对接地距离元件的影响大于对相间距离元件的影响。目前，采用能容许较大的过渡电阻而不至于拒绝动作的测量元件或采用瞬时测量来固定阻抗继电器的动作来克服过渡电阻的影响。

**2. 电力系统振荡对距离保护的影响及振荡闭锁电路**

当电力系统正常运行时，系统各发电机之间同步运行，各发电机之间的电动势相角差 $\delta$ 不变，系统中各点电压和各回路的电流不变。系统短路切除太慢或遭受较大冲击，如由于输送功率过大、系统故障或操作等原因造成暂态稳定破坏，都可能引起系统振荡。此时，系统中各电源电势间的相角差发生变化，系统中各点的电压、电流和功率的幅值和相位都将发生周期性变化，导致保护误动作。通常在系统振荡若干个周期后，可自行恢复同步运行，或者电力系统自动解列装置动作将系统解列，或切除部分负荷来加速恢复同步运行。因此，系统振荡为电力系统的短时运行异常情况，但并非短路故障，距离保护不应动作。为此，需要对受振荡影响可能误动作的距离保护进行暂时的闭锁。

下面分析系统振荡时的电气量变换规律，进而分析其对阻抗继电器的影响，最后讨论防止保护误动作的措施。

1）系统振荡时的电压、电流分布

图3-2-5（a）所示为辐射型双侧电源网络，如在全相运行时系统发生振荡，此时三相对称，可以使用其中一相来讨论。

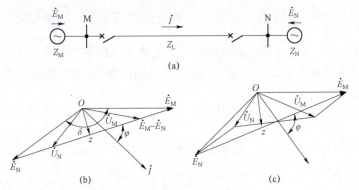

图 3-2-5  辐射型双侧电源网络

（a）系统示意；（b）系统阻抗角与线路阻抗角相等时的相量图；
（c）阻抗角不相等时的相量图

设 $Z_M$、$Z_N$ 分别为 M、N 两侧电源阻抗，$Z_L$ 表示线路阻抗，$Z_\Sigma = Z_M + Z_N + Z_L$ 是振荡回路总阻抗，两侧电源电动势分别为 $\dot{E}_M$ 和 $\dot{E}_N$。以电动势 $\dot{E}_M$ 为参考相量，N 侧电动势 $\dot{E}_N$ 滞后 M 侧电动势 $\dot{E}_M$ 的相位角为 $\delta$，则振荡电流可以写成

$$\dot{I} = \frac{\dot{E}_M - \dot{E}_N}{Z_\Sigma} = \frac{\dot{E}_M\left(1 - \dfrac{\dot{E}_N}{\dot{E}_M}\,e^{-j\delta}\right)}{Z_\Sigma}$$

振荡电流滞后电动势（$\dot{E}_M - \dot{E}_N$）的角度为系统总阻抗角

$$\phi = \arctan\frac{X_\Sigma}{R_\Sigma} = \arctan\frac{X_M + X_N + X_L}{R_M + R_N + R_L}$$

振荡时，系统中性点电位仍保持为零，但电网中其他各点电压随 $\delta$ 的变化而变化，振荡时两侧母线电压为

$$\dot{U}_M = \dot{E}_M - \dot{I}Z_M$$

$$\dot{U}_N = \dot{E}_N - \dot{I}Z_N$$

图3-2-5（b）所示为以 $\dot{E}_M$ 为参考相量，即电动势 $\dot{E}_M$ 落在实轴上，$\dot{E}_N$ 滞后 $\dot{E}_M$ 的相位角为 $\delta$，系统阻抗角与线路阻抗角相等时的相量图。从原点作（$\dot{U}_M - \dot{U}_N$）的垂线，垂足 $z$ 表示 MN 线路的最低电压点，称为振荡中心，该中心不随 $\delta$ 的变化而变化，始终位于系统总阻抗的中点。当 $\delta = 180°$ 时，振荡中心电压降低为零，而此时的振荡电流最大，从电压和

电流的数值关系来看，相当于在振荡中心发生了三相短路，但电力系统其实处于不正常运行状态，继电保护装置必须有效区分，才能保证距离保护在系统振荡时的可靠工作。

图 3-2-5（c）所示为系统阻抗角与线路阻抗角不相等时的相量图，此时两侧电动势相等。电压相量 $\dot{U}_\text{M}$ 和 $\dot{U}_\text{N}$ 的端点不能落在 $\dot{E}_\text{M}$ 和 $\dot{E}_\text{N}$ 的连线上。从原点作（$\dot{U}_\text{M} - \dot{U}_\text{N}$）的垂线，可找到某一 $\delta$ 角下振荡中心电压，此时振荡中心随 $\delta$ 角的改变而移动。

2）系统振荡对距离保护的影响

假设系统两侧电动势相等，线路 MN 上装设距离保护装置，如图 3-2-5（a）所示，在系统振荡时 M 侧阻抗继电器的测量阻抗为

$$Z_\text{m.M} = \frac{\dot{U}_\text{m}}{\dot{I}_\text{m}} = \frac{\dot{E}_\text{m} - \dot{I}_\text{m} Z_\text{m}}{\dot{I}_\text{m}} = \frac{\dot{E}_\text{m}}{\dot{I}_\text{m}} - Z_\text{m} = \frac{1}{1 - h e^{-\text{j}\delta}} Z_\Sigma - Z_\text{M}$$

在近似计算中，设 $h=1$，系统阻抗和线路阻抗相等，则有

$$Z_\text{m.M} = \left( \frac{1}{2} Z_\Sigma - Z_\text{M} \right) - \text{j} \frac{1}{2} Z_\Sigma \text{ctg} \frac{\delta}{2}$$

在图 3-2-6 中，$Z_\text{m.M}$ 随 $\delta$ 变化的轨迹为直线 $\overline{OO'}$，当 $\delta = 180°$ 时，$Z_\text{m.M} = \frac{1}{2} Z_\Sigma - Z_\text{M}$ 即保护安装处到振荡中心的阻抗。

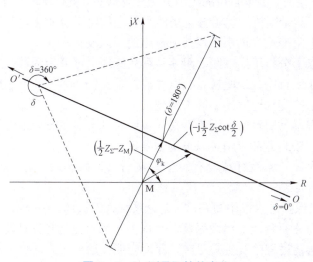

**图 3-2-6　测量阻抗的变化**

振荡影响与保护安装地点有关，越靠近振荡中心，其影响越大。它还与继电器整定值有关，一般来说，继电器整定值越小，对振荡的影响越小。振荡中心在保护范围以外或位于保护的反方向时，振荡影响下的距离保护也不会误动作。另外，其还与保护动作时限有关，如果距离保护的动作时限大于测量阻抗穿越继电器动作特性的时间，可以躲开振荡影响。对于距离保护Ⅲ段，由于它的动作时限较长，一般大于系统振荡周期，不会因振

荡而误动作。但对于距离保护 I 段和 II 段，由于其动作时限短，振荡时保护可能会误动作，应该设置振荡闭锁回路，以防止系统振荡时距离保护误动作。

振荡对距离保护的影响

3）振荡闭锁装置

所谓振荡闭锁装置，就是当系统发生振荡而非短路时，及时地封锁继电保护装置以防止其误动作的装置。当系统发生短路故障时，振荡闭锁装置将继电保护装置开放。因此振荡闭锁装置正确工作的前提是必须有效区分短路和振荡，而电力系统发生振荡和短路时主要区别如下：

（1）系统振荡时，电流和各点电压的幅值作周期性变化，只有在 $\delta=180°$ 时才出现最严重的情况，且变化速度较慢，而短路时电流突然增大，电压突然降低，变化速度较快。因此，可以利用电气量的变化速度区别短路与振荡，构成振荡闭锁装置。

（2）振荡时三相对称，系统中没有负序分量出现，而短路时总会出现负序分量，即使三相对称短路，也往往由于各种不对称的原因在短路瞬间出现负序分量。因此，可以利用负序分量、零序分量构成振荡闭锁装置。

（3）振荡时，任一点电流和电压之间的相位关系随 $\delta$ 的变化而改变，而短路时，电流和电压之间的相位角是不变的。

（4）振荡时，测量阻抗的电阻分量变化较大，变化率取决于振荡周期，而短路时，测量阻抗的电阻分量虽然因弧光放电略有变化，但分析计算表明其电弧电阻变化率远小于振荡所对应的电阻变化率。

根据以上分析可知，振荡闭锁装置从原理上可分为两种，一种是利用负序分量（或负序分量增量）的出现与否来实现；另一种是利用电流、电压或测量阻抗变化速度的不同来实现。

上述振荡与短路的区别是振荡闭锁装置的理论依据，无论采用哪种原理构成的闭锁装置都应满足以下基本要求。

（1）系统正常运行或没有发生短路而只是系统振荡时，应可靠闭锁保护。

（2）当保护区内发生短路时，无论系统有无振荡，保护均应正确动作。

（3）短路后紧接着出现振荡时，保护不应该无选择性地动作。

（4）振荡过程中发生短路时，保护应能快速地正确动作，对于对称故障则允许延时动作。

（5）振荡平息后，振荡闭锁装置应自动复归，准备好下一次动作。在保护复归前，不允许振荡闭锁装置再次启动。

### 3. 分支电流对距离保护的影响

1）助增分支电流的影响

当保护安装处与短路点之间连接有其他分支电源时，将使通过故障线路的电流大于流过保护装置的电流，因此，阻抗元件感受的阻抗比没有助增分支电流时要大。

如图 3-2-7 所示，当线路 BC 上 k 点发生短路时，故障线路电流 $\dot{I}_{Bk} = \dot{I}_{AB} + \dot{I}_{DB}$，而流过保护装置的电流为 $\dot{I}_{AB}$，这种使故障电流增大的现象称为助增效应。保护装置 1 的 Ⅱ 段阻抗继电器的测量阻抗为

$$Z_{r1} = \frac{\dot{I}_{AB}Z_{AB} + \dot{I}_{Bk}Z_k}{\dot{I}_{AB}} = Z_{AB} + \frac{\dot{I}_{Bk}}{\dot{I}_{AB}}Z_k = Z_{AB} + K_b Z_k$$

式中 $K_b$——分支系数，$K_b \dfrac{\dot{I}_{Bk}}{\dot{I}_{AB}}$ 的值大于 1，一般情况下认为 $\dot{I}_{Bk}$ 与 $\dot{I}_{AB}$ 同相位，故 $K_b$ 为实数。

从上式可看出，由于 $\dot{I}_{DB}$ 的存在，保护 1 的 Ⅱ 段的测量阻抗增大了，缩短了保护区的长度，降低了保护灵敏系数，但并不影响与下一条线路保护 Ⅰ 段配合的选择性。助增分支电流对保护 1 的 Ⅰ 段没有影响。为保证保护 1 的 Ⅰ 段保护区的长度，在整定计算保护 1 的 Ⅱ 段动作阻抗时，引入大于 1 的分支系数 $K_b$，适当增大保护 1 的动作阻抗，这样可以抵消助增分支电流的影响。在引入分支系数时，$K_b$ 应为各种可能运行方式下的最小值 $K_{b.min}$，避免在最大值距离保护 Ⅱ 段失去选择性。

另外，在保护 1 的 Ⅲ 段需作为相邻线路末端短路的后备保护时，考虑到助增分支电流的影响，在校验灵敏系数时，所引入分支系数应为最大运行方式下的数值，即 $K_{b.max}$。

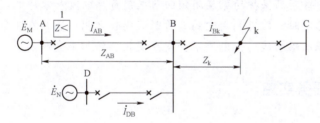

图 3-2-7 助增分支电流对阻抗继电器的影响

2）外汲分支电流的影响

如果保护安装处与短路点之间连接的不是分支电源而是负荷，如图 3-2-8 所示的电网中，短路点 k 在平行线上时，由于外汲支路电流的影响，流过保护装置的电流比流过故障线路的电流大，这时阻抗继电器的阻抗比没有外汲支路电流时的小。

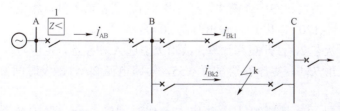

图 3-2-8 外汲支路电流对阻抗继电器的影响

线路 AB 的电流为 $\dot{I}_{AB}$，故障线路电流为 $\dot{I}_{Bk2}$，非故障线路电流为 $\dot{I}_{Bk1}$，

$\dot{I}_{Bk1}$ 称为外汲支路电流。流过故障线路的电流 $\dot{I}_{Bk2} = \dot{I}_{AB} - \dot{I}_{Bk1}$，则保护 1 的 Ⅱ 段阻抗继电器的测量阻抗为

$$Z_{r1}^{(\mathrm{II})} = \frac{\dot{I}_{AB} Z_{AB} + \dot{I}_{Bk2} Z_{k}}{\dot{I}_{AB}} = Z_{AB} + \frac{\dot{I}_{Bk2}}{\dot{I}_{AB}} Z_{k} = Z_{AB} + K_{b} Z_{k}$$

式中　$K_{b}$——分支系数，$K_{b} = \dfrac{\dot{I}_{Bk2}}{\dot{I}_{AB}} < 1$。

由上式可看出，$\dot{I}_{Bk1}$ 的存在使保护 1 的 Ⅱ 段测量阻抗减小，这说明保护 1 的 Ⅱ 段的保护范围要延长，有可能延伸到相邻线路 Ⅱ 段的保护范围，造成无选择性动作，因此在整定计算保护 1 的 Ⅱ 段的动作阻抗时，引入分支系数 $K_{b}$，并且其应取实际可能的最小值 $K_{b.min}$。

#### 4. 电压回路断线对距离保护的影响

当电压互感器二次回路断线时，距离保护将失去电压，在负荷电流的作用下，测量元件的测量阻抗变为零，因此可能发生误动作。对此，在距离保护中应采取防止误动作的闭锁装置。对断线闭锁装置的要求是：当电压回路发生各种可能使保护误动作的故障时，应能可靠地将保护闭锁，而当被保护线路故障时，不因故障电压的畸变错误地将保护闭锁，以保证保护可靠动作，为此应使闭锁装置能够有效地区分以上两种情况下的电压变化，通常采用观察电流回路是否也同时发生变化的方法。

拓展：当距离保护的振荡闭锁回路采用负序电流和零序电流（或它们的增量）启动时，即可利用它的兼作断线闭锁之用，因为在正常情况下，当发生电压回路断线时，电流不会发生变化，保护不会超动。

 任务实施

#### 一、明确任务

线路接地距离保护调试。

#### 二、模拟接地故障

1. 接地距离 Ⅰ 段校验

（1）模拟 A 相接地故障，校验 0.95 倍可靠动作。

检查距离保护功能压板投入，A 相、B 相、C 相出口压板退出，重合闸出口压板退出；

打开测试仪状态序列模块，打开状态 1，三相输入额定相电压 57.7 V，相位 0°，−120°，120°，输出时间 20 s；

打开状态 2，打开短路计算，故障类型选 A 相接地，定值阻抗 2.37 Ω，正序灵敏角 75°，零序补偿系数 0.55，短路电流 2 A，触发时间 0.1 s，开始测试；

装置显示接地距离 Ⅰ 段动作，动作时间 33 ms，保护装置动作逻辑正确。

（2）模拟 A 相接地故障，校验 1.05 倍可靠不动作。

打开测试仪状态序列模块，打开状态 1，三相输入额定相电压 57.7 V，相位 0°，−120°，120°，输出时间 20 s；

打开状态 2，打开短路计算，故障类型选 AB 短路，定值阻抗 2.63 Ω，正序灵敏角 75°，零序补偿系数 0.55，短路电流 2 A，触发时间 0.1 s，开始测试；

装置显示接地距离Ⅰ段不动作，保护无问题。

（3）模拟 A 相接地故障，校验反向可靠不动作。

打开测试仪状态序列模块，打开状态 1，三相输入额定相电压 57.7 V，相位 0°，−120°，120°，输出时间 20 s；

打开状态 2，打开短路计算，故障类型选 A 相接地短路，定值阻抗 1.75 Ω，正序灵敏角 75°，零序补偿系数 0.55，短路电流 2 A，角度为 105°，触发时间 0.1 s，开始测试；

装置显示测试仪动作返回，保护装置只有保护启动，保护动作逻辑无问题。

2. 接地距离Ⅱ段校验

（1）模拟 B 相故障，校验 0.95 倍可靠动作。

打开测试仪状态序列模块，打开状态 1，三相输入额定相电压 57.7 V，相位 0°，−120°，120°，输出时间 20 s；

打开状态 2，打开短路计算，故障类型选 B 相接地，定值阻抗 9.5 Ω，正序灵敏角 75°，零序补偿系数 0.55，短路电流 2 A，故障持续时间 0.6 s，开始测试；

装置显示接地距离Ⅱ段动作，动作时间 522 ms，跳闸相别为 A、B、C 三相，保护装置动作逻辑正确。

（2）模拟 B 相故障，校验 1.05 倍可靠不动作。

打开测试仪状态序列模块，打开状态 1，三相输入额定相电压 57.7 V，相位 0°，−120°，120°，输出时间 20 s；

打开状态 2，打开短路计算，故障类型选 B 相接地，定值阻抗 10.5 Ω，正序灵敏角 75°，零序补偿系数 0.55，短路电流 2 A，故障持续时间 0.6 s，开始测试；

测试仪动作返回，保护装置只有保护装置启动，保护未动作，保护装置动作逻辑正确。

（3）模拟 B 相接地故障，校验反向可靠不动作。

打开测试仪状态序列模块，打开状态 1，三相输入额定相电压 57.7 V，相位 0°，−120°，120°，输出时间 20 s；

打开状态 2，打开短路计算，故障类型选 B 相接地短路，定值阻抗 7 Ω，正序灵敏角 75°，零序补偿系数 0.55，短路电流 2 A，角度为 −15°，触发时间 0.6 s，开始测试；

装置显示测试仪动作返回，保护装置只有保护启动，保护动作逻辑无问题。

### 3. 接地距离Ⅲ段校验

（1）模拟 C 相故障，校验 0.95 倍可靠动作。

打开状态 1，三相输入额定相电压 57.7 V，相位 0°，−120°，120°，输出时间 20 s；

打开状态 2，打开短路计算，故障类型选 C 相接地短路，定值阻抗 13.3 Ω，正序灵敏角 75°，零序补偿系数 0.55，短路电流 2 A，触发时间 2.1 s，开始测试；

装置显示接地距离Ⅲ段动作，跳闸相别为 A、B、C 三相，动作时间 2 022 ms，保护装置动作逻辑正确。

（2）模拟 C 相故障，校验 1.05 倍可靠不动作。

打开状态 1，三相输入额定相电压 57.7 V，相位 0°，−120°，120°，输出时间 20 s；

打开状态 2，打开短路计算，故障类型选 C 相接地短路，定值阻抗 14.7 Ω，正序灵敏角 75°，零序补偿系数 0.55，短路电流 2 A，触发时间 2.1 s，开始测试；

装置显示测试仪动作返回，保护装置只有保护启动，保护动作逻辑无问题。

（3）模拟 C 相接地故障，校验反向可靠不动作。

打开测试仪状态序列模块，打开状态 1，三相输入额定相电压 57.7 V，相位 0°，−120°，120°，输出时间 20 s；

打开状态 2，打开短路计算，故障类型选 C 相接地短路，定值阻抗 9.8 Ω，正序灵敏角 75°，零序补偿系数 0.55，短路电流 2 A，角度为−135°，触发时间 2.1 s，开始测试；

**线路接地距离保护调试**

装置显示测试仪动作返回，保护装置只有保护启动，保护动作逻辑无问题。

 **任务评价**

**线路接地距离保护调试实施成果评价表**

| 评价项目 | 评价内容 | 评价标准 | 评价等级 | | |
|---|---|---|---|---|---|
| | | | 自评 | 组评 | 师评 |
| 资料准备（10 分） | 专业资料准备（10 分） | 优：能根据任务，熟练查找专业网站和专业书籍，咨询资深专业人士，获取需要的较全面的专业资料。<br>良：能根据任务，查找专业网站或专业书籍，或通过资深专业人士，获取需要的部分专业资料。<br>差：没有查找专业资料或资料极少 | 优□<br>良□<br>差□ | 优□<br>良□<br>差□ | 优□<br>良□<br>差□ |

| 评价项目 | 评价内容 | 评价标准 | 评价等级 | | |
|---|---|---|---|---|---|
| | | | 自评 | 组评 | 师评 |
| 实际操作（70分） | 着装和工器具选用（15分） | 优：正确着装，正确选取安全工器具，正确布置工作现场。<br>良：未正确着装，未正确选取安全工器具，正确布置工作现场。<br>差：未正确着装，未正确选取安全工器具，未正确布置工作现场 | 优□<br>良□<br>差□ | 优□<br>良□<br>差□ | 优□<br>良□<br>差□ |
| | 状态序列设置（15分） | 优：能正确进行状态序列的电压、相位、时间等设置。<br>良：基本能正确进行状态序列的电压、相位、时间等设置。<br>差：不能正确进行状态序列的电压、相位、时间等设置 | 优□<br>良□<br>差□ | 优□<br>良□<br>差□ | 优□<br>良□<br>差□ |
| | 故障模拟（10分） | 优：能正确进行故障情况的设定和模拟。<br>良：基本能正确进行故障情况的设定和模拟。<br>差：未能正确进行故障情况的设定和模拟 | 优□<br>良□<br>差□ | 优□<br>良□<br>差□ | 优□<br>良□<br>差□ |
| | 动作分析（30分） | 优：能正确观察动作情况并进行结果分析。<br>良：基本能正确观察动作情况并进行结果分析。<br>差：不能正确观察动作情况并进行结果分析 | 优□<br>良□<br>差□ | 优□<br>良□<br>差□ | 优□<br>良□<br>差□ |
| 基本素质（20分） | 团结奋进（10分） | 优：能分享知识和技能，工作中团结协作。<br>良：能在工作中团结协作。<br>差：不能分享知识和技能，不能有效沟通协作 | 优□<br>良□<br>差□ | 优□<br>良□<br>差□ | 优□<br>良□<br>差□ |
| | 逻辑缜密（10分） | 优：能注重细节，有条不紊地分析和解决问题。<br>良：基本能有条不紊地分析和解决问题。<br>差：不能分析和解决问题 | 优□<br>良□<br>差□ | 优□<br>良□<br>差□ | 优□<br>良□<br>差□ |
| 小组意见 | | | | | |
| 教师意见 | | | | | |
| 总成绩 | 优□　良□　差□ | 备注 | 总成绩＝自评×0.2＋组评×0.3＋师评×0.5<br>各级权重：优＝1；良＝0.8；差＝0.5 | | |

**码上习题**

距离保护接线方式　　　　分支电流对距离保护的影响　　　　距离保护整定计算

**实践实拍：** 实拍距离保护调试过程，归纳总结其标准化作业流程。

# 全线速动保护的检验与整定

 项目场景

　　1996 年 5 月 20 日，220 kV W2 线路发生 B 相接地短路，W1 线路 F 侧 WXB-11 型微机高频闭锁保护装置误动作跳闸。使用 GSF-6A 型收发信机，观察 T 变电所侧录波图，故障开始有 4 ms 干扰信号，经 10 ms 后有 10 ms 宽的高频信号，直到 200 ms 后 T 变电所侧收发信机才发信，其一次系统接线如图 4-0-1 所示。

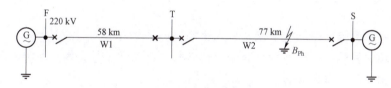

图 4-0-1　220 kV W2 线路 B 相故障一次系统接线

**对专业光纤通道进行缺陷处理（案例导学）**

　　经过现场调查得知，W1 线路 T 变电所侧高频电缆没有接地，即收发信机没有相连。在 W2 线路发生故障时，产生干扰信号，使 W1 线路 T 变电所侧收发信机的"其他保护和位置停信"开关量动作，收发信机不能立即发信，造成对侧高频闭锁保护装置误动作跳闸。这是通过拉合母旁隔离开关模拟干扰证实的。

 相关知识技能

　　① 输电线路纵联保护；② 纵联差动保护和高频保护；③ 高频通道和高频信号；④ 收、发信机的使用；⑤ 实事求是的精神和去伪存真的逻辑思维；⑥ 安全生产意识与合作探究能力。

# 任务一　输电线路纵联保护

## 任务描述

前面介绍的电压、电流保护以及距离保护，由于其动作原理是将被保护线路一端的电气量引入保护装置，只能反映被保护线路一端的电气量的变化，仅靠测量元件，无法区分被保护线路末端与相邻线路首端的短路故障，为了保证选择性，Ⅰ段保护只能保护线路全长的80%～90%，不能瞬时切除被保护线路每一点的故障。对于其余10%～20%线路的短路故障只能由保护Ⅱ段限时切除，随着电力系统容量的扩大、电压等级的提高，为了保证系统的稳定性，要求保护能瞬时切除被保护线路每一点的故障，以实现线路全长范围内任何点短路故障的快速切除，以及输电线路内部短路故障时动作的绝对选择性。

## 学习目标

**素质目标：**培养实事求是的人生品格和去伪存真的科学思维。

**知识目标：**输电线路纵联保护；纵联电流差动保护；横联方向差动保护；相继动作区和死区。

**技能目标：**能构建纵联保护通道；能调试光纤差动保护；能对线路进行纵联差动保护配置。

## 任务资料

### 一、纵联保护概述

对于单侧测量的保护，如电流保护、电流方向保护、零序电流（方向）保护、距离保护，这些保护整定时采用阶段式配合原理。所谓单侧测量保护是指保护仅测量线路一侧的母线电压、线路电流等电气量。单侧测量保护有一个共同的缺点，就是无法快速切除本线路上的所有故障，反映单侧电气量的速动保护只能保护本线路的80%～85%。如图4-1-1所示，当输电线路两端距离保护Ⅰ段的共同覆盖区域（占线路全长的60%～70%）发生短路时，线路两端的距离保护Ⅰ段能够瞬时动作跳闸，切除故障，线路两端区域（占线路全长的30%～40%）发生短路时，依靠距离保护Ⅱ段延时0.5 s

图 4-1-1　线路两端距离保护Ⅰ段的共同覆盖区域

切除故障。这种保护对于 220 kV 及以上的超高压线路是不允许的。

220 kV 及以上的超高压输电线路是高压电网的骨干，发生短路时，短路电流大，电压降的影响范围大。由于线路传输的电能大，传输距离远，发生短路时，电网供需平衡被打破，对电力系统的稳定性影响很大。因此，220 kV 及以上的超高压输电线路发生短路时，必须快速切除。为了提高电力系统的稳定性以及输电线路的输送负荷能力，220 kV 及以上输电线路的保护必须采用全线速动的保护，即线路任何一处发生短路，线路两端的保护都能瞬时动作，跳开线路两端的断路器，切除故障。

反映线路两侧电气量的保护能满足以上要求，即保护是否动作不但与当地断路器处的电气量有关，还与线路对侧断路器处的电气量有关，需要专门的通道送递线路对侧的电气量和联系线路两侧的保护信息。因此，反映线路两端电气量的保护称为纵联保护。

纵联差动保护的基本原理

## 二、纵联保护的通信通道

### 1）导引线通道

这是最早的纵联保护所使用的通信通道，是和被保护线路平行敷设的金属导线（导引线），用于传送被保护线路各端电气量测量值和有关信号。这种通道一般由两根金属线构成，也可由三根金属线构成，实际上是用铠装通信电缆的几根芯线，将铠装外皮在两端接地以减小电磁干扰的影响和输电线路或雷电感应引起的过电压。为减小电磁干扰，最好用良好导电材料（铝或铜）做成屏蔽层的屏蔽电缆，屏蔽层在电缆两端接地。在发生接地故障时，如果输电线路两端的地电位差很大，可能产生很大的电流流过屏蔽层将其烧坏，甚至会烧坏电缆铠装。因此，在两端地电位差太大时，可一端接地或采取有效措施降低地电位差，如可用与屏蔽层并联接地的裸导线等。

导引线本身也是具有分布参数的输电线，纵向电阻和电抗增大了电流互感器和辅助电流互感器的负担，这会影响电流的准确传变。横向分布电导和电容产生的有功漏电流和电容电流影响差动保护的正确工作，在有些情况下需要专门的补偿措施。为防止输电线路和雷电感应的过电压使保护装置损坏，还需要有过电压保护措施。此外，专门敷设导引线需要很大的投资。由于这些技术上和经济上的困难，导引线保护只用于很短的重要输电线路，一般不超过 20 km。

### 2）输电线路载波通道

输电线路载波通道是利用电力线路，结合加工设备和收、发信机构成的一种有线通信通道，以高频载波通道构成的线路纵联保护也称高频保护。

为了实现高频保护，必须解决载波通道问题。目前，人们将输电线路本身作为通道，即输电线路在传输 50 Hz 工频电流的同时，还叠加传输一个高频信号，称为载波信号，以进行线路两端电气量的比较。为了与传输线路中的工频电流相区别，载波信号一般采用 50～300 kHz 的高频电流，这是因为频率低于 50 kHz 时不仅受工频电压干扰大，而且各加工设备构成较困难；而频率高于 300 kHz 时高频能量衰减大幅增加，也易与广播电台信号互相干扰。

为了使输电线路既传输工频电流又传输高频电流，必须对输电线路进行必要的改造，即在线路两端装设高频耦合设备和分离设备。

输电线路高频载波通道广泛采用的线路连接方式有两种：一种是"相－地"制高频载波通道，即将高频收、发信机连接在一相导线与大地之间；另一种是"相－相"制高频载波通道，即将高频收、发信机连接在两相导线之间。"相－相"制高频载波通道的衰耗小，但所需的加工设备多，投资大；"相－地"制高频载波通道传输效率低，但所需的加工设备少，投资小，是一种比较经济的方案，因此，在我国得到了广泛应用。

"相－地"制高频载波通道构成接线如图 4－1－2 所示。高频载波通道应能有效地区分高频与工频电流，并使高压一次设备与二次回路隔离，限制高频电流只限于在本线路内流通，不能传递到外线路。

**注意：**输电线路的载波保护在我国和俄罗斯常称为高频保护，是使用高压输电线路，利用载波的方式传送高频信号来实现纵联保护。

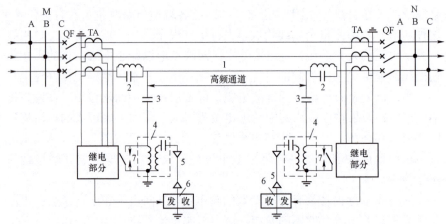

**图 4－1－2 "相－地"制高频载波通道构成接线**
1—输电线一相导线；2—高频阻波器；3—耦合电容器；4—连接滤波器；
5—高频电缆；6—离频收、发信机；7—放电间隙、接地刀闸

为了使载波信号在传输中的衰耗应最小，应在高频载波通道中装设下列设备。

（1）高频阻波器。

高频阻波器由一电感线圈和可调电容器并联组成谐振回路，当其谐振频率为选用的载波频率时，对载波电流呈现很大的阻抗（在 1 000 Ω 以上），从而使高频信号被限制在被保护线路的输电线路的范围以内（即两侧高频阻波器内），而不能穿越到相邻线路上去。但对 50 Hz 工频电流而言，高

频阻波器的阻抗仅是电感线圈的阻抗，其值约为 $0.04\ \Omega$，因此工频电流可以畅通无阻。

（2）耦合电容器。

耦合电容器又称为结合电容器，其电容量很小，对工频电流具有很大的阻抗，故由它所导致的工频泄漏电流极小，可防止工频高压侵入高频收、发信机。对高频电流则阻抗很小，高频电流可顺利通过。耦合电容器与连接滤波器（结合滤波器）共同组成带通滤波器，只允许此带通频率内的电流通过。

（3）连接滤波器。

连接滤波器又称结合滤波器，由一个可调电感的空心变压器及连接至高频电缆一端的电容器组成。由于电力线路的波阻抗约为 $400\ \Omega$，电力电缆的波阻抗约为 $100\ \Omega$ 或 $75\ \Omega$，利用结合滤波器与它们起阻抗匹配作用，以降低载波信号的衰耗，使高频收信机收到的高频功率最大，同时利用连接滤波器进一步使高频收、发信机与高压线路隔离，以保证高频收发信机及人身安全。

（4）高频电缆。

高频电缆是把户外的带通滤波器和户内保护屏上的收、发信机连接起来，并屏蔽干扰信号。

（5）保护间隙。

保护间隙作为高频载波通道的辅助设备，起过电压保护的作用，当线路遭受雷击过电压时，通过保护间隙被击穿而接地，保护高频收、发信机不被击毁。

（6）接地刀闸。

接地隔离开关是高频载波通道的辅助设备。在检查、调试高频保护时，若将接地刀闸合上，可防止高压窜入，确保保护设备和人身安全。

（7）高频收、发信机。

高频发信机由继电保护来控制发出预定频率（可设定）的高频信号，通常都是在电力系统发生故障时，在保护部分启动之后它才发出信号，但有时也采用长期发信、故障启动后停信或改变信号频率的工作方式。由发信机发出的载波信号通过高频载波通道传送到对端，被对端和本端的收信机所接收，两端的收信机既接收来自本侧的载波信号，又接收来自对侧的载波信号，两个信号经比较判断后，作用于继电保护的输出部分，使其跳闸或将它闭锁。

拓展："相-相"通道的构成与"相-地"通道相似，不过是在作为通道的两相上都要装设阻波器与结合电容器，亦即将图 4-1-2 中的接地端经过另一组结合电容器和连接滤波器接到另一相上。

3）微波通道

利用频率为 $150\ MHz\sim20\ GHz$ 的电磁波进行无线通信称为微波通信，在这样宽的频带内可以同时传送很多带宽为 $4\ kHz$ 的音频信号，因此微波通道的通信容量很大。在输电线路两端实现了微波通道的情况下，应尽可能采用微波通道实现纵联保护。微波通道组成原理如图4-1-3所示，先将输电线路两端保护的测量值和有关信息调制于一音频载波信号，再将此音频载波信号调制于微波信号，然后由微波收发器发送到对端。由收发器接收到的微波信号先经过微波解调器解调出音频信号，再由音频解调器解调出保护的测量值或有关信息。微波通道独立于输电线路之外，不受输电线路故障的影响，也不受输电线路结冰的影响，没有高频信号的反射、差拍等现象，可用于各种长度的线路，相当可靠。因此，用微波通道可以实现传送允许信号和直接跳闸信号的保护方式。我国曾从国外引进的数字微波分相差动保护，它就是一种性能优良、工作可靠的保护装置。

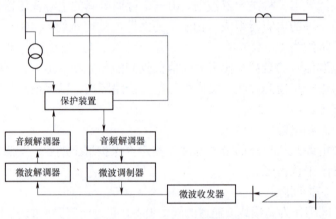

图4-1-3　微波通道组成原理

微波的直接传输限于视线可及的范围内，因此每隔一定距离（一般为50 km左右）就需要建立一个中继站，将微波信号整形、放大后再转发出去。为了增大视线距离，中继站一般都在山顶或高层建筑的屋顶上。因此，输电线路两端间的微波线路和输电线路路径可能相距很远。微波信号传输的路程可以远大于输电线路的长度，因此微波信号的传输可能有一定的延时，这个延时是固定不变的，可以补偿掉。但是对于环状微波通信网络，可能正常时环中的信息传输为一个方向，而在环中某环节故障时临时改变传送方向。在此情况下微波信号传送的延时是可变的，这对于某些保护工作会带来影响，必须考虑。

微波通道的缺点之一是微波信号的衰耗与天气有关，在空气中水蒸气含量过大时信号衰耗增大，称为信号的衰落，必须加以注意。现已有一些方法能够减小这种衰落的影响，如在接收塔上同时使用两个接收天线，让它们在垂直方向相距10 m，即可减小这种影响。

**拓展：**微波保护在国外应用得很多。有些特高压线路的保护要求通道双重化，在光纤通道尚未普及前，即同时用载波通道和微波通道。我国的电力系统微波通信技术非常发达，但微波保护的应用并不多。这主要是由于微波通信和继电保护管理体制的差异，微波通道常常不能满足继电保护极高的可靠性要求，这种情况应该改变。

4）光纤通道

光纤通道已在继电保护中应用。光纤通道传送的信号频率为 $10^{14}$ Hz 左右。由光纤通道构成的继电保护称为光纤继电保护。图 4-1-4 所示为光纤通道示意。它由光发送器、光接收器和光纤等部分组成。

图 4-1-4　光纤通道示意

（1）光发送器。

光发送器的作用是将电信号转换为光信号输出，一般由砷化镓或砷镓铝发光二极管或钕铝石榴石激光器构成。发光二极管的寿命可达数百万小时，是一种简单而又可靠的电光转换元件。

（2）光接收器。

光接收器用来将接收的光信号转换为电信号输出，通常采用光敏二极管构成。

（3）光纤。

光纤保护通道

光纤用来传递光信号，它是一种很细的空心石英丝或玻璃丝，直径仅为 100～200 μm。光纤通道的通信容量大，可以节约大量有色金属材料，敷设方便，抗腐蚀，不易受潮，不受外界电磁干扰，但用于长距离线路时，需采用中继器及附加设备。

5）继电保护通信通道的选择原则

纵联保护可以应用上述任意一种通信通道，从目前的情况来看，对于各种线路应优先考虑采光纤通道，尤其是在数字化变电站以及能和电信部门合建架空地线内包含的光纤通治（OPGW）的情况下。另外，在以下一些具体条件下，也可考虑采用其他通道。

（1）在下列条件下，宜选用导引线通道。

① 有现成的金属通信线路可用。

② 所需的金属导引线在 15 km 以下。

③ 被保护线路为两端线路，或者每边长度不超过 3.7 km，总长度不超过 11 km 的三端线路。

④ 短期内难以获得光纤通道。

（2）在下列条件下，宜选用高频载波通道。

① 输电线路太长，不能用导引线通道。

② 光纤通道的投资成本太高。

③ 除保护信号外，不需要进行其他的数据传输。

④ 需要使用双重化的通信通道，即两种不同原理的完全独立的通信通道时。

（3）在下列条件下，宜选用微波通道。

① 输电线路载波频段不够分配，不能用于保护。

② 除保护信号外，还需要传送其他数据和语言。

③ 光纤通道短期内难以获得，而有现成的微波通道可供保护应用。

**拓展：**用导引线实现的纵联差动保护是最早的输电线路电流纵联差动保护，在光纤通信普及后，导引线正在被光纤取代，但基本原理仍是纵联差动保护的基础。

### 三、输电线路导引线纵联电流差动保护

1）基本工作原理

输电线路导引线的纵联差动保护是用金属导线（或称导引线）将被保护线路两侧的电量连接起来，通过比较被保护的线路始端与末端电流的大小及相位构成的保护。在线路两端安装型号相同且电流比一致的电流互感器，两侧电流互感器一次回路的正极性均置于靠近母线的一侧，它们的二次回路用电缆将同极性端相连，其连接方式应使正常运行或外部短路故障时继电器中没有电流，而在被保护线路内部发生短路故障时，其电流等于短路点的短路电流。在正常运行情况下，若导引线中形成环流，则称其为环流法纵联电流差动保护。

图 4-1-5 所示为导引线纵联差动保护接线原理示意，将线路两端电流互感器二次侧带"·"号的同极性端子连接在一起，将不带"·"号的同极性端子连接在一起，将差动继电器接在差流回路上。

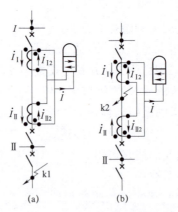

**图 4-1-5　导引线纵联差动保护接线原理示意**

（a）区外故障电流分布；（b）区内故障电流分布

电流互感器 TA 对其二次侧负载而言可等效为电流源，所以在分析纵联电流差动保护的工作原理时，可将电流互感器的二次等效阻抗看成无穷大，即 $Z_{TA} = \infty$；将差动继电器线圈的等效阻抗看作零，即 $Z_{KD} = 0$。

线路外部 k1 点短路时电流分布如图 4-1-5（a）所示（正常运行时电流分布与它相同）。按照图 4-1-5（a）所示的电流方向，线路正常运行或外部故障时，流入继电器线圈的电流为

$$\dot{I} = \dot{I}_{I2} - \dot{I}_{II2} = \frac{1}{n_{TA}}(\dot{I}_{I} - \dot{I}_{II}) \qquad (4-1-1)$$

式中　$\dot{I}_{I2}$，$\dot{I}_{II2}$——线路首、末端电流互感器二次绕组电流；

$\dot{I}_{I}$，$\dot{I}_{II}$——线路首、末端电流互感器一次绕组电流，即线路两侧的电流。

　　线路正常运行或外部故障时，流经线路两侧的电流相等，即 $\dot{I}_{I} = \dot{I}_{II}$，若不计电流互感器的误差，则 $\dot{I}_{I2} = \dot{I}_{II2}$，流入继电器的电流 $\dot{I} = 0$，继电器不动作。

　　当线路保护范围内发生短路故障，即两电流互感器之间的线路上发生故障（如 k2 点短路）时，电流分布如图 4-1-5（b）所示。线路两侧电流都流入故障点，电流互感器二次侧流入差动继电器中的电流为故障点总的短路电流的二次值，即

$$\dot{I} = \dot{I}_{I2} + \dot{I}_{II2} = \frac{1}{n_{TA}}(\dot{I}_{I} + \dot{I}_{II}) = \frac{1}{n_{TA}}\dot{I}_{k} \qquad (4-1-2)$$

式中　$\dot{I}_{k}$——故障点短路电流。

　　当流入继电器的电流 $\dot{I}$ 大于继电器整定的动作电流时，差动继电器动作，瞬时跳开线路两侧的断路器。

纵联电流差动保护

差动保护及电流互感器二次开路（企业案例）

　　纵联电流差动保护测量线路两侧的电流并进行比较，它的保护范围是线路两端电流互感器之间的距离。在内部故障时，保护瞬时动作，快速切除故障。在保护范围外短路时，保护不能动作。其不需要与相邻元件在保护动作值和动作时限上配合，因此可以实现全线路瞬时切除故障。

　　2）不平衡电流

　　在导引线纵联差动保护中，在正常运行或外部故障时，由于线路两侧的电流互感器的励磁特性不完全相同，流入继电器的电流称为不平衡电流。在上述保护原理的分析中，线路正常运行或区外故障时不计电流互感器的误差，流入差动继电器的电流 $\dot{I} = 0$，这是理想的情况。实际上电流互感器中存在励磁电流，并且两侧电流互感器的励磁特性不完全一致，则线路在正常运行或外部故障时流入差动继电器的电流为

$$\dot{I} = \dot{I}_{I2} - \dot{I}_{II2} = \frac{1}{n_{TA}}[(\dot{I}_{I} - \dot{I}'_{I.E}) - (\dot{I}_{II} - \dot{I}'_{I.E})]$$
$$= \frac{1}{n_{TA}}(\dot{I}'_{I.E} - \dot{I}_{I.E}) = \dot{I}_{unb} \qquad (4-1-3)$$

式中　$\dot{I}'_{I.E}$，$\dot{I}_{I.E}$——线路两侧电流互感器的励磁电流。

　　此时，流入继电器的不平衡电流用 $\dot{I}_{unb}$ 表示，它等于两侧电流互感

器的励磁电流相量差。线路外部故障时，短路电流使铁芯严重饱和，励磁电流急剧增大，从而使 $i_{unb}$ 比正常运行时大很多。

由于导引线纵联差动保护是瞬时动作的，故还需要研究在保护区外部短路时暂态过程对不平衡电流的影响。在暂态过程中，一次短路电流包含按指数规律衰减的非周期分量，由于它对时间的变化率 $\dfrac{di}{dt}$ 远小于周期分量的变化率，故很难转变到二次侧，而大部分成为励磁电流。转变到二次回路的一部分称为强制的非周期分量。又由于电流互感器励磁回路电感中的电流不能突变，从而引起非周期自由分量。而二次回路和负载中也有电感，故短路电流中的周期分量也将在二次回路中引起非周期自由分量。此外，非周期分量偏向时间轴一侧，使电流峰值增大，铁芯饱和，进一步增加励磁电流。所以，在暂态过程中，励磁电流将大大超过其稳态值，并含有大量缓慢衰减的非周期分量，这将使不平衡电流 $i_{unb}$ 大大增加。图 4-1-6（a）所示为外部短路时一次电流 $I_k$ 随时间 $t$ 变化的曲线，图 4-1-6（b）所示为暂态过程中的不平衡电流波形，暂态不平衡电流可能为稳态不平衡电流的几倍，而且两个电流互感器的励磁电流含有很大的非周期分量，从而使不平衡电流也含有很大的非周期分量，不平衡电流全偏向时间轴一侧。最大不平衡电流发生在暂态过程中段，这是因为暂态过程起始段短路电流直流分量大、铁芯饱和程度高，一次侧的交流分量不能转变到二次侧，由于励磁回路具有很大的电感，励磁电流不能突变，所以不平衡电流不大；当暂态过程结束后，铁芯饱和消失，电流互感器转入正常工作状态，而此时平衡电流又减小了，所以最大不平衡电流发生在暂态过程的中段。

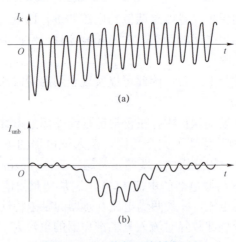

图 4-1-6 外部短路暂态过程
（a）外部短路电流；（b）不平衡电流

为了避免差动保护在不平衡电流作用下误动作，需要提高差动保护的整定值，躲开最大不平衡电流，但这样就降低了保护的灵敏度。因此，必须采取措施减小不平衡电流及其影响。在导引线纵联差动保护中，可以采用速饱和变流器或带制动特性的差动继电器。

3）对导引线纵联差动保护的评价

导引线纵联差动保护是测量线路两端电气量的保护，能快速切除被保护线路全线范围内的故障，不受过负荷及系统振荡的影响，灵敏度较高。它的主要缺点是需要装设与被保护线路一样长的导引线，增加了投资成本。同时为了增强保护装置的可靠性，要装设专门的监视导引线是否完好的装置，以防当辅助导线发生断线或短路时纵联电流差动保护误动作或拒绝动作。

由于存在上述问题，只有当其他保护不能满足要求，且输电线路的长度小于 10 km 时才考虑采用导引线纵联差动保护，所以纵联差动保护只用于小容量的发电机和变压器的差动保护。

4）影响导引线纵联差动保护正确动作的因素

（1）电流互感器的误差和不平衡电流。

（2）导引线的阻抗和分布电容。

（3）导引线的故障和感应过电压。

（4）通道传输电流数据（模拟量或数字量）的误差。

（5）通道的工作方式及其可靠性。

对于电流互感器的误差和平衡电流的影响，在纵联电流差动保护整定计算时要给予考虑。另外，对于暂态不平衡电流的影响，可以在差动回路中通过接入串联电阻来减小影响。对于导引线的分布电容和阻抗的影响，可以采用带有制动特性的差动继电器，这种继电器可以减小动作电流，提高差动保护的灵敏度。对于环流法接线，导引线断线将造成保护误动作，导引线短路将造成保护拒绝动作，因此要保持导引线的完好性。对于导引线的故障和过电压保护，可采用监视回路监视导引线的完好性，在导引线故障时将纵联电流差动保护闭锁并发出信号。为防止雷电在导引线中感应产生过电压，应采取相应的防雷电过电压保护措施，并将电力电缆和导引线电缆分开，不要敷设在同一个电缆沟内，如果必须敷设在一个电缆沟内，则必须在两条电缆之间留有足够的安全距离。

## 四、分相电流纵联差动保护

光纤分相差动保护采用光纤通道、电流差动原理，性能优越，目前广泛应用于高压线路。

用于低压配电网中短距离输电线路的导引线纵联差动保护，由于线路短、分布电容电流小，如果两端电流互感器正确选择和匹配，在外部短路时不会产生很大的不平衡电流，因此一般不需要制动。

对用于长距离高压输电线路的分相电流差动保护，则因线路分布电容电流大，并联电抗器电流以及短路电流中非周期分量使电流互感器饱和等原因，在外部短路时可能引起的不平衡电流较大，必须采用某种制动方式才能保证保护不误动。在有制动的差动保护中首先要规定保护的动作量和制动量的构成方式。促使保护动作的量称为动作量，用 $I_d$ 表示，阻止保护动作的量称为制动量，用 $I_{res}$ 表示。使保护刚能起动的最小动作量称为保护的起动电流或称动作电流，用 $I_{set}$ 表示。

### 1. 光纤分相差动保护原理分析

差动电流是两侧电流相量和的幅值，即 $I_d = \left| I_M + I_N \right|$，制动电流是两侧电流相量差的幅值，即 $I_{res} = \left| I_M - I_N \right|$。如图 4-1-7 所示，$I_{set}$ 为整定电流，动作区是阴影部分，折线斜率为制动系数 $K_{brk}$，动作方程为

$$I_d > K_{brk} I_{res}$$
$$I_d > I_{set}$$

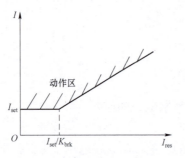

图 4-1-7　差动电流元件的动作特性

两项条件"与"逻辑输出。判据不是简单的过电流判据 $I_d > I_{set}$，而是引入了制动特性，即当制动电流增大时抬高动作电流。制动特性广泛应用于各种差动保护，防止穿越性的外部故障电流形成的不平衡电流导致保护误动作。

发生外部故障时，$I_d = I_{unb} = 0.05 I_k$，$I_{brk} = 2 I_k$，$I_d / I_{brk} = 0.025$，$I_k$ 为穿越性的外部故障电流，差动电流不会进入动作区，保护不动作，如图 4-1-8 所示。

发生内部故障时，$I_d = I_k$，$I_{brk} = (0-1) I_k$，$I_d / I_{brk} = (1-\infty) I_k$，$I_d / I_{brk}$ 在区间内，保护动作，如图 4-1-9 所示。

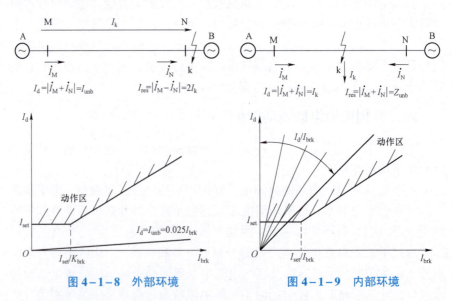

图 4-1-8　外部环境　　　　　　图 4-1-9　内部环境

### 2. 光纤分相差动保护原理框图

光纤分相差动保护原理框图如图 4-1-10 所示，主要由启动元件、TA

断线闭锁元件、分相电流差动元件、通道监视元件、收信回路组成。分相电流差动元件可由相电流差动元件、相电流变化量差动元件、零序电流差动元件组成。

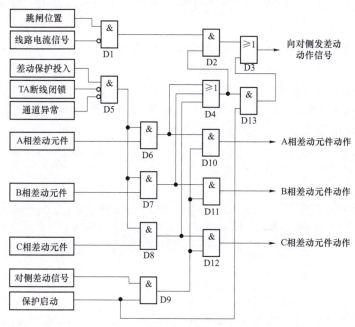

图 4-1-10　光纤分相差动保护原理框图

110 kV 线路光纤分相差动
保护测试

110 kV 线路光纤分相差动
保护定值整理

110 kV 线路光纤分相差动
保护接线（含光纤接线）

## 五、平行线路的横联方向差动保护

为了提高电力系统并联运行的稳定性和增加传输容量，电力系统常采用平行双回线路运行方式。35～66 kV 平行双回线路通常采用横联方向差动保护（简称"横差保护"）或电流平衡保护作为主保护。

平行线路是指参数相同且平行供电的双回线路，采用这种供电方式可以提高供电可靠性，当一条线路发生故障时，另一条非故障线路仍可正常供电。为此，要求保护能判别出平行线路是否发生故障及故障线路。横联方向差动保护判别平行线路是否发生故障时，采用测量差回路电流大小的方法；判别故障线路时，则采用测量差回路电流方向的方法。

### 1. 横联方向差动保护的工作原理

横联方向差动保护利用功率方向元件判断故障线路，它既可用于电源侧，也可用于受电侧。电流平衡保护利用双回线电流大小判断故障线路，它只能用于电源侧。由于电流平衡保护的接线和调整都比较简单，故常在平行线路主电源侧装设电流平衡保护，而在另一侧装设横联方向差动保护。

横联方向差动保护是反映双回线路中电流之差的大小和方向的一种保护。如图4−1−11所示，两条线路的电流互感器变比相同、型号相同。M端TA1与TA2（N端TA3与TA4）二次绕组异极性端相连，构成环流法接线方式，在两连线之间差动回路上接入电流继电器KA1（或KA2）。该保护主要由一个电流继电器和两个功率方向继电器构成，电流继电器接于双回线路电流互感器二次侧的差动回路，功率方向继电器电流线圈接于被保护线路的差电流上，电压线圈接于其所在母线电压互感器的二次电压上。

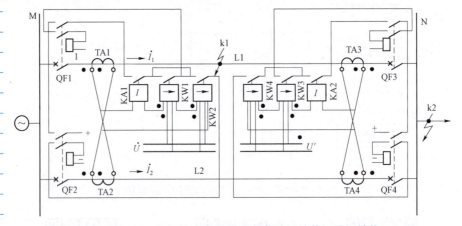

**图4−1−11　平行线路的横联方向差动保护单相原理接线**

现以单侧（M端）电源线路为例说明横联方向差动保护的工作原理。

（1）线路正常运行或外部（如k2点）短路时，线路L1中流过的电流$\dot{I}_1$与线路L2中流过的电流$\dot{I}_2$相等，M端保护的电流继电器KA1中流过的电流为

$$\dot{I} = \frac{1}{n_{TA}}(\dot{I}_1 - \dot{I}_2) = 0 \qquad (4-1-4)$$

实际上，由于双回线路阻抗不完全相等，电流互感器的特性也可能不完全一致，KA1中会流过不平衡电流。若能使KA1的动作电流大于不平衡电流，则M端的电流继电器不会动作，M端的整套保护不会起动跳闸。同理N端的保护也不会动作。

（2）任一线路内部（如k1点）故障时，若线路L1发生短路，不考虑负荷电流，则通过线路L1和L2的短路电流$\dot{I}_1$和$\dot{I}_2$的大小与它们由母线M到故障点经过的阻抗值成反比。显然，$\dot{I}_1 > \dot{I}_2$，在M端保护KA1中流过的电流为

$$\dot{I} = \frac{1}{n_{TA}}(\dot{I}_1 - \dot{I}_2) \qquad (4-1-5)$$

此电流大于电流继电器的整定值时，电流继电器 KA1 动作，功率方向继电器是否动作取决于流过功率方向继电器的电流和所加电压间的相位。根据图 4-1-14 所示的极性，当线路 L1 故障时，功率方向继电器 KW1 流过的差电流 $\dot{I}$ 从同极性端子流入，所加的母线电压也是从同极性端子加入，故通过 KW1 判别为正方向故障，KW1 动作。KW2 与 KW1 流过相同的电流，但其所加母线电压的方向是从非极性端子加入的，故 KW2 不动作。因此，M 端的保护 KA1 与 KW1 动作将 QF1 跳开。同时在 k1 点故障时，N 端 TA3 流过的电流为 $\dot{I}_2$，TA4 流过的电流为 $-\dot{I}_2$，则 KA2 中的差电流为

$$\dot{I} = \frac{1}{n_{TA}}[\dot{I}_2 - (-\dot{I}_2)] = \frac{2}{n_{TA}}\dot{I}_2 \qquad (4-1-6)$$

此电流将使 KA2 动作，且根据图 4-1-14 所示的极性，功率方向继电器 KW3 由于满足动作条件而动作，故 QF3 跳闸。因此，L1 线路故障，M 端与 N 端保护均动作，使 QF1 与 QF3 跳闸。

L2 线路故障时，$\dot{I}_2 > \dot{I}_1$，利用上述分析方法可知，KA1 与 KW2 动作，使 QF2 跳闸，KA2 与 KW4 动作，使 QF4 跳闸。

以上分析说明，差动电流继电器 KA1 与 KA2 在平行线路外部故障时不动作，而在 L1 线路或 L2 线路故障时，KA1 与 KA2 都动作，因此，电流继电器能判别平行线路内、外部故障，但不能判别故障线路。L1 与 L2 线路内部故障时，KA1 和 KA2 中的电流方向不同，故可用功率方向继电器来选择故障线路。由此可见，横联方向差动保护是反映平行线路短路电流差的大小和方向，有选择性地切除故障线路的一种保护。

无压检定和同步检定

当保护动作跳开一回线路、平行线路只剩下一回线路运行时，横联方向差动保护要误动作，应立即退出工作。因此，各端保护的正电源由本端的两断路器的常开辅助触点进行闭锁，即当一台断路器跳闸后，保护就自动退出运行。如果平行线路两端都有电源，则横联差动保护仍能正确动作。

横联差动保护装置中的电流继电器是保护的启动元件，功率方向继电器是保护的选择元件，根据这种保护的工作原理，可以构成反映相间短路的横联差动保护，也可以构成反映接地故障的横联差动保护。前者的启动元件接入同名的相差电流，方向元件采用 90° 接线，启动元件与方向元件为按相启动方式，保护采用两相式接线。后者的启动元件接于两回线的零序差动回路，功率方向元件被通入零序差动电流，加入零序电压。

### 2. 横联方向差动保护的相继动作区和死区

在保护区内故障时，横联方向差动保护在电源侧测量的是两线路电流差的大小；在非电源侧测量的是两线路电流的和。因此，非电源侧保护的灵敏度比电源侧的高。但当其靠近母线故障时，两侧保护存在相继动作的问题。

（1）相继动作区：对侧保护动作后，由于短路电流重新分布，本侧保护再动作，称为相继动作。可能发生相继动作的区域称为相继动作区。

当平行线路内部任一端母线附近发生短路时，如在图4-1-12所示的线路中，N端母线附近k点故障时，流过L1的短路电流$\dot{I}_1$与流过线路L2的短路电流$\dot{I}_2$近似相等，而对M侧保护来说，此时流过启动元件KA1中的电流$\dot{I} = \frac{1}{n_{TA}}(\dot{I}_1 - \dot{I}_2)$很小，当其值小于KA1的动作电流时，M侧保护不动作。但对N侧保护来说，$\dot{I}_2$经QF2、QF4、QF3流向短路点，流过启动元件KA2中的电流$\dot{I} = \frac{1}{n_{TA}}[\dot{I}_2 - (-\dot{I}_2)] = \frac{2}{n_{TA}}\dot{I}_2$，其值将大于动作电流，N侧保护会动作而断开QF3。这时，故障并未被切除，当QF3断开后，短路电流重新分布，$\dot{I}_2 = 0$，短路电流全部经QF1流至故障点。M侧保护流过的电流$\dot{I} = \frac{1}{n_{TA}}\dot{I}_1$，此电流大于动作电流，将使保护动作断开QF1。k点故障分别由N侧、M侧保护先后动作于QF3、QF1，切除故障线路，这种两侧保护装置先后动作的现象称为相继动作。另一种相继动作是当M侧母线附近区域内发生故障时，$I_1 > I_2$，且$\dot{I}_2$很小，因此N侧保护不动作，而M侧保护将先动作断开QF1。QF1断开后，$I_1 = 0$，$I_2$增大，于是N侧保护又动作断开QF3，故障由M、N侧保护相继动作切除。

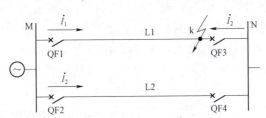

**图4-1-12 横联方向差动保护相继动作分析**

相继动作可选择性地切除故障，但切除故障的时间会延长一倍，故应尽量减小相继动作区。通常要求在正常运行方式下，两侧母线附近的相继动作区总长不能超过线路全长的50%。

（2）死区：反映相间短路的横联方向差动保护中功率方向元件采用90°接线。当保护安装处附近发生三相对称短路时，母线残压接近零，若加于功率方向继电器的功率小于其动作功率，则功率方向继电器不动作。功率方向继电器在靠近母线的一段不动作的区域称为死区。保护的死区位于本保护的相继动作区之内。通常要求死区的长度不超过全线路长度的10%。

**3. 评价**

横联方向差动保护的主要优点是能够快速、选择性地切除平行线路上的故障，并且接线简单。其缺点是在相继动作区发生短路故障时，切除故障时间将延长一倍；选用感应型功率方向继电器的保护有死区；双回线路中有一回线路停止运行时，保护要退出工作。为了对双回线路上的横联方向差动保护及相邻线路进行后备保护，以及在单回线路运行时作为主保护，还需装设一套接于双回线路的三段式电流保护或距离保护。零序横联方向差动保护具有较高的灵敏度和较小的相继动作区。横联方向差动保护目前被广泛应用于 66 kV 及以下电压等级电网。

 **任务实施**

### 一、明确任务
线路差动保护调试。

### 二、试验前校验工作
1. 保护装置时钟校对情况检查。检查对时是否正确，对时标识存在，修改时钟无问题。

2. 保护装置软件版本运行情况检查。

3. 保护装置电流定压零漂采样检查。

4. 保护装置开入量信息检查。

### 三、试验前接线

### 四、精度检查
电流 A 相 0.6 A，0°；B 相 0.8 A，−120°；C 相通入 1 A，120°。

电压 A 相 40 V，0°；B 相 50 V，−120°；C 相通入 60 V，120°。

进入保护测量界面对保护的电流电压精度进行检查。

### 五、差动保护试验——低定值
1. 保护功能压板投入，分相压板退出，重合闸压板退出。

2. 保护装置中差动动作电流定值为 1 A，保护处于自环状态，其动作电流定值应为 0.5 A，0.5 A 为其低值。

3. 纵联电流差动保护 A 相的低值 1.05 倍可靠动作校验。

检查保护装置的功能压板已投入，分相出口和重合闸出口压板已退出。测试仪加入 0.525 A 电流。保护装置报 A 相纵联差动保护动作，动作时间为 42 ms，动作时间属于低值的动作时间。

4. 纵联电流差动保护 A 相的低值 0.95 倍可靠不动作校验。

测试仪加入 0.475 A 电流，装置显示保护装置返回，只有保护启动。

5. 依次检测 B 相和 C 相的低值 1.05 倍可靠动作和 0.95 倍可靠不动作。

### 六、差动保护试验——高定值
1. 保护功能压板投入，分相压板退出，重合闸压板退出。

2. 保护装置中差动动作电流定值为 1 A，保护处于自环状态，其动作电流定值应为 0.5 A，0.75 A 为其高值。

3. 纵联电流差动保护 A 相的低值 1.05 倍可靠动作校验。

检查保护装置的功能压板已投入，分相出口和重合闸出口压板已退出。测试仪加入 0.79 A 电流。保护装置报 A 相纵联电流差动保护动作，动作时间为 16 ms，动作时间属于高值的动作时间。

4．纵联电流差动保护 A 相的低值 0.95 倍可靠不动作校验。

测试仪加入 0.71 A 电流，装置显示纵联电流差动保护 A 相动作，动作时间为 35 ms，通过时间判断其动作为低值，高值未动作。

5．依次检测 B 相和 C 相的高值 1.05 倍可靠动作和 0.95 倍可靠不动作。

**线路差动保护调试**

 **任务评价**

**线路差动保护调试成果评价表**

| 评价项目 | 评价内容 | 评价标准 | 评价等级 | | |
|---|---|---|---|---|---|
| | | | 自评 | 组评 | 师评 |
| 资料准备<br>（10分） | 专业资料准备<br>（10分） | 优：能根据任务，熟练查找专业网站和专业书籍，咨询资深专业人士，获取需要的较全面的专业资料。<br>良：能根据任务，查找专业网站或专业书籍，或通过资深专业人士，获取需要的部分专业资料。<br>差：没有查找专业资料或资料极少 | 优□<br>良□<br>差□ | 优□<br>良□<br>差□ | 优□<br>良□<br>差□ |
| 实际操作<br>（70分） | 着装和工器具选用<br>（15分） | 优：正确着装，正确选取安全工器具，正确布置工作现场。<br>良：未正确着装，未正确选取安全工器具，正确布置工作现场。<br>差：未正确着装，未正确选取安全工器具，未正确布置工作现场 | 优□<br>良□<br>差□ | 优□<br>良□<br>差□ | 优□<br>良□<br>差□ |
| | 验证保护回路<br>（15分） | 优：能正确进行 A 相跳闸回路检查。<br>良：能进行回路检查，但不熟练。<br>差：不能正确进行回路检查 | 优□<br>良□<br>差□ | 优□<br>良□<br>差□ | 优□<br>良□<br>差□ |
| | 验证 B 相跳闸回路<br>（20分） | 优：能正确进行 B 相跳闸回路检查。<br>良：能进行回路检查，但不熟练。<br>差：不能正确进行回路检查 | 优□<br>良□<br>差□ | 优□<br>良□<br>差□ | 优□<br>良□<br>差□ |
| | 验证 C 相跳闸回路<br>（20分） | 优：能正确进行 C 相跳闸回路检查。<br>良：能进行回路检查，但不熟练。<br>差：不能正确进行回路检查 | 优□<br>良□<br>差□ | 优□<br>良□<br>差□ | 优□<br>良□<br>差□ |

续表

| 评价项目 | 评价内容 | 评价标准 | 评价等级 | | |
|---|---|---|---|---|---|
| | | | 自评 | 组评 | 师评 |
| 基本素质（20分） | 实事求是（10分） | 优：能一切从实际出发，理论联系实际。<br>良：基本能一切从实际出发，理论联系实际。<br>差：不能一切从实际出发，理论联系实际 | 优□<br>良□<br>差□ | 优□<br>良□<br>差□ | 优□<br>良□<br>差□ |
| | 去伪存真（10分） | 优：能从繁杂信息中保留真实有用的信息，以帮助自己解决问题。<br>良：基本能获取有效信息自己解决问题。<br>差：不能通过获取信息来自己解决问题 | 优□<br>良□<br>差□ | 优□<br>良□<br>差□ | 优□<br>良□<br>差□ |
| 小组意见 | | | | | |
| 教师意见 | | | | | |
| 总成绩 | 优□　良□　差□ | 备注 | 总成绩＝自评×0.2＋组评×0.3＋师评×0.5<br>各级权重：优＝1；良＝0.8；差＝0.5 | | |

 码上习题

纵联保护概述

纵联电流差动保护

横联方向差动保护

相继动作区和死区

纵联差动保护

光纤分相差动保护

**实践实拍**：实拍光纤的结构与组成。

# 任务二　电网的高频保护

 任务描述

线路纵联差动保护能瞬时切除被保护线路全长任意一点的短路故障，

但是由于它必须敷设与线路相同长度的导引线，一般只能用在短线路上。为了快速切除高压输电线路上任一点的短路故障，就将线路两端的电流相位（或功率方向）转变为高频信号，经过高频耦合设备将高频信号加载到输电线路上，输电线路本身作为高频载波通道将载波信号传输到对侧，对侧再经过高频耦合设备接收载波信号，以实现各端电流相位（或功率方向）的比较，这就是高频保护（或载波保护）。目前，220 kV 线路、部分 500 kV 线路，甚至部分 110 kV 线路都采用高频保护作为线路保护。本任务介绍电流相位比较式和方向比较式纵联保护。

## 学习目标

**素质目标**：掌握安全生产和操作规范，增强安全生产意识并培养小组的合作探究能力。

**知识目标**：高频保护的原理及分类；高频载波通道和载波信号；高频闭锁方向保护的原理和启动方式；高频距离保护；相差高频保护。

**技能目标**：掌握收、发信机的使用；掌握分析、查找、排除输电线路保护故障的方法；能对线路进行通道调试。

## 任务资料

### 一、高频保护的基本概念

#### 1. 高频保护的基本原理及分类

高频保护是在线路纵联差动保护原理的基础上，利用现代通信中的高频通信技术，在线路上输送载波信号的高频载波通道来代替导引线，构成高频保护。高频保护与带导引线的纵联差动保护的原理相似，它是将线路两端的电流相位（功率方向）转化为载波信号，然后用输电线路本身构成的高频载波通道，将此载波信号传送到对端进行比较。因为它不反映被保护线路范围以外的故障，在定值选择上也无须与相邻线路配合，故可以快速动作，不用延时，因此也不能作为相邻线路的后备保护。

目前广泛采用的高频保护按其工作原理的不同，可以分为高频闭锁方向保护和相差高频保护。高频闭锁方向保护的基本原理是比较被保护线路两端的功率方向，相差高频保护的基本原理是比较线路两端的电流相位。在实现上述两类保护的过程中，需要将功率方向或电流相位转化为载波信号。

#### 2. 高频载波通道的工作方式与载波信号

1）高频载波通道的工作方式

（1）正常时无高频电流方式。

在电力系统正常运行时发信机不发信，高频载波

**高频载波通道的工作方式**

通道中不传送高频电流,当电力系统发生故障时,发信机由启动元件启动发信,通道中才有高频电流出现,这种方式称为正常时无高频电流方式,又称为故障时发信方式。其优点是可以减少对通道中其他信号的干扰,延长收、发信机的寿命。其缺点是要有启动元件,延长了保护的动作时间,需要定期启动收、发信机来检查通道是否良好,往往采用定期检查的方法。目前电力系统广泛采用这一方式。

（2）正常时有高频电流方式。

在电力系统正常运行时发信机处于发信状态,通道中有高频电流通过,这种方式称为正常时有高频电流方式,又称为长期发信方式。

其优点是使高频保护中的高频载波通道经常处于监视状态下,可靠性较高。保护装置中无须设置收、发信机的启动元件,使保护装置简化,并可提高保护的灵敏度。其缺点是经常处于发信状态,增加了通道间的干扰,减少了收、发信机的使用年限。

（3）移频方式。

在电力系统正常运行时,发信机发出 $f_1$ 频率的高频电流,这一高频电流可用以监视通道及闭锁高频保护。当线路发生短路故障时,高频保护控制收、发信机移频,停止发出 $f_1$ 频率的高频电流,同时发出 $f_2$ 频率的高频电流。移频方式能经常监视通道情况,提高通道工作的可靠性,并且抗干扰能力较强,但是它占用的频带宽,通道利用率低。

2）载波信号

载波信号与高频电流是不同的概念。载波信号是在系统故障时,用来传送线路两端信息的。对于故障时发信方式,有高频电流,就是有载波信号。对于长期发信方式,无高频电流,就是有载波信号。对于移频方式,故障时发出某一频率的高频电流,就是有载波信号。按载波信号的作用,载波信号可被分为闭锁信号、允许信号和跳闸信号 3 种。

（1）闭锁信号。

闭锁信号是制止保护动作于跳闸将保护闭锁的信号。换言之,无闭锁信号是保护作用于跳闸的必要条件。只有同时满足两个条件保护才作用于跳闸,即本端保护元件动作和无闭锁信号。

如图 4-2-1（a）所示,在高频闭锁方向保护中,当外部故障时,闭锁信号自线路近故障点的一端发出,当线路另一端收到闭锁信号时,其保护元件虽然动作,但不作用于跳闸;当内部故障时,任何一端都不发送闭锁信号,两端保护都收不到闭锁信号,保护元件动作后即作用于跳闸。

（2）允许信号。

允许信号是允许保护动作于跳闸的信号。换句话说,有允许信号是保护动作于跳闸的必要条件。只有同时满足两个条件保护装置才动作于跳闸,即本端保护元件动作和有允许信号。图 4-2-1（b）所示为允许信号作用的逻辑关系。

在高频允许方向保护中,当内部故障时,线路两端互送允许信号,两端保护都收到对端的允许信号,保护元件动作后即作用于跳闸;当出现外部故障时，近故障端不发出允许信号，保护元件也不动作，近故障端保护不能跳闸；远故障端的保护元件虽动作，但收不到对端的允许信号，保护不能动作于跳闸。这一方式在外部故障时不出现允许信号使保护误动作的问题，不用进行时间配合，因此，可以加快保护的动作速度。

（3）跳闸信号。

跳闸信号是线路对端发出的直接使保护动作于跳闸的信号。只要收到对端发来的跳闸信号，保护就作用于跳闸，而不管本端保护是否起动。跳闸信号作用的逻辑关系如图4-2-1（c）所示，它与本端继电保护部分间具有"或"逻辑关系。

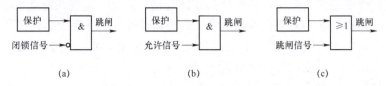

(a)　　　　　　　　　(b)　　　　　　　　　(c)

**图 4-2-1　载波信号作用的逻辑关系**

（a）闭锁信号；（b）允许信号；（c）跳闸信号

## 二、高频闭锁方向保护

### 1. 高频闭锁方向保护的作用原理

现以图 4-2-2 所示的作用原理为例来说明保护装置的工作原理。设在线路 BC 上发生故障，则短路功率的方向如图 4-2-2 所示。安装在线路 BC 两端的高频闭锁方

闭锁信号

向保护 3 和保护 4 的功率方向为正，故保护 3、保护 4 都不发出高频闭锁信号，保护动作，瞬时跳开两端的断路器。但对非故障线路 AB 和 CD，其靠近故障线路一端的功率方向为由线路流向母线，即功率方向为负，则该端的保护 2 和保护 5 发出闭锁信号，此信号不仅被自己的收信机接收，还经过高频闭锁通道分别被送到对端保护 1 和保护 6，使保护装置 1、2 和 5、6 都被闭锁信号闭锁，保护不动作。利用非故障线路功率为负的一端发送闭锁信号，闭锁非故障线路的保护，防止其误动作，这样可以保证在内部故障并伴随有通道的破坏时，故障线路的保护装置仍然能够正确地动作。这不仅是它的主要优点，也是闭锁信号工作方式得到广泛应用的主要原因之一。

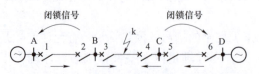

**图 4-2-2　高频闭锁方向保护的作用原理**

高频闭锁方向保护的构成

### 2. 高频闭锁方向保护的启动方式

高频闭锁方向保护的继电部分由两种主要元件组成，一是启动元件，

主要用于故障时启动收、发信机，发出闭锁信号；二是方向元件，主要用于测量故障方向，在保护的正方向故障时准备好跳闸回路。高频闭锁方向保护按启动元件的不同可以分为 3 种。下面分别介绍这 3 种启动方式的高频闭锁方向保护的工作原理。

1）电流启动方式

电流启动方式的高频闭锁方向保护原理如图 4-2-3 所示。被保护线路两侧装有相同的半套保护，I1、I2 为电流启动元件，故障时启动收、发信机和跳闸回路。I1 的灵敏度高（整定值小），用于启动发信；I2 的灵敏度较低（整定值较高），用于起动跳闸。S 为方向元件，只有测得正方向故障时才动作。

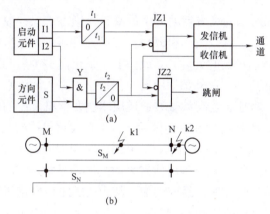

图 4-2-3 电流启动方式的高频闭锁方向保护原理

图 4-2-3 所示的保护原理如下：

（1）正常运行时，启动元件不动作，发信机不发信，保护不动作。

（2）区外故障时，启动元件动作，启动发信机发信，但靠近故障点的那套保护接受的是反方向电流，方向元件 S 不动作，两侧收信机均能收到对侧收发信机发出的闭锁信号，保护被闭锁，有选择地动作。

（3）内部故障时，两侧保护的启动元件启动。I1 启动发信，I2 起动跳闸回路，两侧方向元件均测得正方向故障，保护动作，经 $t_2$ 延时后，将控制门 JZ1 闭锁，使两侧收、发信机均停信，此时两侧收信机收不到信号，两侧控制门 JZ2 均开放，故两侧保护都动作于跳闸。

采用两个灵敏度不同的电流启动元件，是考虑到被保护线路两侧电流互感器误差的不同和两侧电流启动元件动作值的误差。如果只用一个电流启动元件，在被保护线路外部短路而短路电流接近启动元件动作值时，则近短路点侧的电流启动元件可能拒绝动作，导致该侧发信机不发出信号；而远离短路侧的电流启动元件可能动作，导致该侧收信机收不到闭锁信号，从而引起该侧断路器误跳闸。采用两个动作电流不等的电流启动元件就可以防止这种无选择性动作了。用动作电流较小的电流启动元件 I1 去启动发信机，用动作电流较大的启动元件 II2 起动跳闸回路，这样被保护线路任一侧的启动元件 II2 动作之前，两侧的启动元件 I1 都已先动作，从而保证了在外部短路时发信机能可靠发信，避免了上述误动作。

时间元件 $t_1$ 是瞬时动作、延时返回的时间电路，它的作用是在启动元件返回后，使接受反向功率侧的发信机继续发闭锁信号。这是为了在外部短路被切除后，防止非故障线路接受正向功率侧的方向元件在闭锁信号消失后来不及返回而发生误动作。

时间元件 $t_2$ 是延时动作、瞬时返回的时间电路，它的作用是推迟停信和接通跳闸回路的时间，以等待对侧闭锁信号的到来。在区外故障时，让远故障点侧的保护收到对侧发送的闭锁信号，从而防止保护误动作。

时间元件的作用

2）远方启动方式

图4-2-4所示为远方启动方式的高频闭锁方向保护原理。这种启动方式只有一个启动元件，发信机既可由启动元件启动，也可由收信机收到对侧载波信号后，经延时元件 $t_3$、或门H、禁止门JZ1启动发信，这种启动方式称为远方启动。在外部短路时，任何一侧启动元件启动后，不仅启动本侧发信机，而且通过高频载波通道用本侧发信机发出的载波信号启动对侧发信机。在两侧相互远方起信后，为了使发信机固定启动一段时间，设置时间元件，该元件瞬时启动，经 $t_3$ 固定时间返回，时间 $t_3$ 就是发信机固定启动时间。在收信机收到对侧发来的高频信号时，时间元件立即发出一个持续时间为 $t_3$ 的脉冲，经或门H、禁止门JZ1使发信机发信。经过时间 $t_3$ 后，远方启动回路被自动切断。$t_3$ 时间应大于外部短路可能持续的时间，一般取5~8 s。

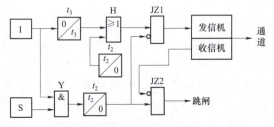

图4-2-4　远方启动方式的高频闭锁方向保护原理

在外部短路时，如果近故障侧启动元件不动作，远离故障侧的启动元件启动，则近故障点侧的保护可由远方启动，将对侧保护闭锁，防止远短路点侧的保护误动作。为此在 $t_2$ 延时内，一定要收到对侧发回的载波信号，以保证JZ2一直闭锁。因此，$t_3$ 的延时应大于载波信号在高频载波通道上往返一次所需的时间。

远方启动方式的主要缺点是在单侧电源内部短路时，受电侧被远方启动后不能停信，这样就会造成电源侧保护拒绝动作。因此，单侧电源输电线路的高频保护不采用远方启动方式。

3）功率方向元件启动方式

功率方向元件启动的高频闭锁方向保护原理如图4-2-5所示。它的工作原理与图 4-2-3 所示的工作原理基本相同，所不同的是将启动元件换成了 $S_-$。线路两侧装设完全相同的两个半套保护，采用故障时发信并使用闭锁信号的方式。$S_-$ 为反方向短路动作的方向元件，即反方向短路时，$S_-$ 有输出，用于启动发信。$S_+$ 为正方向短路动作的方向元件，即正方向故障时，$S_+$ 有输出，起动跳闸回路。为区分正常运行和故障，方向元件一般采用负序功率方向元件。保护装置的动作过程如下：

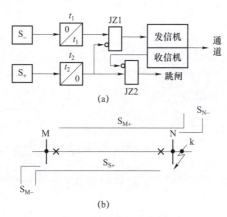

图 4-2-5 功率方向元件启动的高频闭锁方向保护原理

正常运行时，两侧保护的方向元件均不动作，既不启动发信，也不开放跳闸回路。区外（如 k 点）故障时，远故障点 M 侧的正方向元件 $S_{M+}$ 有输出，准备跳闸；近故障点 N 侧的反方向元件 $S_{N-}$ 有输出，启动发信机发出闭锁信号。两侧收信机均收到闭锁信号后，将控制门 JZ2 关闭，两侧保护均被闭锁。

当双侧电源线路区内发生故障时，两侧反方向短路方向元件 $S_{M+}$、$S_{N-}$ 都无输出，两侧的发信机都不发信，收信机收不到信号，控制门 JZ2 开放；同时，两侧正方向短路方向元件均有输出，经 $t_2$ 延时后，两侧断路器同时跳闸。当单侧电源线路区内发生故障时，受电侧肯定不发信，不会造成保护拒绝动作。

设置 $t_2$ 延时电路的目的与图 4-2-3 所示 $t_2$ 的设置目的相同。$t_2$ 延时动作后将控制门 JZ1 关闭，这可防止区外故障的暂态过程中保护误动作。

设置 $t_1$ 延时返回电路的目的是，在区外故障被切除后的一段时间继续发信，避免远故障点侧的保护因闭锁信号过早消失及本侧的方向元件延迟返回而造成误动作。

由于启动元件被换成了方向元件，仅判别方向，没有定值，所以灵敏度高。

允许式高频保护

### 3. 高频闭锁距离保护

高频闭锁方向保护可以快速地切除保护范围内部的各种故障，但不能作为下一条线路的后备保护。对于高频闭锁距离保护，当发生内部故障时，利用高频闭锁保护的特点，能瞬时切除线路任一点的故障；而当发生外部故障时，利用距离保护的特点，起到后备保护的作用。高频闭锁距离保护兼有高频闭锁方向保护和距离保护的优点，并能简化保护的接线。

高频闭锁距离保护原理如图 4-2-6 所示。它由距离保护和高频闭锁保护两部分组成。距离保护为三段式，Ⅰ、Ⅱ、Ⅲ段都采用独立的方向阻抗继电器作为测量元件。高频闭锁方向保护部分与距离保护部分共用同一个负序电流启动元件 $I_2$，方向判别元件与距离保护Ⅱ段（也可用Ⅲ段）共用方向阻抗继电器 $Z_{\mathrm{II}}$。

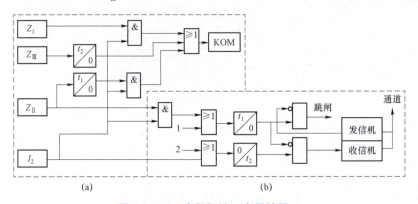

图 4-2-6　高频闭锁距离保护原理
（a）距离保护部分；（b）高频闭锁方向保护部分

当被保护线路发生区内故障时，两侧保护的负序电流启动元件 $I_2$ 和测量元件 $Z_{\mathrm{II}}$ 都启动，经 $t_1$ 延时，分别跳开两侧断路器。其高频闭锁方向保护部分工作情况与前述基本相同。此时，线路一侧或两侧［故障发生在线路中间（60%～70%）长度以内时］的距离保护Ⅰ段（$I_2$、$Z_1$、出口跳闸继电器 KOM）也可动作于跳闸，但要受振荡闭锁回路的控制。

若发生区外故障时，则近故障点侧保护的测量元件 $Z_{\mathrm{II}}$ 不启动，跳闸回路不启动，近故障点侧的负序电流启动元件 $I_2$ 启动发信，两侧收信机收到信号，闭锁两侧跳闸回路。此时，远故障点侧距离保护的Ⅱ或Ⅲ段可以经出口跳闸继电器 KOM 跳闸，作相邻线路保护的后备。

高频闭锁距离保护能正确反映并快速切除各种对称和不对称短路故障，且有足够的灵敏度。高频闭锁距离保护中的距离保护可兼作相邻线路和元件的远后备保护。当高频闭锁方向保护部分故障时，距离保护仍可继续工作。

图 4-2-6 所示的 1 和 2 端子如果与零序电流方向保护的有关部分相连，则可构成高频闭锁零序电流方向保护。

### 4. 高频闭锁零序电流方向保护

高频闭锁零序电流方向保护对接地故障反应灵敏、延时短，零序功率方向元件无死区，电压互感器二次回路断线不会误动作，接线简单、可靠，系统振荡时也不会误动作，所以不需要采取防止振荡闭锁的措施。

高频闭锁零序电流方向保护用零序电流保护Ⅲ段测量元件即零序电

流继电器 KAZ1（$I_0^{(\mathrm{III})}$）启动发信，用Ⅱ段测量元件 KAZ2（$I_0^{(\mathrm{II})}$）和零序功率方向元件 KWD（$P_0$）共同启动跳闸回路。当发生内部故障时，两端保护测量元件 KAZ1 启动发信，两端保护的测量元件 KAZ2 和功率方向元件零序功率继电器 KWD 启动后停止发信，并启动跳闸回路，两端断路器跳闸。

发生外部故障时，近故障点端保护的测量元件 KAZ1 启动发信，而零序功率方向继电器 KWD 不启动，故跳闸回路不启动。远故障点端保护的测量元件 KAZ1 和功率元件 KWD 均启动，收到对端送来的高频信号将保护闭锁。

### 三、相差高频保护

在只有载波通道可用作长距离输电线通信通道的年代，传送电流瞬时值或幅值比较困难。前面介绍的电流纵联差动保护难以实现，因此广泛应用了只传送和比较输电线路两端电流相位的电流相位比较式纵联保护。

电流相位比较式纵联保护（或称相差纵联保护）是借助于通信通道比较输电线路两端电流的相位，从而判断故障位置。其中，用高频（载波）通道实现的，称为相差高频保护。由于其结构简单（不需要电量），不受系统振荡影响等优点曾得到广泛应用。但用微机实现时，为了达到较高的精度，需要很高的采样率，目前的应用较少，但由于有了光纤通道，其有广阔的应用前景。

#### 1. 相差高频保护的基本原理

图 4-2-7 所示的 MN 线路，假定电流的正方向由母线指向线路，当线路内部 k1 点故障时，两端电流 $\dot{I}_M$、$\dot{I}_N$ 相位相同，它们之间的相角差 $\varphi=0°$，当线路外部 k2 点故障时，靠近故障点一侧的电流由线路指向母线，远故障点侧的电流由母线指向线路，$\dot{I}_M$ 与 $\dot{I}_N$ 的相角差 $\varphi=180°$，因此，相差高频保护可以根据线路两侧电流之间的相位角 $\varphi$ 来判别线路故障是发生在内部还是外部。

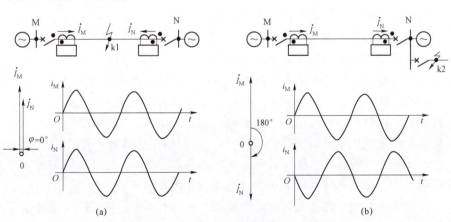

图 4-2-7 相差高频保护的基本原理

（a）内部故障；（b）外部故障

**拓展：** 为满足以上要求，当采用高频通道正常无电流，而故障时发出高频电流的方式来构成保护时，实际上可以做成使短路电流的正半周控制（或称操作）高频发信机发出高频电流，而在负半周则不发，如此不断地交替进行。

### 2. 相差高频保护的基本构成

我国广泛采用故障启动发信的相差高频保护，其构成如图 4-2-8 所示。保护主要由继电部分，收、发信机和高频载波通道 3 部分组成。继电部分由启动元件、操作元件和比相元件组成。下面介绍继电部分的工作原理。

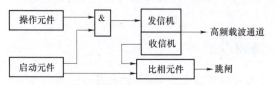

**图4-2-8 相差高频保护的基本构成**

1）启动元件

启动元件的作用是判断系统是否发生故障，只有发生故障，启动元件才启动发信并开放比相。

2）操作元件

操作元件的作用是将被保护线路的工频三相电流变换成单相的操作电压，控制发信机在工频电流正半周发信，在工频电流负半周停信，故信机发出的载波信号的宽度约为工频电角度180°，而这种载波信号的宽度变化就代表工频电流的相位变化。操作元件对发信机的这种控制作用，在继电保护技术中称为"操作"，相当于通信技术中的"调制"。

本侧收信机既能接收对侧发信机发来的载波信号，也能接收本侧发信机发出的载波信号，收信机收到的是两侧载波信号的综合。

3）比相元件

（1）比相元件是用来测量收信机输出的载波信号宽度的。当被保护线路发生内部故障时，比相元件动作，作用于跳闸；当被保护线路发生外部故障时，比相元件不动作，保护不跳闸。

相差高频保护的工作原理如图 4-2-9 所示。当内部故障时，线路两侧电流都从母线流向线路，两侧电流 $\dot{I}_M$、$\dot{I}_N$ 同相，相位差 $\varphi = 0°$。在启动元件与操作元件的作用下，两侧发信机于工频电流正半周同时发信，于工频电流负半周停信。$i_{h.M}$ 与 $i_{h.N}$ 分别为 M 侧与 N 侧发送的载波信号。收信机收到的两侧综合载波信号 $i_{h.MN}$ 是间断的高频电流，间断角度为180°（对应于工频电流，下同），比相元件动作，从而使保护跳闸。

**注意：** 两端收信机所收到的高频电流都是周期的，没有填满其间隙的闭锁信号。经过收信机检波输出一电流，使保护出口动作跳闸。

当线路发生外部故障时，如图 4-2-9（b）所示，被保护线路两侧工频电流 $\dot{I}_M$、$\dot{I}_N$ 相位差为180°。两侧发信机在正半周发信，在负半周不发信，故 $i_{h.M}$ 与 $i_{h.N}$ 的相位仍相差180°，两侧收信机接收的高频电流 $i_{h.MN}$ 则为连续的载波信号，间断的角度为 0°。比相元件无输出，两侧保护不动作。收信机收到的对侧信号在传输时有衰减，故 $i_{h.MN}$ 信号中本侧信号幅值大于所收到的对侧信号。显然，当发生内部故障时，每侧保护不需要通道传送对侧的高频电流，保护就能正确动作。当发生外部故障时，每侧保护必须接收对侧发出的高频电流，收信机收到连续的高频电流，保护才被闭锁。因此，高频载波通道传送的是闭锁信号。

**注意：** 两端发出的这种填充对端所发高频电流间隙的高频电流，实际上就是一种闭锁信号，有此闭锁信号存在，高频电流就没有间隙，发信机就没有输出，保护就不能跳闸。

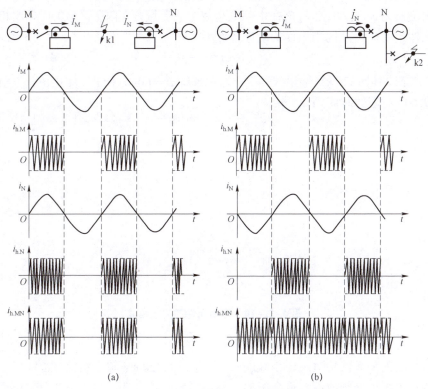

**图 4-2-9　相差高频保护的工作原理**
（a）发生内部故障时；（b）发生外部故障时

（2）比相元件的闭锁角。比相元件是相差高频保护的重要元件，当发生外部故障时它不应动作，发生内部故障时，则应可靠动作。为此，必须保证在外部故障时比相元件不误动作，线路内部故障时能可靠动作。

如前文所述，在理想情况下，当发生外部故障时，线路两侧操作电流的相位差是 180°。

由于各种因素的影响，两侧操作电流的相位差并不是 180°。影响因素有：

① 两侧电流互感器的角度误差（一般为 7°）。

② 保护装置本身的相位误差，包括操作滤过器和操作回路的角误差

（一般为15°）。

③ 高频电流从线路的对侧以光速传送到本侧所需要的时间 $t$ 产生的延迟角 $\alpha$，为

$$\alpha = \frac{l}{100} \times 6°$$

式中　$l$——线路长度（km）。

④ 为保证动作的选择性，考虑一个裕度角，一般取 15°，则闭锁角为

$$\beta = 7° + 15° + \frac{l}{100} \times 6° + 15° = 37° + \frac{l}{100} \times 6° \qquad （4-2-1）$$

如图 4-2-10 所示，以线路 M 侧电流 $\dot{i}_M$ 为基准，两侧电流 $\dot{i}_M$ 与 $\dot{i}_N$ 的相位差为 $\varphi$，则电流 $\dot{i}_N$ 落在由闭锁角规定的区域内（阴影区域）时，比相元件不动作，故比相元件的动作条件为

$$|\varphi| \leqslant 180° - \beta \qquad （4-2-2）$$

在 110～220 kV 输电线路上，通常选择 $\beta = 60°$。对于工频电流，电角度 60° 对应的时间为 3.3 ms。

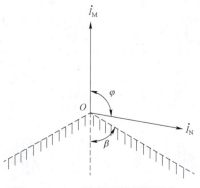

**图 4-2-10　比相元件的闭锁角 $\beta$**

### 3. 相差高频保护的评价

相差高频保护适用于 200 km 以内的 110~220 kV 输电线路，特别是在装有单相重合闸或综合重合闸的线路上更为有利。在 220 kV 以上的长距离重负载线路上，则不宜采用此种保护装置。

相差高频保护的主要优点如下。

（1）相差高频保护不反映系统振荡。这是因为系统振荡时流过线路两端的电流是同一个电流，与外部故障时的情况相似。同时，系统振荡过程中无负序电流，启动元件不动作，因此保护装置中不需要振荡闭锁装置，使保护的构成较为简单，也相应地提高了保护工作的可靠性。

（2）相差高频保护在非全相运行时不会误动作。这是由于此时线路两端通过同一个负序电流，相位差为 180°。在使用单相重合闸或综合重合闸的超高压输电线路上，相差高频保护的这一优点对系统安全运行有很大好处，保护不用加非全相闭锁装置，简化了接线。同时，在系统振荡过程中被保护线路发生内部故障，或在线路单相跳闸后非全相运行过程中线路

发生内部故障，相差高频保护能瞬时切除故障。

（3）相差高频保护的工作状态不受电压回路断线的影响。相差高频保护测量元件均反映电流量，无电压回路，因此，其工作状态不受电压回路断线的影响。

**拓展：** 传送闭锁信号的保护有一共同的优点，那就是在内部故障同时伴随通信通道失效（通道故障、设备损坏或信号衰耗增大等）时，不影响保护的正确动作。这是因为在内部故障时不需要传送闭锁信号。这一优点对于使用高频载波通道的保护特别重要，因为载波通道是用高压输电线路本身作为信号传输介质，在输电线路上作为通道的一相对地或对其他相短路时信号衰耗增大，可能使信号中断，但不影响发生内部故障时保护的正确动作。

相差高频保护的主要缺点如下。

（1）为了保证在外部故障时，只要判断为正方向故障一端（即远离故障点的那一端）保护中控制跳闸回路的启动元件能够起动，则判断为反方向故障的一端（即接近故障点那一端）就要可靠地发出闭锁信号。因此，必须有两个灵敏度不同的启动元件。灵敏度较高（定值低）的启动元件启动发信机发出闭锁信号，灵敏度较低（定值高）的启动元件启动跳闸回路。两套启动元件定值之比应为 1.25～2（视线路长度而定，对于 150 km 以下的线路，可选 1.25）。因此，传送闭锁信号的保护装置总的灵敏度低于传送跳闸信号或传送允许跳闸信号保护装置的灵敏度。

（2）在外部故障同时伴随通道故障或失效时，远离故障点一端收不到闭锁信号，必然误动作。但闭锁式保护的这个缺点和最大的优点相互依存，即在发生内部故障伴随通道破坏时不会拒动，对于传送跳闸信号和允许跳闸信号的保护则正好相反，在发生外部故障伴随通道故障或失效时，保护不会收到干扰造成的错误的允许或跳闸信号而误动，但在发生内部故障伴随通道破坏时，收不到允许信号，保护将拒动。如果使载波通道用移频的方法，在外部故障时发出闭锁频率（填满高频信号间隙），在发生内部故障时发出允许跳闸频率（和对端电流正半周重叠），对端在电流正半周内收到本端允许信号频率才能跳闸，亦即将闭锁式和允许式结合起来。这可免除在外部故障伴随通道破坏时误动，但是又使在内部故障伴随通道破坏时拒动，得不偿失。显然，对于独立于输电线路之外的微波通道保护和光纤通道保护，可以不考虑故障时通道破坏的影响，可以使用这种方法。

 **任务实施**

**一、明确任务**

线路保护整组传动试验。

**二、用保护装置带模拟断路器来验证保护回路的唯一性**

1. 用模拟断路器来模拟开关的实际位置变化。保护装置中的差动动作电流定值为1A，现在保护装置处于自环，保护定值应该除以2为0.5A，0.5A为其低值。

2. 做其低值的1.05倍保护装置可靠动作。测试仪中加入量应为0.525A，检查保护装置的功能压板已投入，三相出口和重合闸出口压板已退出。将A相出口压板退出，用测试仪模拟A相瞬时性故障，可以观察到只有保护装置的跳闸A相动作，模拟断路器未动作。

3. A相出口压板投入，用测试仪模拟A相瞬时性故障，可以观察到只有保护装置的跳闸A相动作跳闸灯亮，重合闸灯亮，操作箱A相跳闸灯亮重合闸灯亮，模拟断路器保持为跳位。回路检查无问题。

### 三、验证B相跳闸回路唯一性

1. 将B相出口压板退出，用测试仪模拟B相瞬时性故障来检验保护装置的动作，操作箱重合闸动作，模拟断路器的B相不动作。

2. 保护装置纵联差动保护的B相低值1.05倍可靠动作，在测试仪中选择相别为B相，加入电流为0.525A，可以观察保护装置显示B相差动保护动作，重合闸动作，操作箱为重合闸动作灯亮，模拟断路器B相合位一直在保持状态。

3. B相出口压板投入，重合闸充电完成。用测试仪模拟B相瞬时性故障，保护装置为纵连差动保护B相动作，保护跳闸灯亮，重合闸灯亮，操作箱为B相跳闸灯亮，重合闸灯亮，模拟断路器B相的合位变为跳位，再次重合上，则B相试验无问题。

### 四、验证C相跳闸回路唯一性

1. 将C相出口压板退出，进行纵联电流差动保护低值C相1.05倍可靠动作试验。在测试仪中选择相别为C相，加入电流为0.525A，可以观察线路保护装置显示差动保护C相差动动作，跳闸灯亮，重合闸灯亮，操作箱为C相跳闸灯未亮，重合闸灯亮，模拟断路器C相的位置未变化。将C相出口压板投入，继续模拟C相瞬时性接地故障，可以观察到纵联差动保护C相动作，线路保护装置为跳闸灯亮，重合闸灯亮，操作箱C相跳闸出口，重合闸动作。模拟断路器开关由合位变为跳位再次变为合位，回路检查无问题。

2. 重合闸出口压板的回路验证检查。继续模拟C相瞬时性接地故障，线路保护装置为C相差动保护动作，保护跳闸，重合闸灯亮，操作箱为C相跳闸出口，重合闸灯未亮，模拟断路器保持为跳位。回路检查无问题。

**线路保护整组传动试验**

 **任务评价**

**线路保护整组传动试验成果评价表**

| 评价项目 | 评价内容 | 评价标准 | 评价等级 | | |
|---|---|---|---|---|---|
| | | | 自评 | 组评 | 师评 |
| 资料准备<br>（10分） | 专业资料准备<br>（10分） | 优：能根据任务，熟练查找专业网站和专业书籍，咨询资深专业人士，获取需要的较全面的专业资料。<br>良：能根据任务，查找专业网站或专业书籍，或通过资深专业人士，获取需要的部分专业资料。<br>差：没有查找专业资料或资料极少 | 优□<br>良□<br>差□ | 优□<br>良□<br>差□ | 优□<br>良□<br>差□ |
| 实际操作<br>（70分） | 着装和工器具选用<br>（15分） | 优：正确着装，正确选取安全工器具，正确布置工作现场。<br>良：未正确着装，未正确选取安全工器具，正确布置工作现场。<br>差：未正确着装，未正确选取安全工器具，未正确布置工作现场 | 优□<br>良□<br>差□ | 优□<br>良□<br>差□ | 优□<br>良□<br>差□ |
| | 验证保护回路<br>（15分） | 优：能正确进行A相跳闸回路检查。<br>良：能进行回路检查，但不熟练。<br>差：不能正确进行回路检查 | 优□<br>良□<br>差□ | 优□<br>良□<br>差□ | 优□<br>良□<br>差□ |
| | 验证B相跳闸回路<br>（20分） | 优：能正确进行B相跳闸回路检查。<br>良：能进行回路检查，但不熟练。<br>差：不能正确进行回路检查 | 优□<br>良□<br>差□ | 优□<br>良□<br>差□ | 优□<br>良□<br>差□ |
| | 验证C相跳闸回路<br>（20分） | 优：能正确进行C相跳闸回路检查。<br>良：能进行回路检查，但不熟练。<br>差：不能正确进行回路检查 | 优□<br>良□<br>差□ | 优□<br>良□<br>差□ | 优□<br>良□<br>差□ |
| 基本素质<br>（20分） | 安全规范<br>（10分） | 优：能安全、规范地完成回路检查，具备安全责任意识。<br>良：能进行回路检查，但没有安全责任意识。<br>差：不能安全、规范地完成操作 | 优□<br>良□<br>差□ | 优□<br>良□<br>差□ | 优□<br>良□<br>差□ |
| | 合作探究<br>（10分） | 优：能小组合作探究，完成工作任务。<br>良：基本能沟通、能完成工作任务。<br>差：不能小组合作探究，完成工作任务 | 优□<br>良□<br>差□ | 优□<br>良□<br>差□ | 优□<br>良□<br>差□ |
| 小组意见 | | | | | |
| 教师意见 | | | | | |
| 总成绩 | 优□　良□　差□ | 备注 | 总成绩＝自评×0.2＋组评×0.3＋师评×0.5<br>各级权重：优＝1；良＝0.8；差＝0.5 | | |

码上习题

高频保护的原理和分类

高频载波通道的构成

高频闭锁方向保护的工作原理

高频闭锁方向保护的启动方式

**实践实拍**：观看下方二维码中的视频，总结差动平衡实验操作规范。

差动平衡实验之三相法

差动平衡实验之六相法

# 主设备保护的检验与整定

## 项目场景

　　4月2日，谏壁发电厂某班班长签发了"8号高压厂用变压器继电保护和二次回路大修"的电气工作票，工作负责人肖某某（死者，男，41岁）带领两名继电保护人员工作。

　　2日上午，肖某某对其中一人说："下午把电流互感器的内阻测一下，紧紧螺丝，抄录一下电流互感器的铭牌。"下午，三人来到高压厂用变压器保护盘处，肖某某打开保护盘下的盖板，发现电流互感器在6 kV母线的上面，就动手拆保护盘上盖板的螺丝。打开上盖板后，由一名工作组人员负责测电流互感器的内阻，肖某某负责紧互感器螺丝和抄铭牌。

　　由于工作地点位置狭窄，负责人就让另一工作组成员不要进来，肖某某右手拿行灯，查找电流互感器铭牌，一会儿站在他一边的工作人员看到肖某某的头顶与行灯放电，以为是行灯漏电，立即用脚将电源踢开，但仍见放电，才知肖某某已高压触电。这时，只听一声巨响，室内照明全熄。肖某某的同伴喊："肖某某触电了。"闻信赶来的相关人员将肖某某抬出并送往医院抢救，但他终因受伤严重，导致抢救无效而死亡。

主变保护配置（案例导学）　　110 kV母线保护配置（案例导学）　　220 kV母线保护配置（案例导学）

## 相关知识技能

　　① 变压器的故障类型及不正常运行状态；② 变压器的保护配置；③ 发电机的故障类型及不正常运行状态；④ 发电机的相关保护原理；⑤ 母线的故障类型；⑥ 母线的保护配置；⑦ 主设备故障的判断、各类保护装置的维护及调试；⑧ 融会贯通的能力，坚定、自信的品质；⑨ 从

不同角度看问题的思维方法。

# 任务一　变压器保护

## 任务描述

变压器是电力系统中非常重要的电气设备之一，它的安全运行对电力系统的正常运行和供电的可靠性起着决定性的作用。同时，大容量变压器的造价也特别高。本任务针对变压器可能发生的各种故障和不正常运行状态装设相应的继电保护装置，并合理进行整定计算。

## 学习目标

**素质目标**：可以厘清核心问题，能够把复杂的问题简单化；具备较强的耐心和全面思考的能力。

**知识目标**：变压器故障类型及保护配置；变压器瓦斯保护；变压器纵联差动保护；变压器相间短路后备保护；变压器接地保护；不平衡电流、励磁涌流产生原因及消除措施。

**技能目标**：可以判断变压器故障；能够进行变压器相间短路保护、接地短路保护装置的维护及调试。

## 任务资料

### 一、变压器故障类型及其保护配置

变压器主要由铁芯及绕在铁芯上的绕组构成。为保证各绕组之间的绝缘，以及铁芯、绕组的散热需要，将铁芯及绕组置于装有变压器的油箱中。而变压器各绕组的两端则通过绝缘套管引到变压器壳体之外。

#### 1. 变压器故障

变压器故障可分为油箱内部故障和油箱外部故障两种。油箱内部故障包括绕组的相间短路、接地短路、匝间短路以及铁芯的烧毁等。这些故障都是十分危险的，因为油箱内部故障时产生的电弧将引起绝缘物质的剧烈汽化，从而可能引起爆炸。因此，这些故障应该尽快加以切除。油箱外部故障主要是套管和引出线上发生相间短路和接地短路。实践表明，变压器套管及引出线上的相间短路和接地短路，以及绕组的匝间短路是比较常见的故障形式，而变压器油箱内发生相间短路的情况比较少见。

变压器的不正常运行状态主要有：变压器外部相间短路和外部接地短路引起的过电流以及中性点过电压；负荷超过额定容量引起的过负荷；漏

油引起的油面降低或冷却系统故障引起的温度升高；大容量变压器由于其额定工作时的磁通密度相当接近铁芯的饱和磁通密度，因此在过电压或低频率等异常运行方式下会发生变压器的过励磁故障，引起铁芯和其他金属构件过热。

### 2. 变压器的保护配置

为了保证变压器的安全运行，根据《继电保护和安全自动装置运行管理规程》（DL/T 587—2016），针对变压器的上述故障和不正常运行状态，变压器应装设以下保护。

1）瓦斯保护

对变压器油箱内的各种故障以及油面的降低，应装设瓦斯保护，它反映油箱内部所产生的气体或油流而动作。

800 kVA 及以上的油浸式变压器和 400 kVA 及以上的车间内油浸式变压器，均应装设瓦斯保护。

2）纵联差动保护或电流速断保护

对变压器绕组、套管及引出线上的故障，应根据容量的不同，装设纵差保护或电流速断保护。

6 300 kVA 及以上并列运行的变压器、10 000 kVA 及以上单独运行的变压器、发电厂中厂用电变压器和工业企业中 6 300 kVA 及以上重要的变压器，均应装设纵联差动保护。10 000 kVA 及以下的电力变压器应装设电流速断保护，其过电流保护的动作时限应大于 0.5 s。对于 2 000 kVA 以上的变压器，当电流速断保护的灵敏度不满足要求时，也应装设纵联差动保护。

3）相间短路的后备保护

相间短路的后备保护可反映外部相间短路引起的变压器过电流，作为瓦斯保护和差动保护（或电流速断保护）的后备保护。相间短路的后备保护类型较多，有过电流保护和低电压起动的过电流保护，宜用于中、小容量的降压变压器；复合电压起动的过电流保护，宜用于升压变压器和系统联络变压器，以及过电流保护灵敏度不能满足要求的降压变压器；6 300 kVA 及以上的升压变压器，应采用负序电流保护及单相式电压启动的过电流保护；对于大容量升压变压器或系统联络变压器，为了满足灵敏度要求，还可以采用阻抗保护。

4）接地短路的零序保护

中性点直接接地系统中的变压器，应装设零序电流保护，用于反映变压器高压侧（或中压侧）以及外部元件的接地短路；变压器的中性点可能接地或不接地运行时，应装设零序电流、电压保护。零序电流保护延时跳开变压器各侧断路器，零序电压保护作为中性点不接地变压器保护。

5）过负荷保护

对于 400 kVA 以上的变压器，当数台并列运行或单独运行并作为其他负荷的备用电源时，应装设过负荷保护。过负荷保护通常只装在一相，其动作时限较长，延时动作于发出信号。

对变压器绕组、套管及引出线上的故障，应根据容量的不同装设纵差保护或电流速断保护。

6）其他保护

高压侧电压为 500 kV 及以上的变压器，对于频率降低和电压升高而引起的变压器励磁电流升高，应装设变压器过励磁保护。对于变压器温度和油箱内压力升高，以及冷却系统故障，按变压器现行标准要求，应装设相应的保护装置。

变压器故障类型

变压器保护方法

主变激磁保护（企业案例）

### 3. 变压器保护装置的工作流程

变压器保护装置的工作流程如图 5－1－1 所示，保护测量变压器的各参量未超过定值时，保护处于正常状态。当发生故障时，该装置中各保护根据测量的故障量判定故障是否发生在各自的保护范围内。当变压器故障时，可分为油箱内部故障和油箱外部故障，若故障点在油箱外，纵联差动保护动作跳闸；若故障点在油箱内，则气体保护能以较高的灵敏度动作于

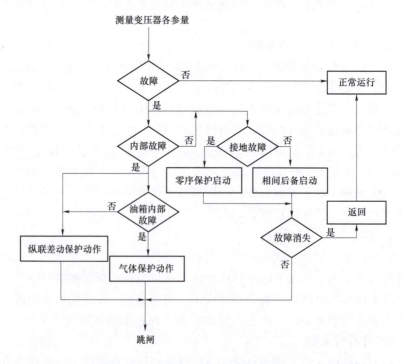

图 5－1－1　变压器保护装置的工作流程

跳闸。无论是油箱内部故障还是油箱外部故障，变压器相间短路后备保护均应启动。若为接地故障，则零序保护作为接地故障的后备保护同时启动。在后备保护动作延时内，故障若消失，则后备保护返回到正常工作状态；若故障仍存在，则动作于跳闸，将变压器从电网中切除。此外，当变压器出现过负荷等异常工作状态时，相应的保护动作便会发出信号。

油浸式配电变压器 AR

## 二、变压器的瓦斯保护

瓦斯保护是变压器油箱内部故障的一种主要保护形式。当在变压器油箱内部发生轻微的匝间短路和绝缘破坏引起的经电弧电阻的接地短路等故障时，由于故障点电流和电弧的作用，变压器油及其他绝缘材料因局部受热而分解产生气体，因气体比较轻，它们将从油箱流向油枕的上部。当故障严重时，油会迅速膨胀分解并产生大量的气体，此时将有剧烈的气体夹杂着油流冲向油枕的上部。利用变压器油箱内部故障时的这一特点，可以构成反映上述气体而动作的保护装置，即瓦斯保护。

### 1. 瓦斯继电器

瓦斯继电器是构成瓦斯保护的主要元件，安装在变压器油箱与油枕（也称储油柜）之间的连接管道上，如图 5-1-2 所示。这样，油箱内产生的气体必须通过气体继电器才能流向安装示意油枕。为了不妨碍气体的流通，变压器安装时应使顶盖沿气体继电器的方向与水平面具有 1%～1.5% 的升高坡度，通过气体继电器的导油管具有 2%～4% 的升高坡度。瓦斯继电器实物如图 5-1-3 所示。

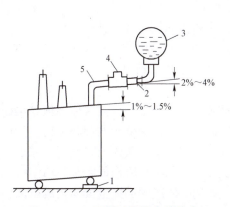

图 5-1-2　瓦斯继电器安装示意　　图 5-1-3　瓦斯继电器实物
1—钢垫块；2—阀门；3—油枕；4—气体继电器；5—导油管

我国目前采用的瓦斯继电器有浮筒式、挡板式和复合式三种类型。相关经验表明，浮筒式瓦斯继电器存在一些严重的缺点，如防振性差和因浮筒的密封不良而失去浮力使水银触点闭合从而造成误动作等。用挡板代替浮筒的挡板式瓦斯继电器，仍保留浮筒且克服了浮筒渗油的缺点，运行比较稳定，可靠性相对提高，但当变压器油面严重下降时，动作速度不快。因此，目前推荐采用开口杯和挡板构成的复合式瓦斯继电器，该继电器用磁力干簧触点代替水银触点。复合式瓦斯继电器具有浮筒式和挡板式瓦斯继电器的优点，在工程实践中的应用较多。

### 2. 瓦斯保护的动作原理

瓦斯继电器的结构如图5-1-4所示。

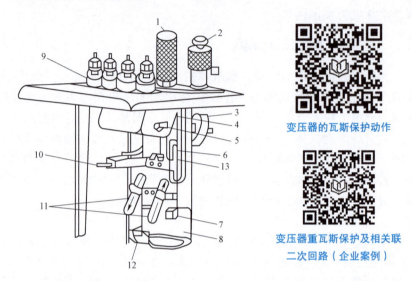

变压器的瓦斯保护动作

变压器重瓦斯保护及相关联
二次回路（企业案例）

**图5-1-4 瓦斯继电器的结构**

1—探针；2—放气阀；3—重锤；4—开口杯；5—永久磁铁；6—干簧触点；
7—磁铁；8—挡板；9—接线端子；10—流速整定螺杆；
11—干簧触点（重瓦斯）；12—终止挡；13—弹簧

瓦斯继电器的动作原理如下：

正常运行时，继电器及开口杯4内都充满了油，且开口杯4处于上翘状态，固定在开口杯旁的永久磁铁5位于干簧触点6的上方，干簧触点6可靠断开，轻瓦斯保护不动作；磁铁7远离干簧触点11，干簧触点11可靠断开，重瓦斯保护也不动作。

当变压器油箱内部发生轻微故障时，所产生的少量气体逐渐聚集在继电器顶盖下面，使继电器内油面缓慢下降，油面低于开口杯4时，开口杯4所受浮力减小，且位置随油面的降低而下降，永久磁铁5逐渐靠近干簧触点6，接近到一定程度时干簧触点6闭合，发出轻瓦斯保护动作信号。

当变压器油箱内部发生严重故障时，所产生的大量气体形成从油箱内冲向油枕的强烈气流，带油的气体直接冲击挡板8，并使挡板8偏转，磁铁7迅速靠近干簧触点11，干簧触点11闭合，使重瓦斯保护动作于变压器，使各侧断路器跳闸。

综上所述，变压器发生轻微故障时，油箱内产生的气体较少且速度慢，由于油枕处于油箱的上方，气体沿管道上升，气体继电器内的油面下降，当其下降至动作门槛时，轻瓦斯保护动作，发出告警信号。当变压器发生严重故障时，故障点周围的温度剧增而迅速产生大量的气体，变压器内部压力升高，迫使变压器油从油箱经过管道向油枕方向冲去，气体继电器感受到的油速达到动作门槛时，重瓦斯保护动作，瞬时作用于跳闸回路，切除变压器，以防事故扩大。

### 3. 瓦斯保护的运行维护

瓦斯保护的主要优点是灵敏度高、动作迅速且简单经济。当变压器油箱内部发生严重漏油或匝数很少的匝间短路时，纵联差动保护与其他保护往往不能反映，瓦斯保护却能反映，这也正是瓦斯保护不可替代的原因。但是瓦斯保护只反映变压器油箱内部故障，不能反映油箱外套管与断路器间引出线上的故障，因此它也不能作为变压器唯一的主保护。通常瓦斯保护需和纵联差动保护配合共同作为变压器的主保护。因此，对瓦斯保护应做好运行维护工作，主要可总结为以下几部分内容：

（1）变压器在运行中如遇滤油、新装变压器或大修变压器的情况，瓦斯保护动作将跳闸改为信号。

（2）变压器瓦斯保护动作后应详细检查并采取外气体分析判断故障性质。

（3）户外的变压器瓦斯继电器应有防雨措施。

（4）运行中的变压器的瓦斯继电器观察窗应被打开。

## 三、变压器的纵联差动保护

变压器纵联差动保护作为较大容量变压器的主保护，对于容量较大的变压器，纵联差动保护是必不可少的主保护之一，用来反映变压器绕组、引出线以及油箱外套管上的各种短路故障，且与瓦斯保护配合作为变压器的主保护，使保护的性能更加全面和完善。

### 1. 变压器纵联差动保护的基本原理

变压器纵联差动保护是通过比较被保护变压器两侧电流的大小和相位在故障前、后的变化而实现保护的。为了实现这种比较，需在变压器两侧各装设一组电流互感器 TA1、TA2，其二次侧按环流法连接（通常变压器两端的电流互感器一次侧的正极性端子均置于靠近母线的一侧，将它们二次侧的同极性端子连接组成差动臂）构成纵联差动保护。其保护范围为两侧电流互感器 TA1、TA2 之间的全部区域，包括变压器的高、低压绕组，出线套管及引出线等。对双绕组变压器和三绕组变压器实现纵联差动保护的原理接线如图 5-1-5 所示。规定各侧电流的正方向均以流入变压器为正。

变压器的纵联差动保护与输电线路的纵联差动保护相似，工作原理相同，但由于变压器具有电压比和接线组别等特殊情况，为了保证变压器纵联差动保护的正常运行，必须选择好变压器两侧的电流互感器的电流比和接线方式，保证变压器在正常运行和外部短路时两侧的二次电流大小相等、方向相反，流入保护的差动电流为零。如图 5-1-5（a）所示，应使

$$I_1' = I_2' = \frac{I_1}{n_{TA1}} = \frac{I_2}{n_{TA2}}$$

或

$$\frac{n_{TA2}}{n_{TA1}} = \frac{I_2}{I_1} = n_T \qquad (5-1-1)$$

式中　$n_{TA1}$——高压侧电流互感器的变比；

　　　$n_{TA2}$——低压侧电流互感器的变比；

　　　$n_T$——变压器的变比（即高、低压侧额定电压之比）。

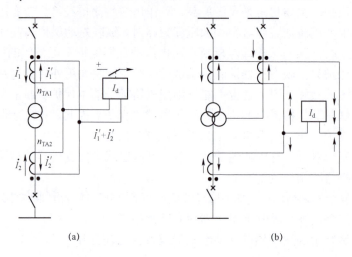

(a)　　　　　　　　　　　　　　　(b)

**图5-1-5　变压器纵联差动保护的原理接线**

（a）双绕组变压器；（b）三绕组变压器

**变压器的纵联差动保护**

**变压器纵联差动保护实验**

由此可知，若要实现变压器的纵联差动保护，就应适当选择两侧电流互感器的变比，使两个变比的比值尽可能等于变压器的变比 $n_T$。当差动继电器中流入的电流大小相等时，差动继电器不动作；当发生故障，流入差动继电器的电流大小不相等时，差动继电器动作于跳开各侧断路器。

**2. 不平衡电流产生的原因及消除措施**

在正常运行及保护范围外部短路故障时流入差动回路的电流称为不平衡电流 $I_{unb}$。差动回路中不平衡电流值越大，差动保护的动作电流就越大，差动保护的灵敏度越低。因此，要提高变压器纵联差动保护的灵敏度，关键问题是减小或者消除不平衡电流的影响。以下对不平衡电流产生的原因及减小或消除其影响的措施展开讨论。

**注意：**最大平衡电流越小，保护的灵敏性就越好，故深入学习不平衡电流产生的原因并设法减小不平衡电流成为一切差动保护的核心问题。

1）由变压器励磁电流产生的不平衡电流

变压器的励磁电流 $i_E$ 是在差动范围内未被接入差动回路的一个特殊

支路，因此通过电流互感器反映到差动回路中未参与平衡。在正常运行情况下，此电流很小，一般不超过额定电流的 2%～10%。在发生外部故障时，由于电压降低，励磁电流减小，它的影响就更小了。但是，在变压器空载合闸，或者变压器外部故障被切除后变压器端电压突然恢复时，则可能产生很大的暂态励磁电流，这种电流称为励磁涌流。因为在稳态工作情况下，铁芯中的磁通应滞后外加电压 90°，如图 5－1－6（a）所示。如果空载合闸，正好在电压瞬时值 $u=0$ 时投入，则铁芯中应该具有磁通 $-\Phi_m$。但是由于铁芯中的磁通不能突变，将出现一个非周期分量的磁通，其幅值为 $+\Phi_m$。在经过半个周期以后，如果不计非周期分量磁通的衰减，铁芯中两个磁通极性相同，铁芯中的磁通就达到 $2\Phi_m$。如果铁芯中还有剩余磁通 $\Phi_r$，则总磁通将为 $2\Phi_m+\Phi_r$，如图 5－1－6（b）所示。此时变压器的铁芯严重饱和，励磁电流 $i_E$ 将剧烈增大，这就是变压器的励磁涌流，其数值最大可达额定电流的 6～8 倍，也包含大量的非周期分量和高次谐波分量，如图 5－1－6（c）和（d）所示。励磁涌流的大小和衰减时间，与外加电压的相位、铁芯中剩磁的大小和方向、电源容量的大小、回路的阻抗以及铁芯性质等都有关系。例如，正好在电压瞬时值为最大时合闸，就不会出现励磁涌流，只有正常时的励磁电流。但是对三相变压器而言，无论在任何瞬间合闸，至少有两相要出现程度不同的励磁涌流。

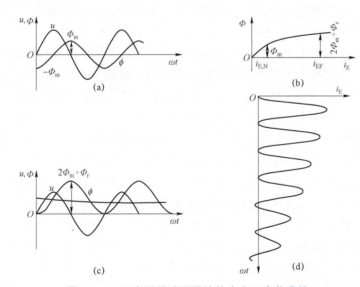

**图 5－1－6 变压器励磁涌流的产生及变化曲线**

（a）稳态情况下磁通与电压的关系；（b）变压器铁芯的磁化曲线；
（c）在 $u=0$ 瞬间空载合闸时磁通与电压的关系；（d）励磁涌流的波形

通过对励磁涌流的试验数据进行分析，励磁涌流具有以下特点。

（1）包含很大成分的非周期分量，偏于时间轴的一侧。

（2）包含大量的高次谐波，以二次谐波为主。

（3）波形中间出现间断，如图 5－1－7 所示，在一个周期中间的断

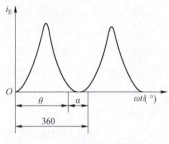

**图 5－1－7 励磁涌流的波形**

角为 $\alpha$。

根据以上特点，在变压器纵联差动保护中防止励磁涌流影响的方法有：

（1）采用具有速饱和铁芯的差动继电器；

（2）利用二次谐波制动原理构成变压器纵联差动保护；

（3）利用鉴别波形间断角原理构成变压器纵联差动保护。

2）由电流互感器实际变比与计算变比不同产生的不平衡电流

在实际生产过程中，电流互感器选用的都是型号已定的产品，变压器两侧的电流互感器都是根据产品目录选取的标准变比，而变压器的变比也是按标准选取的，这就出现电流互感器的计算电流比与实际电流比不完全相符的问题，导致在差动回路中产生不平衡电流。

3）由变压器有载调压分接头位置改变产生的不平衡电流

电力系统中经常采用有载调压的变压器，改变有载调压分接头的位置可保持系统的运行电压。改变分接头的位置，实际上是改变变压器的变比 $n_T$。如果纵联差动保护已经按某一变比设置好参数，则当分接头被改变时，保护中各侧的计算电流的平衡关系就会被破坏，产生一个新的不平衡电流，但差动保护的整定值不可能根据分接头的变化随时进行调整。为克服由此产生的不平衡电流，应在纵联差动保护的整定中予以考虑。

4）由两侧电流互感器的型号不同产生的不平衡电流

由于变压器两侧的额定电压不同，所以，其两侧电流互感器的型号就不会相同，因而它们的饱和特性和励磁电流（归算到同一侧的）都是不相同的。因此，在变压器纵联差动保护中始终存在不平衡电流。在外部短路时，这种不平衡电流会很大。为了解决这个问题，一方面，应按10%误差的要求选择两侧的电流互感器，以保证在外部短路的情况下，其二次电流的误差不超过10%；另一方面，在确定纵联差动保护的动作电流时，引入一个同型系数 $K_{st}$ 来反映电流互感器型号不同的影响。当两侧电流互感器的型号相同时，系数 $K_{st}$ 取 0.5，当两侧电流互感器的型号不同时，则系数 $K_{st}$ 取 1。这样，两侧电流互感器的型号不同时，实际上是采用较大的同型系数值来提高纵联差动保护的动作电流，以躲过不平衡电流的影响。

5）由变压器外部短路产生的不平衡电流

在变压器的纵联差动保护范围外部发生故障的暂态过程中，由于变压器两侧电流互感器的铁芯特性及饱和程度不同，电流互感器饱和后，传变误差增大而引起的不平衡电流会对纵联差动保护产生较大的影响。

保护范围外部短路时，短路电流中含有很大的非周期分量。在短路后 $t=0$ 时，突增的非周期分量电流使电流互感器的铁芯中产生一个突增的磁通，其导致二次回路中产生一个突增的非周期分量电流，此电流是去磁的。电流互感器原、副边回路的衰减时间常数不同，原边回路衰减时间常数较小（如0.05 s），副边回路的电阻小，电感大，衰减时间常数较大，甚至可达 1 s。在原边非周期分量减少以后，副边衰减很慢的非周期分量电流成为励磁电流的一部分，使电流互感器铁芯饱和。铁芯饱和后，励磁阻抗大大降低，非周期分量的励磁电流加大，最大值出现在几个周期之后，其值为稳态励磁电流的许多倍，波形如图5-1-8所示，曲线3为铁芯饱和以后励磁电流的周期分量；曲线4为短路电流中衰减的非周期分量（归算到中流互感器的二次侧）；曲线 1 为中流互感器的二次侧感应的非周期分量电流；曲线 2 为总的励磁电流（误差电流），其中包括铁芯饱和后加大的励磁电流和中流互感器二次衰减慢的直流分量。总误差电流偏到时间轴的一侧。

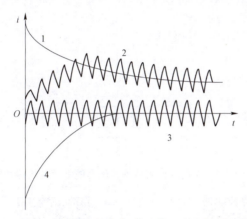

**图5-1-8　暂态过程中电流互感器励磁电流的波形**

**拓展：** 目前，对于大容量重要变压器，可以采用分别装设独立的采用不同电流互感器的两组差动保护，两组差动保护的接点串联以实现互为闭锁的方式，这种接线方式可以有效防止电流互感器二次回路断线所造成的差动保护误动作。为了及时发现电流互感器二次回路断线，可在差动回路中装设断线监视装置，以便发现断线能及时进行处理。

## 四、变压器零序保护

在电力系统中，接地故障是主要的故障形式，所以对中性点直接接地的变压器，要求装设接地保护作为变压器主保护的后备保护和相邻元件接地短路的后备保护。

变压器的接地保护方式及其整定计算与变压器的类型、中性点接地方式及所连接系统的中性点接地方式密切相关。变压器的接地保护要在时间上和灵敏度上与线路的接地保护配合。

### 1. 中性点直接接地变压器的零序电流保护

中性点直接接地变压器通常采用零序电流保护作为变压器或相邻元件接地故障的后备保护，自耦变压器和三绕组变压器可以选择带零序功率方向的保护，以实现零序电流保护。当零序电流保护的灵敏度不能满足要求时，可以采用接地阻抗保护。

零序电流保护一般采用两段式，每段各带两级延时，如图 5-1-9 所示，零序电流取自变压器中性点电流互感器的二次侧。零序电流保护 I 段作为变压器及母线接地故障的后备保护，与相邻元件零序电流保护 I 段配合，以较短时延 $t_1$ 动作于母线解列，即断开母联断路器或分段断路器 QF，以缩小故障影响范围，在另一条母线故障时，使变压器能够继续运行，以较长时延 $t_2 = t_1 + \Delta t$ 跳开变压器两侧断路器。由于母线专用保护有时退出运行，而母线及附近发生短路故障时对电力系统影响比较严重，设置零序电流保护 I 段，可以尽快切除母线及其附近故障。零序电流保护 II 段作为引出线接地故障的后备保护，与相邻元件零序电流保护后备段（通常是最后一段）配合，同样以 $t_3$ 断开母联断路器或分段断路器，以 $t_4 = t_3 + \Delta t$ 动作于跳开变压器。

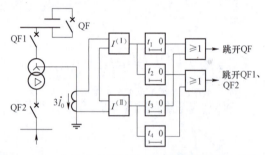

图 5-1-9　中性点直接接地变压器的零序电流保护逻辑

变压器零序电流保护

互感器饱和及主变零序差动保护（企业案例）

## 2. 中性点可能接地或不接地变压器的接地保护

多台变压器并联运行的变电所，通常采用一部分变压器中性点接地运行，而另一部分变压器中性点不接地运行的方式，这样就可以将接地故障电流水平限制在合理范围内；同时，还要使整个电力系统零序电流的大小和分布情况尽量不受运行方式变化的影响，从而保证零序保护有稳定的保护范围和足够的灵敏度。如图 5-1-10 所示，T2 和 T3 中性点接地运行，

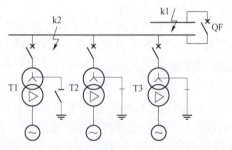

图 5-1-10　多台变压器并联运行的变电所

T1 中性点不接地运行。k2 点发生单相接地故障时，T2 和 T3 由零序电流保护动作而被切除，T1 由于无零序电流，仍将带故障运行。此时变为中性点不接地系统单相接地故障的情况，将产生接近额定相电压的零序电压，危及变压器和其他电力设备的绝缘，因此需要装设中性点不接地运行方式下的接地保护将 T1 切除。中性点不接地运行方式下的接地保护根据变压器绝缘等级的不同，分别采用不同的保护方案。

### 3. 全绝缘变压器的接地保护

对于全绝缘变压器，由于变压器绕组各处的绝缘水平相同，在系统发生接地故障时，当中性点直接接地变压器先跳开后，绝缘不会受到威胁，但此时产生的零序过电压会危及其他电力设备的绝缘，需装设零序电压保护将中性点不接地的变压器切除，如图 5-1-11 所示。零序电压保护作为中性点不接地运行时的接地保护，零序电压取自电压互感器二次侧的开口三角形绕组。零序电压保护的动作电压要躲过部分中性点接地的电网中发生单相接地短路时，保护安装处可能出现的最大零序电压；同时要在发生单相接地且失去接地中性点时有足够的灵敏度。由于零序电压保护是在中性点接地的变压器全部断开后才动作的，保护动作时限 $t$ 不需要与电网中其他元件的接地保护配合，只需要躲过接地短路暂态过程的影响。

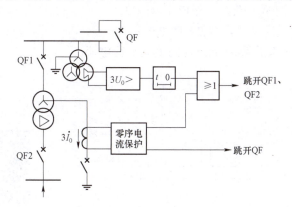

图 5-1-11　全绝缘变压器的接地保护原理

### 4. 分级绝缘变压器的接地保护

对于 220 kV 及以上电压等级的大型变压器，为了降低造价，其中的高压绕组采用分级绝缘的方式，中性点绝缘水平比较低，在单相接地故障且失去接地中性点时，其绝缘将受到破坏。因此，在发生接地故障时，应先切除中性点不接地的变压器，再切除中性点接地的变压器。为此可以在变压器中性点装设放电间隙，当放电间隙中的电压超过动作电压时迅速放电，形成中性点对地的短路，从而保护变压器中性点的绝缘。由于放电间隙不能长时间通过电流，应在放电间隙中装设零序电流元件，在检测到间隙放电后迅速切除变压器。另外，放电间隙是一种比较粗糙的设施，由于气象条件、连续放电的次数等因素的影响，可能出现该动作而不能动作的情况，还需要装设零序电流和电压保护，动作于切除变压器，以防止放电间隙长时间放电，并作为放电间隙拒绝动作的后备。

### 五、变压器相间短路的后备保护

变压器相间短路的后备保护既是变压器主保护的后备保护，又是相邻母线或线路的后备保护。为反映变压器外部相间故障而引起的变压器绕组过电流，以及在变压器发生严重内部相间故障时，作为差动保护和瓦斯保护的后备，变压器应装设相间短路的后备保护。根据变压器容量的大小和系统运行方式，变压器相间短路的后备保护可采用过电流保护、低电压起动的过电流保护、复合电压起动的过电流保护、负序过电流保护以及阻抗保护等。

#### 1. 过电流保护

变压器过电流保护就是当电流超过预定最大值时，使保护装置动作的一种保护方式。其单相原理接线如图 5-1-12 所示，保护动作于变压器两侧的断路器，保护动作电流按躲过变压器的最大负荷电流整定。

$$I_{act} = \frac{K_{rel}}{K_{re}} I_{L.max}$$

式中　$K_{rel}$——可靠系数，一般取 1.2～1.3；

　　　$K_{re}$——返回系数，取 0.85～0.95；

　　　$I_{L.max}$——变压器可能出现的最大负荷电流。

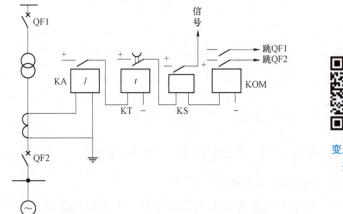

变压器相间短路
过电流保护

图 5-1-12　变压器过电流保护的单相原理接线

在确定变压器的最大负荷电流时，应考虑两种情况：对于多台并联运行的变压器，应考虑切除一台最大容量的变压器后的过负荷电流；对于单台运行的降压变压器，应考虑负荷中电动机自起动时的最大电流。

变压器过电流保护的动作时限和线路过电流保护的动作时限一样，按阶梯原则整定，即按躲开下一级过电流保护中动作时限最大值再加一个时限差整定。变压器过电流保护的灵敏度校验与变压器的接线组别及保护的接线方式有关，按以上条件选择的起动电流，其值一般比较大，往往不能满足作为相邻元件后备保护的需要。因此，需要采用低电压起动的过流保护、复合电压启动的过流保护或负序过电流保护等方式来提高灵敏度。

### 2. 低电压启动的过电流保护

低电压启动的过电流保护装置的原理接线如图 5-1-13 所示，只有当电流元件和电压元件都动作后，才能启动时间继电器，且经过预定的延时后，启动出口中间继电器动作于跳闸。

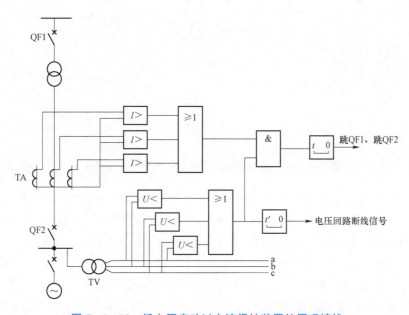

**图 5-1-13　低电压启动过电流保护装置的原理接线**

低电压元件的作用是保证在上述一台变压器突然切除或电动机自启动时不动作，因而电流元件的整定值就可以不再考虑由各种原因可能出现的最大过负荷电流，而是按大于变压器的额定电流整定。

**注意**：当电压互感器回路发生断线时，低电压继电器将误动作。由于过电流继电器不会动作，保护不会误动，但应及时处理，低电压闭锁的过电流保护应该在电压回路断线的情况下发出信号，由运行人员处理。

### 3. 复合电压启动的过电流保护

复合电压启动的过电流保护是低电压启动过电流保护的发展，其保护的原理接线如图 5-1-14 所示。它将原来由三个低电压继电器改为由一个负序过电压继电器与一个接于线电压上的低电压继电器组成。

电流启动元件由接于相电流的继电器 KA1~KA3 构成，电压启动元件由反映不对称短路的负序电压继电器 KVN 和反映对称短路接于相间电压的低电压继电器 KV 构成，其中的负序电压继电器 KVN 内附有负序电压滤过器 $U_2$。只有电流启动元件和电压启动元件都动作时才能启动时间继电器 KT。

当正常运行时，电流启动元件和电压启动元件都不动作，故保护装置

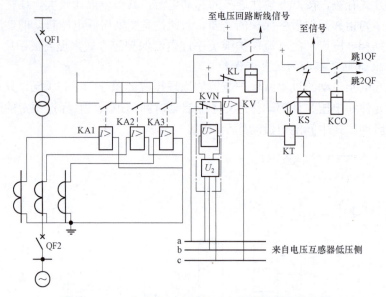

**图 5-1-14　复合电压启动的过电流保护原理接线图**

不动作；当变压器发生不对称短路时，故障相电流继电器动作；同时，负序电压继电器 KVN 动作，其常闭触点打开，切断低压继电器 KV 的电压回路，KV 常闭触点闭合，使闭锁中间继电器 KL 动作，其常开触点闭合，此时电流继电器已动作并启动时间继电器 KT，经过 KT 的延时，其触点闭合，启动出口继电器 KCO，使变压器各侧断路器跳闸。当发生三相对称短路时，由于短路瞬间也会出现短时的负序电压，负序电压继电器 KVN 便会启动，低压继电器 KV 动作，当负序电压消失后，KV 接于相间电压，因此只有母线电压高于 KV 的返回电压才可以使 KV 返回。但由于三相短路时母线电压都很低，小于 KV 的返回电压，KV 仍保持动作状态，相当于低电压启动的过电流保护状态。

 **任务实施**

### 一、明确任务
变压器差动保护试验。

### 二、变压器差动保护接线
先将变压器高压侧 A 相端子接至端子排 1I1D1，再将变压器低压侧 A 相端子接至端子排 1I3D1，再将变压器低压侧中性线接至端子排 1I3D3，又将变压器高压侧中性线接至端子排 1I1D6。接下来，将高压侧中性线端子和低压侧中性线端子相连，即连接 1I1D6 和 1I3D6，然后投入差动保护硬压板。最后，按电流相序将测试仪接入电流线，将中性点短接。

### 三、变压器差动保护定值整定
进入装置主菜单，接入变压器相应保护软压板，整定定值操作。

#### 四、变压器差动保护保护测试

在测试仪的任意测试中对 $I_A$、$I_B$、$I_C$ 三相电流的大小和相位进行加量，模拟正常运行状态和故障状态，观察并分析保护动作情况。

变压器差动保护定值整定

变压器差动保护保护接线

变压器差动保护调试

 ## 任务评价

变压器差动保护试验成果评价表

| 评价项目 | 评价内容 | 评价标准 | 评价等级 | | |
|---|---|---|---|---|---|
| | | | 自评 | 组评 | 师评 |
| 资料准备<br>（10分） | 专业资料准备<br>（10分） | 优：能根据任务，熟练查找专业网站和专业书籍，咨询资深专业人士，获取需要的较全面的专业资料。<br>良：能根据任务，查找专业网站或专业书籍，或通过资深专业人士，获取需要的部分专业资料。<br>差：没有查找专业资料或资料极少 | 优□<br>良□<br>差□ | 优□<br>良□<br>差□ | 优□<br>良□<br>差□ |
| 实际操作<br>（70分） | 着装和工器具选用<br>（15分） | 优：正确着装，正确选取安全工器具，正确布置工作现场。<br>良：未正确着装，未正确选取安全工器具，正确布置工作现场。<br>差：未正确着装，未正确选取安全工器具，未正确布置工作现场 | 优□<br>良□<br>差□ | 优□<br>良□<br>差□ | 优□<br>良□<br>差□ |
| | 线路接线<br>（15分） | 优：能正确进行回路接线与检查。<br>良：能进行回路接线，但不熟练。<br>差：不能正确进行回路接线与检查 | 优□<br>良□<br>差□ | 优□<br>良□<br>差□ | 优□<br>良□<br>差□ |
| | 定值整定<br>（20分） | 优：能正确进行定值整定。<br>良：能进行定值整定，但不熟练。<br>差：不能正确进行定值整定 | 优□<br>良□<br>差□ | 优□<br>良□<br>差□ | 优□<br>良□<br>差□ |
| | 模拟测试<br>（20分） | 优：能正确进行故障模拟测试和结果分析。<br>良：能进行模拟测试，不能分析结果。<br>差：不能正确进行故障模拟测试和结果分析 | 优□<br>良□<br>差□ | 优□<br>良□<br>差□ | 优□<br>良□<br>差□ |

续表

| 评价项目 | 评价内容 | 评价标准 | 评价等级 | | |
|---|---|---|---|---|---|
| | | | 自评 | 组评 | 师评 |
| 基本素质（20分） | 厘清核心问题能力（10分） | 优：能厘清核心问题，把复杂问题简单化。<br>良：基本能抓住核心问题。<br>差：不能分析问题的核心 | 优□<br>良□<br>差□ | 优□<br>良□<br>差□ | 优□<br>良□<br>差□ |
| | 思考能力（10分） | 优：能拥有较高的耐心和冷静的思考能力。<br>良：拥有思考能力。<br>差：不拥有耐心和思考能力 | 优□<br>良□<br>差□ | 优□<br>良□<br>差□ | 优□<br>良□<br>差□ |
| 小组意见 | | | | | |
| 教师意见 | | | | | |
| 总成绩 | 优□ 良□ 差□ | 备注 | 总成绩＝自评×0.2＋组评×0.3＋师评×0.5<br>各级权重：优＝1；良＝0.8；差＝0.5 | | |

### 码上习题

变压器故障小测试

变压器瓦斯保护小测试

变压器接地短路后备保护小测试

变压器纵联差动保护小测试

非电气量小测试

变压器相间短路后备保护小测试

**实践实拍**：学生分组检索资料，讨论变压器的结构及其保护的构成。

## 任务二　发电机保护

### 任务描述

　　发电机是将机械能转换成电能的设备，它的安全运行对保证电力系统的正常运行和电能质量起着决定性作用。同时，发电机本身也是一种十分

复杂的电气元件，因此，应针对各种不同的故障和不正常运行状态装设性
能完善的继电保护装置。

##  学习目标

**素质目标**：能够将所学知识融会贯通，可以从不同角度思考并解决
问题。

**知识目标**：发电机故障及不正常运行状态分析；发电机差动保护的基
本原理；发电机横联差动保护原理。

**技能目标**：掌握发电机纵联差动保护整定方法；可以进行发电机
故障判断。

##  任务资料

### 一、发电机的故障类型及保护

#### 1. 发电机的故障

发电机是电力系统中最重要的设备，它的安全运行对电力系统的正常
工作和电能质量起着决定性的作用。发电机在运行中可能发生故障和出现
不正常工作状态，特别是现代的大中型发电机的单机容量大，对系统的影
响很大，且损坏后的修复工作复杂、工期长，所以对继电保护提出了更高的
要求。

发电机的故障类型主要有：

（1）定子绕组相间短路。当定子绕组相间短路时，会产生很大的短路
电流，它使绕组过热，故障点的电弧将破坏绕组的绝缘，烧坏铁芯和绕组。
定子绕组的相间短路对发电机的危害最大。

（2）定子绕组匝间短路。当定子绕组匝间短路时，短路部分的绕组内
将产生环流，从而引起局部温度升高，绝缘被破坏，并可能转变为单相接
地或相间短路。

（3）定子绕组单相接地短路。当定子绕组单相接地短路时，发电机电
压网络的电容电流将流过故障点，此电流会使铁芯局部熔化，给检修工作
带来很大的困难。

（4）励磁回路一点或两点接地短路。励磁回路一点接地短路时，由于
没有构成接地电流通路，故对发电机无直接危害。如果再发生另一点接地
短路，就会造成励磁回路两点接地短路，可能烧坏励磁
绕组和铁芯。此外，若转子磁通的对称性被破坏，将引
起发电机组的强烈振荡。

#### 2. 发电机的不正常运行状态

（1）定子绕组过电流。外部短路非周期合闸及系统
振荡等原因引起的定子绕组过电流，将使定子绕组温度

不正常的发电机

升高，可能发展成内部故障。

（2）三相对称过负荷。负荷超过发电机额定容量而引起的三相对称过负荷会导致定子绕组过热。

（3）转子表层过热。电力系统中发生不对称短路或发电机三相负荷不对称时，将有负序电流流过定子绕组，在发电机中产生相对转子两倍同步转速的旋转磁场，从而在转子中感应出倍频电流，可能造成转子局部灼伤，严重时会使护环受热松脱。

（4）定子绕组过电压。调速系统惯性较大的发电机，因突然甩负荷，转速急剧上升，使发电机电压迅速升高，将造成定子绕组绝缘被击穿。

（5）发电机的逆功率。当汽轮机主汽门突然关闭而发电机出口断路器还没有断开时，发电机将变为电动机的运行方式，从系统中吸收功率，使发电机逆功率运行，导致汽轮机损伤。

此外，发电机的不正常工作状态还有励磁绕组过负荷及发电机失步等。

### 3. 发电机的保护配置

针对发电机在运行中出现的故障和不正常运行状态，根据《继电保护和安全自动装置技术规程》（GB/T 14285—2006）的规定，发电机应装设以下继电保护。

（1）纵联差动保护。对于 1 MW 以上发电机的定子绕组及其引出线的相间短路，应装设纵联差动保护。

（2）横联差动保护。对于定子绕组为星形接线、每相有并联分支且中性点侧有分支引出端的发电机，应装设横联差动保护。

（3）定子绕组单相接地保护。当定子绕组单相接地时，若接地电流超过规定值，应装设消弧线圈，先将接地电流补偿到允许值后，再装设接地保护。

注意：对于发电机变压器组，容量在 100 MW 以下的发电机应装设保护区不小于定子绕组 90%的定子绕组接地保护；容量为 100 MW 及以上的发电机应装设保护区为 100%的定子绕组接地保护，且保护带时限，动作于发出信号，必要时也可以动作于停机。

（4）励磁回路一点或两点接地保护。对于发电机励磁回路的接地故障，水轮发电机一般只装设励磁回路一点接地保护，小容量发电机组可采用定期检测装置。100 MW 以下的汽轮发电机，对励磁回路的一点接地，一般采用定期检测装置，对两点接地故障应装设两点接地保护。转子水内冷发电机和 100 MW 及以上的汽轮发电机，应装设一点接地保护，并在检测出一点接地后投入两点接地保护。

（5）失磁保护。对于不允许失磁运行的发电机，或失磁对电力系统有重大影响的发电机，应装设专用的失磁保护。

（6）对于发电机外部短路引起的过电流的保护方式。

① 过电流保护。用于 1 MW 及以下的小型发电机。

② 复合电压启动的过电流保护。一般用于 1 MW 以上的发电机。

③ 负序过电流及单相低电压启动的过电流保护。一般用于 50 MW 及以上的发电机。

④ 低阻抗保护。当电流保护灵敏度不足时，可以采用低阻抗保护。

（7）过负荷保护。对于定子绕组非直接冷却的发电机，应装设定时限过负荷保护。对于大型发电机，过负荷保护一般由定时限和反时限两部分组成。

（8）转子表层过负荷保护。对于由不对称过负荷、非全相运行或外部不对称短路引起的负序过电流，一般在 50 MW 及以上的发电机上装设定时限负序过负荷保护。对于 10 MW 及以上的发电机，应装设由定时限和反时限两部分组成的转子表层过负荷保护。

（9）过电压保护。对于水轮发电机或 100 MW 及以上的汽轮发电机，应装设过电压保护。

（10）逆功率保护。对于汽轮发电机主气门突然关闭而出现的发电机变电动机的运行方式，为防止汽轮机遭到损坏，大容量的发电机组应考虑装设逆功率保护。

（11）励磁绕组过负荷保护。对于 100 MW 及以上并采用半导体励磁系统的发电机，应装设励磁绕组过负荷保护。

（12）其他保护。当电力系统振荡影响发电机的安全运行时，300 MW 及以上的发电机，应装设失步保护；对于 300 MW 及以上的发电机，应装设过励磁保护；当汽轮机低频运行造成机械振动、叶片损伤且其对汽轮机危害极大时，应装设低频保护。为了快速消除发电机的内部故障，则在保护动作于发电机断路器跳闸的同时，必须动作于灭磁开关，断开发电机励磁回路，以使定子绕组中不再由于感应出电动势而继续供给短路电流。

**机组的失磁保护**
（企业案例）

**发电机转子接地保护**
（企业案例）

**发电机逆功率保护**
（企业案例）

### 4. 发电机保护的工作流程

发电机保护的工作流程如图 5-2-1 所示。当发电机发生外部故障时，首先启动相间后备保护动作于跳闸；若发电机发生内部定子绕组相间短路，纵联差动保护瞬时动作于跳闸，若定子绕组匝间短路，则由匝间短路保护动作于跳闸，非匝间短路的故障由零序保护动作于发出信号。当发电机定子出现接地故障时，则由零序保护动作于信号或跳闸；若发电机转子绕组发生一点接地，则由转子一点接地保护动作于信号；当转子发生两点接地时，则由转子两点接地保护动作于跳闸；若发电机发生由于励磁电压消失而导致的故障，则由失磁保护动作于跳闸或发出信号。

## 二、发电机纵联差动保护

发电机纵联差动保护是发电机定子绕组及其引出线相间短路的主保护。发电机纵联差动保护的原理与短距离输电线路及变压器纵联差动保护

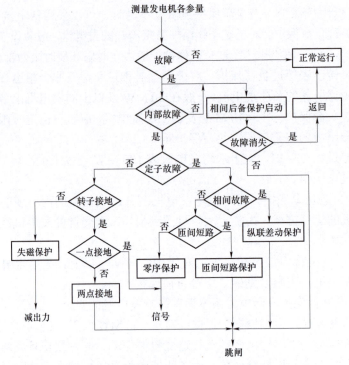

图 5-2-1  发电机保护的工作流程

的原理相同，这里不再赘述。

### 1. 发电机纵联差动保护的接线

根据接线方式和位置，纵联差动保护可被分为完全纵联差动保护和不完全纵联差动保护，这两者的区别是接入发电机中性点的电流不同。

1）完全纵联差动保护

发电机完全纵联差动保护是发电机内部相间短路故障的主保护。保护接入发电机中性点的全部电流，其逻辑如图 5-2-2 所示，$i_M$ 和 $i_N$ 分别为发电机机端、中性点侧一次电流的正方向。发电机机端、中性点侧的电流互感器的接线方式均为 Y 型接线。

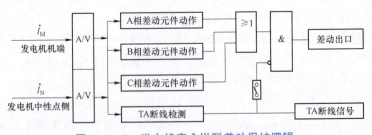

图 5-2-2  发电机完全纵联差动保护逻辑

2）不完全纵联差动保护

不完全纵联差动保护也是发电机内部故障的主保护，既能反映发电机或发电机-变压器组（发变组）内部各种相间短路，也能反映匝间短路，并在一定程度上反映分支绕组的开断故障。

由于完全纵联差动保护引入发电机定子机端和中性点两侧全部的相电流，当定子绕组发生匝间短路时，两侧电流仍然相等，保护不能动作。通常大型发电机定子绕组每相均有两个或多个并联分支，若仅引入发电机中性点侧部分分支电流与机端电流来构成纵联差动保护，适当选择两侧电流互感器的变比，也可以保证正常运行及区外故障时没有差流，而当发电机相间或匝间短路时均会产生差流，使保护动作切除故障。这种纵联差动保护称为不完全纵联差动保护，其原理接线如图 5-2-3 所示。

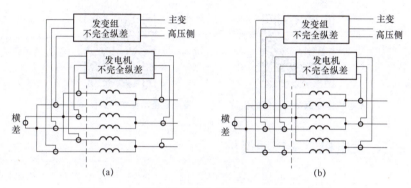

**图 5-2-3　发电机不完全纵联差动保护原理接线**
（a）中性点侧引出 6 个端子；（b）中性点侧引出 4 个端子

### 2. 发电机纵联差动保护的整定计算

发电机纵联差动保护一般采用两折线的比率制动特性，因此，纵联差动保护的整定计算实质上就是 $I_{d \cdot min}$、$I_{res1}$ 及 $K$ 的整定计算。

发电机差动保护接线　　发动机差动保护测试　　发电机纵联差动保护定值整定

1）启动电流 $I_{d \cdot min}$ 的整定

启动电流 $I_{d \cdot min}$ 的整定原则是躲过发电机额定运行时差动回路中的最大不平衡电流。在发电机额定工况下，在差动回路中产生的不平衡电流主要由纵联差动保护两侧的电流互感器 TA 变比误差、二次回路参数及测量误差引起。通常发电机纵联差动保护，可取 $I_{d \cdot min} = (0.1 \sim 0.3) I_{N \cdot G}$，发变组纵联差动保护取 $(0.3 \sim 0.5) I_{N \cdot G}$。不完全纵联差动保护尚需考虑发电机每相各分支电流的差异，应适当提高 $I_{d \cdot min}$ 的整定值。

2）拐点电流 $I_{res1}$ 的整定

拐点电流 $I_{res1}$ 的大小，决定保护开始产生制动作用的电流的大小。显然，在启动电流 $I_{d \cdot min}$ 及动作特性曲线的斜率 $K$ 保持不变的情况下，$I_{res1}$ 越小，差动保护的动作区域越小，而制动区越大。因此，拐点电流的大小直接影响差动保护的动作灵敏度。通常拐点电流被整定为 $I_{res \cdot min} = (0.5 \sim 1.0) I_{N \cdot G}$。

3）制动线斜率 $K$ 的整定

发电机纵联差动保护的制动线斜率 $K$ 一般可取 0.3～0.4。根据规程规定，发电机纵联差动保护的灵敏度是在发电机机端发生两相金属性短路的情况下差动电流和动作电流的比值，要求 $K_{sen} \geqslant 1.5$。随着对发电机内部短路分析的进一步深入，对发电机内部发生轻微故障的分析成为可能，可以更多地分析内部发生故障时的保护动作行为，从而更好地选择保护原理和方案。

发电机差动保护拐点值的校验

发电机差动保护特性斜率的校验

## 三、发电机定子接地保护

为了保证安全，发电机外壳都是接地的。因此，发电机的定子某相绕组绝缘损坏时发生对外壳短路的故障就是单相接地，占定子故障的 70%～80%。单相接地的危害，主要是故障点的电弧烧伤定子铁芯，扩大绕组绝缘的损坏程度，并进一步使之发展为匝间短路或相间短路，甚至使发电机遭受更严重的破坏。

发电机定子绕组单相接地时有如下特点：内部接地时，流经接地点的电流为发电机所在电压网络对地电容电流的总和，此时故障点零序电压随故障点位置的改变而改变；外部接地故障时，零序电流仅包含发电机本身的对地电容电流。这些故障信息对接地保护非常重要，下面介绍几种定子接地保护方法。

### 1. 定子接地的零序电流保护

利用发电机定子绕组接地故障时的零序电流可构成零序电流保护。这种保护原理简单，接线容易，但是当发电机中性点附近接地时，接地电流很小，保护将不能动作，因此零序电流定子接地保护存在一定的死区。

### 2. 定子接地的基波零序电压保护

发电机定子绕组（设 A 相距中性点 $\alpha$ 处）发生单相接地时，单相接地时零序电压 $U_0 = \alpha E_{ph}$，$E_{ph}$ 为故障相电动势，可将其作为保护动作参量。此基波零序电压可以在机端或中性点处获得，对于发电机中性点经配电变压器接地的情况，基波零序电压可取自配电变压器的二次电压。

这种保护主要应用于发电机变压器组接线方式，它的突出优点是即使在单相接地电流很小的情况下也可以采用，但是由于在发电机中性点处存在位移电压，该保护不可避免地在中性点附近存在死区，且当经过过渡电阻接地时，灵敏度不高。

发电机误上电保护（企业案例）　　发电机定子接地保护（企业案例）

### 3. 100%定子接地保护

当中性点附近发生接地时，由于零序电压太小，保护装置不能动作，因此出现死区，即对定子绕组不能达到 100%的保护范围。对大容量的机组而言，振荡较大而产生机械损伤或发生漏水（指水内冷的发电机）等原因，都可能使靠近中性点附近的绕组发生接地故障。如果这种故障不能及时发现，则有可能进一步发展成匝间短路、相间短路或两点接地短路，从而造成发电机的严重损坏。因此对大型发电机组，特别是水内冷式发电机机组，应装设能反映 100%定子绕组的接地保护。100%定子接地保护装置一般由两部分组成，第一部分是零序电压保护，它能保护定子绕组的 85%以上；第二部分则用来消除零序电压保护的死区。为了提高可靠性，两部分的保护区应重叠。

### 4. 新原理、新技术在定子接地保护中的应用

故障信息和故障特征的识别和处理是继电保护技术发展的基础，所以对这些故障信息和故障特征的发掘和利用具有十分重要的意义。国内外继电保护的学者应用一些新原理、新技术在定子接地保护方面做了深入的研究，并取得了较好的成果。其中，具有代表性的有自适应原理、故障暂态分量原理及小波变换在定子接地保护中的应用。

自适应原理通过实时跟踪发电机两侧电量的变化来进一步减小制动量，以提高保护的灵敏度。其中，微机自适应式定子接地保护的发展引人注目，由于发电机运行工况改变和系统振荡引起中性点和机端两侧的三次谐波电压及其比值的变化比较缓慢，微机强大的记忆功能和计算能力可以自动跟踪这种变化，采用两侧自适应三次谐波电压的向量比差作为主判据，该保护的灵敏度比常规保护方案有了很大的提高。

故障分量信号有低频和高频之分，其中基于故障工频分量原理的继电保护早已在实际中应用，而故障高频暂态信息在传统保护中被视为干扰而被滤掉，其实这些暂态信号包含大量的故障信息，而通过检测这些高频信号构成保护是故障暂态分量保护的出发点。基于故障暂态分量的定子接地保护充分利用中性点和机端故障分量的变化特征做出具体的判据。由于利用的是暂态分量，这种保护不受过渡电阻、系统振荡等的影响，具有较高的灵敏度。

小波变换作为一种数字信号处理方法具有时频聚焦能力和信号检测能力，非常适合区分故障与正常情况下特征信息的变化方式。在定子单相接地时，机端和中性点零序电压和零序电流都会发生突变，小波分析对故障时的奇异信号进行分析，将信号分解到不同的尺度上，而每个尺度分量

反映原信号的不同频率成分，可以显示故障信号的特征，利用零序电压和零序电流的小波变换极大值的位置和符号的异同来判定故障。其优点是灵敏度较高，缺点是易受噪声的干扰。

### 四、发电机横联差动保护

容量较大的发电机每相都有两个或两个以上的并联支路。同一支路绕组匝间短路或同相不同支路的绕组匝间短路，都被称为定子绕组的匝间短路。发生定子绕组的匝间短路时，纵联差动保护往往不能反映故障，故对于发电机定子绕组的匝间短路，必须装设专用保护。

在大容量发电机中，由于额定电流很大，其每相都是由两个或两个以上并列的分支绕组组成的。当正常运行时，各绕组中的电势相等，流过相等的负荷电流。当同相内非等电位点发生匝间短路时，各分支绕组中的电势就不再相等，由于出现电势差而在各绕组中产生环流。利用这个环流，即可实现对发电机定子绕组匝间短路的保护，即横联差动保护。

以每相具有两个并联分支绕组为例，其发电机绕组匝间短路的电流分布如图 5-2-4 所示，当某一个分支绕组内部发生匝间短路时，由于故障支路和非故障支路的电势不相等，会产生环流 $I_k$，而且短路匝数 $\alpha$ 越多，环流越大，而当 $\alpha$ 较小时，环流也较小。或者，当同相的两个并联分支绕组间发生匝间短路时，若 $\alpha_1 \neq \alpha_2$，则两个支路的电势差将分别产生两个环流 $i'_k$ 和 $i''_k$，当然如果 $\alpha_1 - \alpha_2$ 的差很小，则环流也会很小。

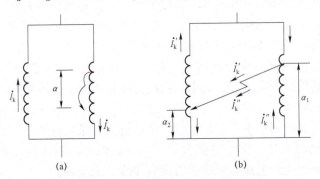

**图 5-2-4　发电机绕组匝间短路的电流分布**
（a）某一个分支绕组内部匝间短路；（b）同相的两个并联分支绕组匝间短路

横联差动保护原理如图 5-2-5 所示，其电流互感器装在发电机两组星形中性点的连线上。当发电机定子绕组发生各种匝间短路时，中性点连线上有环流流过，横联差动保护动作。但是当同一绕组匝间短路的匝数较少，或同相的两个分支绕组电位相近的两点发生匝间短路时，由于环流较小，保护可能不动作。因此，横联差动保护存在死区。另外，该保护还能够反映定子绕组分支线开焊以及机内绕组相间短路。

**拓展：** 当发电机每相上的并联分支超过四个时，可以将所有支路分成两组，使每组分支数相同，用两组分支电流之和构成横差动保护，这就是裂相横差动保护。如果分支数为奇数，不能把所有分支包括在两组之内时，则称为不完全裂相横差动保护。

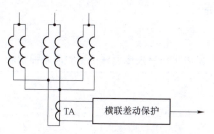

图 5-2-5　横联差动保护原理

采用这种接线方式，当发电机出现三次谐波电势时，三相的三次谐波电势在正常状态下接近同相位。如果任一支路的三次谐波电势与其他支路不相等，就会在两组星形中性点的连线上出现三次谐波的环流，并通过互感器反映到保护中，这是人们所不希望的，因此，横联差动保护需要采用三次谐波过滤器，以滤掉三次谐波产生的不平衡电流。

发电机相间短路保护定值整定

发电机相间短路保护调试

发电机相间短路保护接线

## 任务实施

### 一、明确任务
发电机负序过电流保护试验。

### 二、发电机负序过电流保护接线
测试仪电流 A 相、B 相、C 相与端子排 1ID20、1ID21、1ID22 相连，测试仪中线与 1ID26 相连，测试仪电压 A 相、B 相、C 相与端子排 1UD1、1UD3、1UD5 相连，测试仪中线与端子排 1UD7 相连。

### 三、发电机负序过电流保护定值整定
进入装置主菜单，投入发电机短路后备软压板，整定定值操作。

### 四、发电机负序过电流保护测试
在测试仪的任意测试中对 $I_A$、$I_B$、$I_C$ 三相电流的大小和相位进行加量，模拟正常运行和故障状态，观察保护动作情况并对其进行分析。

发电机负序过电流保护定值操作

发电机负序过电流保护接线

发电机负序过电流保护调试

 **任务评价**

发电机负序过电流保护试验成果评价表

| 评价项目 | 评价内容 | 评价标准 | 评价等级 | | |
|---|---|---|---|---|---|
| | | | 自评 | 组评 | 师评 |
| 资料准备<br>（10分） | 专业资料<br>准备<br>（10分） | 优：能根据任务，熟练查找专业网站和专业书籍，咨询资深专业人士，获取需要的较全面的专业资料。<br>良：能根据任务，查找专业网站或专业书籍，或通过资深专业人士，获取需要的部分专业资料。<br>差：没有查找专业资料或资料极少 | 优□<br>良□<br>差□ | 优□<br>良□<br>差□ | 优□<br>良□<br>差□ |
| 实际操作<br>（70分） | 着装和工器具选用<br>（15分） | 优：正确着装，正确选取安全工器具，正确布置工作现场。<br>良：未正确着装，未正确选取安全工器具，正确布置工作现场。<br>差：未正确着装，未正确选取安全工器具，未正确布置工作现场 | 优□<br>良□<br>差□ | 优□<br>良□<br>差□ | 优□<br>良□<br>差□ |
| | 线路接线<br>（15分） | 优：能正确进行回路接线与检查。<br>良：能进行回路接线，但不熟练。<br>差：不能正确进行回路接线与检查 | 优□<br>良□<br>差□ | 优□<br>良□<br>差□ | 优□<br>良□<br>差□ |
| | 定值整定<br>（20分） | 优：能正确进行定值整定。<br>良：能进行定值整定，但不熟练。<br>差：不能正确进行定值整定 | 优□<br>良□<br>差□ | 优□<br>良□<br>差□ | 优□<br>良□<br>差□ |
| | 模拟测试<br>（20分） | 优：能正确进行故障模拟测试和结果分析。<br>良：能进行模拟测试，不能分析结果。<br>差：不能正确进行故障模拟测试和结果分析 | 优□<br>良□<br>差□ | 优□<br>良□<br>差□ | 优□<br>良□<br>差□ |
| 基本素质<br>（20分） | 融会贯通<br>（10分） | 优：能各方面的知识、道理融合贯穿，对事物全面、透彻的理解。<br>良：基本能综合运用知识进行问题处理。<br>差：不能对事物有全面透彻的理解，孤立地学习 | 优□<br>良□<br>差□ | 优□<br>良□<br>差□ | 优□<br>良□<br>差□ |
| | 思维方法<br>（10分） | 优：能拥有正确的思维方法和世界观，能不同的角度思考和解决问题。<br>良：能拥有正确的思维方法和世界观，基本能解决问题。<br>差：不能正确思考，遇到问题不能换角度观察和解决 | 优□<br>良□<br>差□ | 优□<br>良□<br>差□ | 优□<br>良□<br>差□ |
| 小组意见 | | | | | |
| 教师意见 | | | | | |
| 总成绩 | 优□ 良□ 差□ | 备注 | 总成绩＝自评×0.2＋组评×0.3＋师评×0.5<br>各级权重：优＝1；良＝0.8；差＝0.5 | | |

## 码上习题

发电机小测试

发电机故障小测试

发电机纵联差动保护小测试

发电机匝间短路
保护小测试

发电机接地保护
小测试

定子绕组相线短路的
后备保护小测试

**实践实拍**：学生分组检索资料，交流讨论发电机的结构及其保护构成。

# 任务三　母 线 保 护

## 任务描述

　　母线是电能集中和分配的重要场所，是电力系统的重要组成元件之一。若母线发生故障或母线保护误动作，将会使接于母线的所有元件被迫切除，造成大面积停电，使电气设备遭到严重破坏，后果十分严重。本任务主要介绍母线故障分析及保护配置。

## 学习目标

　　**素质目标**：能够树立信心，坚定信念，锤炼品格，追求卓越。
　　**知识目标**：装设母线保护的基本原则；母线差动保护的基本原理；断路器失灵保护原理。
　　**技能目标**：可以进行母线保护的配置；能够进行母线保护的调校。

## 任务资料

### 一、装设母线保护的基本原则

#### 1. 母线的故障

　　母线为电能集中和供应的枢纽，是电力系统中的重要组成元件。运行经验表明，母线可能发生各种相间短路故障和单相接地短路故障。

引起母线短路故障的主要原因有断路器套管及母线绝缘子的闪络、母线电压互感器的故障、运行人员的误碰和误操作（如带负荷拉隔离开关、带接地线合断路器等）。

当母线发生故障时，将使连接在故障母线上的所有支路短时停电。在故障母线修复期间，或转换到另一组无故障的母线上运行，或被迫停电。此外，在电力系统中枢纽变电站的母线上故障时，还可能引起系统稳定的破坏，造成大面积停电，因此，必须采取相应的措施消除或减小母线故障所造成的后果。

110 kV 母线保护配置（企业案例）　　220 kV 母线保护配置（企业案例）

### 2. 母线故障的保护方式

母线故障时，如果保护动作迟缓，则会导致电力系统的稳定性遭到破坏，因此必须选择合适的保护方式。母线保护的方式有两种：一种是利用供电元件的保护兼作母线故障的保护，另一种是采用专用母线保护。

1）利用其他供电元件的保护装置切除母线故障

低压电网中发电厂或变电所母线大多采用单母线接线方式，与系统的电气距离较远，母线故障不至于对系统稳定性和供电可靠性有严重影响，所以可以不装设专门的母线保护，可以通过供电元件的保护装置切除母线故障，主要包括三种情况。

（1）如图 5-3-1 所示，发电厂采用的是单侧电源单母线接线的形式，而此时，母线上的故障可以利用发电机的过电流保护使发电机的断路器跳闸来切除故障。

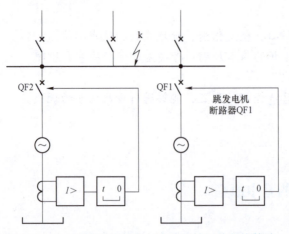

利用发电机的过电流保护
切除母线故障

图 5-3-1　利用发电机的过电流保护切除母线故障

（2）如图 5－3－2 所示，降压变电所的低压母线正常时分列运行，低压母线上的故障可以先由相应变压器的过电流保护跳开低压母线分段断路器解决。如果故障不消失，保护不复归，再跳开变压器两侧断路器。

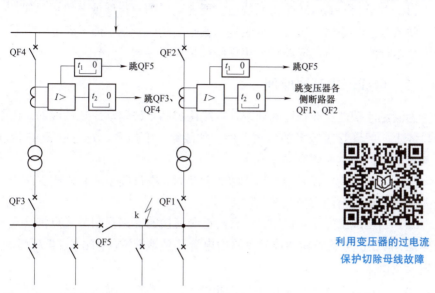

图 5－3－2　利用变压器的过电流保护切除低压母线故障

（3）如图 5－3－3 所示，在双侧电源网络中，当变电所 F 母线上的 k 点短路时，可以由保护 1 和保护 4 的 Ⅱ 段动作切除故障。

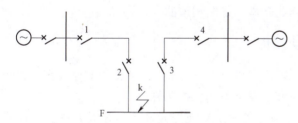

图 5－3－3　利用电源侧的保护切除双侧电源网络的
母线故障

2）专用母线保护

若母线故障时电压降低影响全系统的供电质量和系统稳定运行，必须快速切除。利用供电元件的保护来切除母线故障时，不需要额外装设保护，简单、经济，但故障切除的时间一般较长，使系统电压长时间降低，不能保证安全连续供电，甚至造成系统稳定的破坏。此外，当双母线同时运行或母线为分段单母线时，上述保护不能保证有选择性地切除母线故障。因此，必须装设专用母线保护，具体原则为：

（1）110 kV 及以上的双母线和分段单母线，为了保证在有选择地切除任一母线故障时，另一无故障母线仍能继续运行，应装设专用的母线保护；

（2）对于 110 kV 的单母线、重要发电厂或 110 kV 以上重要变电所的 35～66 kV 母线，按电力系统稳定和保证母线电压等要求，需要快速切除母线故障时，应装设专用的母线保护；

（3）对于 35～66 kV 电力系统中主要变电所的双母线或分段单母线，当母联或分段断路器上装设解列装置和其他自动装置后，仍不满足电力系统安全运行的要求时，应装设专用母线保护。

## 二、母线保护基本原理

为满足速动性、选择性的要求，母线保护都是按差动原理构成的。由于母线上一般连接着较多的电气元件（如线路、变压器、发电机等），因此其差动保护基本原则有如下几项：

（1）当正常运行以及母线范围以外故障时，在母线上所有连接支路中流入的电流和流出的电流相等。

（2）当母线上发生故障时，所有与电源连接的支路都向故障点供给短路电流，而在供电给负荷的连接支路中电流几乎等于零，因此 $\sum i = i_k$（短路点的总电流）。

（3）如从每个连接支路中电流的相位来看，则在正常运行以及外部故障时，至少有一个支路中的电流相位和其余支路中的电流相位是相反的。具体来说，就是电流流入的支路和流出的支路的电流相位相反。而当母线发生故障时，除电流几乎等于零的负荷支路以外，其他支路中的电流都是流向母线上的故障点，因此基本上是同相位的。

## 三、母线电流差动保护

母线电流差动保护原理简单可靠，应用最广。该保护的原理按其保护范围可分为完全差动保护和不完全差动保护两种。

母线完全差动保护是在母线的所有连接元件上装设具有相同变比和磁化特性的电流互感器，且所有电流互感器的二次绕组在母线侧的端子上互相连接，另一侧的端子也互相连接，然后接入差动回路，并与电流差动继电器相连，差动继电器中的电流即各二次电流的相量和。

如图 5-3-4 所示，当母线正常工作及发生外部故障时，差动回路的二次电流分别为 $i_m$、$i_n$，由于电流互感器变比相同，在电流差动继电器中，两个二次电流的大小相等，方向相反，其相量和为零，因此，母线差流回路中的电流是由于各电流互感器特性不同而引起的不平衡电流 $i_{unb}$，其值相对较小，此时差动继电器不动作。当母线出现故障时，差动回路的二次电流 $i_m$ 和 $i_n$ 不再相等，所有与电源连接的支路都向 k 点供给短路电流，其值很大，即达到了电流差动继电器启动电流值，此时的电流差动继电器动作于跳开断路器 QF，从而切除故障。

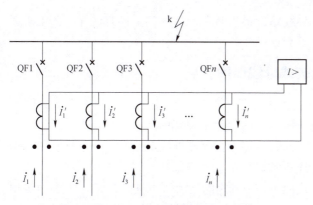

母线电流差动保护

**图 5 - 3 - 4　完全电流差动保护接线图**

母线完全差动保护的动作电流应按如下条件整定，并选择其中较大的一个。

（1）躲过外部故障时所产生的最大不平衡电流。当所有电流互感器的负载均按 10% 误差的要求选择，且差动回路采用配有速饱和变流器或其他抑制非周期分量的措施时，有

$$I_{\text{set}} = K_{\text{rel}} I_{\text{unb·max}} = K_{\text{rel}} \times 0.1 I_{\text{k·max}} / n_{\text{TA}} \qquad (5-3-1)$$

式中　　$K_{\text{rel}}$——可靠系数，可取 1.3；

　　　　$I_{\text{k·max}}$——在母线范围外任一连接元件上短路时，流过该元件电流互感器的最大短路电流；

　　　　$n_{\text{TA}}$——母线保护所用电流互感器的变比。

（2）由于母线差动保护电流回路中连接的支路较多，接线复杂，故电流互感器二次回路断线的概率比较大。为了防止在正常运行情况下，任一电流互感器二次回路断线引起保护装置误动作，起动电流就应大于任一连接支路中的最大负荷电流 $I_{\text{L·max}}$，即

$$I_{\text{set}} = K_{\text{rel}} I_{\text{L·max}} / n_{\text{TA}} \qquad (5-3-2)$$

当母线保护范围内部故障时，应采用式（5 - 3 - 3）校验灵敏系数。

$$K_{\text{sen}} = \frac{I_{\text{k·min}}}{I_{\text{set}} n_{\text{TA}}} \qquad (5-3-3)$$

当式（5 - 3 - 3）中的 $I_{\text{k·min}}$ 应采用实际运行中可能出现的连接支路最少时，在母线上发生故障时的最小短路电流值。一般要求灵敏系数不小于 2。

需要说明的是，在实际应用中，为了提高母线完全电流差动保护的灵敏度，仍需要采取措施解决外部故障时差流回路的不平衡电流问题。目前，人们普遍采用的是具有各种制动特性的母线电流差动保护。母线的完全电流差动保护原理十分简单，适用于单母线或双母线中经常只有一组母线运行的情况。

所谓母线不完全电流差动保护，是指将连接于母线的各有电源支路的电流接入差流回路，而无电源支路的电流不接入差流回路。因此，在无电源支路上发生的故障将被认为是母线差动保护范围内的故障。此时差动保

护的定值应大于所有这种线路的最大负荷电流之和，只有这样，在正常运行情况下，差动保护才不会误动作。

## 四、电流相位比较式母线保护

电流相位比较式母线保护的基本原理是根据母线在发生内部故障和外部故障时各连接支路电流相位的变化来实现的。

为简单说明保护工作的基本特点，假设母线上只有两个连接支路，如图 5 – 3 – 5 所示。当母线正常运行及发生外部故障时（如 k1 点），电流 $\dot{i}_{\mathrm{I}}$ 流入母线，电流 $\dot{i}_{\mathrm{II}}$ 由母线流出，按规定的电流正方向，$\dot{i}_{\mathrm{I}}$ 和 $\dot{i}_{\mathrm{II}}$ 大小相等相位相差 180°，如图 5 – 3 – 5（a）所示。而当母线发生内部故障时（k2 点），$\dot{i}_{\mathrm{I}}$ 和 $\dot{i}_{\mathrm{II}}$ 都流向母线，在理想情况下两者相位相同，如图 5 – 3 – 5（b）所示。显然，对母线上各支路电流进行相位比较后便可判断到底是发生了内部故障还是外部故障。

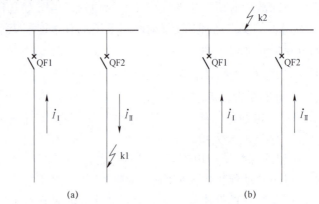

图 5 – 3 – 5　母线外部与内部故障时电流流向
（a）外部故障；（b）内部故障

母线接地故障与控制回路断线组合性故障分析（企业案例）　　　　母线保护基础杂谈

采用电流比相式母线保护的特点如下。

（1）保护装置的工作原理是基于相位的比较，而与幅值无关；因此在采用正确的相位比较方法时，无须考虑电流互感器饱和引起的电流幅值误差，提高了保护的灵敏性。

（2）当母线连接支路的电流互感器型号不同或变比不一致时，仍然可以使用，此种保护放宽了母线保护的使用条件。

## 五、双母线同时运行的母线差动保护

前文所述母线差动保护一般仅适用于单母线或双母线经常只有一组

母线运行或不并列运行的情况。对于双母线以一组母线运行的方式，在母线上发生故障后，将导致连接于母线的所有支路停电，需要把其所连接的支路倒换到另一组母线上才能供电，这是该运行方式的一个缺点。因此，对于发电厂和重要变电站的高压母线，一般采用双母线同时运行，母线联络断路器处于投入状态。为此，要求母线保护具有选择故障母线的能力。

1）双母线固定连接方式的完全电流差动保护

双母线是发电厂和变电所广泛采用的一种主接线方式。在发电厂以及重要变电所的高压母线上，一般都采用双母线同时运行（母线联络断路器经常投入），而每组母线上都固定连接约 1/2 的供电电源和输电线路，这种母线运行方式成为固定连接式母线。这样当任一组母线故障后，只影响约一半的负荷供电，而另一组母线上的连接元件则可以继续运行，这就大大提高了供电的可靠性。此时必须要求母线保护具有选择故障母线的能力。

双母线同时运行时支路固定连接的电流差动保护单相原理接线如图 5-3-6 所示。

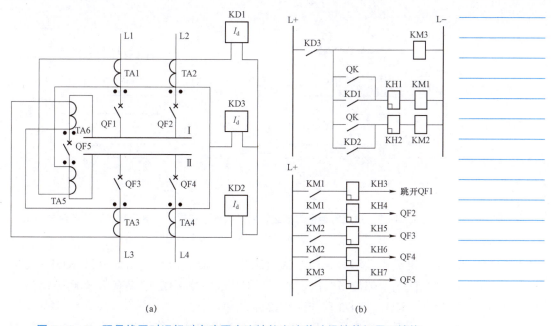

(a)　　　　　　　　　　　　　(b)

**图 5-3-6　双母线同时运行时支路固定连接的电流差动保护单相原理接线**

如图 5-3-6 所示，双母线的保护主要由三组差动保护实现。第一组由电流互感器 TA1、TA2、TA5 和差动继电器 KD1 组成，用以选择第一组母线上的故障，故也被称为母线 I 的小差动。母线 I 故障时，差动继电器 KD1 启动后使中间继电器 KM1 动作，利用 KM1 触点将母线 I 上连接支路的断路器 QF1、QF2 跳开；第二组由电流互感器 TA3、TA4、TA6 和差动继电器 KD2 组成，用以选择第二组母线上的故障，故也被称为母线 II 的小差动。母线 II 故障时，差动继电器 KD2 启动后使中间继电器 KM2 动作，利用 KM2 触点将母线 II 上连接支路的断路器 QF3、QF4 跳开。这样连接可将母联断路器 QF5 附近区域置于保护范围之内；第三组由电流互感器 TA1～TA4 和差动继电器 KD3 组成，该部分可构成包括母线 Ⅰ、Ⅱ 故障均在内的保护，故也被称为母线 Ⅰ、Ⅱ 的大差动，它作为整套保护的启动元件，当任一组母线短路时，KD3 都动作，给 KD1 或 KD2 加上直流电源，并跳开母联断路器 QF5。

**注意：**在 KD1 或 KD2 动作而 KD3 不动作的情况下，母线保护不能跳闸，从而有效保证了双母线固定连接方式破坏情况下母线保护不会误动作。

保护的动作情况分析如下：

（1）当正常运行及发生外部故障时，母线差动保护动作情况。当母线正常运行或保护区外（k1 点）故障时，可知差动保护二次电流分布如图 5-3-7（a）所示。由图可见，流经差动继电器 KD1、KD2、KD3 的电流均为不平衡电流，而差动保护的动作电流是按躲过外部故障时最大不平衡电流来整定的，因此，差动保护不会动作。

（2）发生区内故障时，母线差动保护动作情况。保护区内故障时，如母线 1 的 k2 点发生故障，差动保护二次电流分布如图 5-3-7（b）所示。

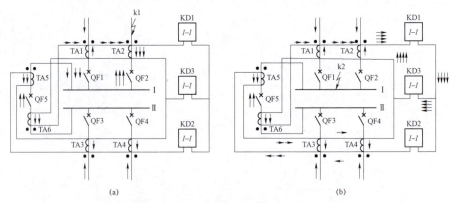

(a)                                                    (b)

**图 5-3-7　按正常连接方式运行时母线保护在区外、区内故障时的电流分布图**
（a）外部故障；（b）母线 Ⅰ 故障

母线 Ⅰ 故障时，由二次电流分布来看，流经差动继电器 KD1、KD3 的电流为全部故障二次电流，而差动继电器 KD2 中仅有不平衡电流流过。因此，KD1、KD3 动作，KD2 不动作。

**拓展：**在实际应用中，母线差动保护的动作逻辑是差动继电器 KD3 首先动作并跳开母线联络断路器 QF5。之后，差动继电器 KD1 中仍有二次故障电流流过，即对母线 Ⅰ 的故障具有选择性动作于跳开母线 Ⅰ 上连接支路的断路器 QF1、QF2；而差动继电器 KD2 无二次故障电流流过，因此，无故障的母线 Ⅰ 可以保持运行，从而提高了电力系统供电的可靠性。

同理，当母线 Ⅱ 发生故障时，只有差动继电器 KD2、KD3 动作，使断路器 QF3、QF4、QF5 跳闸，切除故障母线 Ⅱ；而无故障母线 Ⅰ 可以继续运行。

综上所述，差动继电器 KD1、KD2 分别只反映母线、母线 Ⅱ 的故障，也称之为小差动，或故障母线选择元件。差动继电器 KD3 反映于两个母线中任一母线上的故障，作为母线保护的启动元件，称为大差动。

2）双母线固定连接方式破坏后母线差动保护的工作情况

双母线固定连接方式的优点是完全电流差动保护可有选择性地、迅速地切除故障母线，没有故障的母线继续照常运行，从而提高了电力系统运行的可靠性。但在实际运行过程中由于设备检修、支路故障等原因，母线固定连接很可能被破坏。

如图 5 - 3 - 8 所示，若母线 I 上的其中一条线路切换到母线 II 时，由于电流差动保护的二次回路不能跟着切换，从而失去了构成差动保护的基本原则，即按固定连接方式工作的两母线各自的差电流回路都不能客观准确地反映该两组母线上实际的流入流出值。

（1）正常运行或区外故障时母线差动保护动作情况。当保护区外的 k1 点发生故障时，差动保护二次电流分布如图 5 - 3 - 8（a）所示。可见，差动继电器 KD1、KD2 都将流过一定的差流而误动作；而差动继电器 KD3 仅流过不平衡电流，不会动作。从图 5 - 3 - 6 可知，KD1、KD2 接点的正电源受 KD3 接点所控制，而由于此时差动继电器 KD3 不动作，也保证了电流差动保护不会误跳闸。因此，在双母线固定连接被破坏的时候，作为启动元件的大差动继电器 KD3 能够防止外部故障时小差动保护的误动作。

（2）区内故障时母线差动保护动作情况。保护区内故障时，如母线 1 的 k2 点发生故障如图 5 - 3 - 8（b）所示。可见，差动继电器 KD1、KD2、KD3 都有故障电流流过，因此，它们都将动作并切除两组母线。

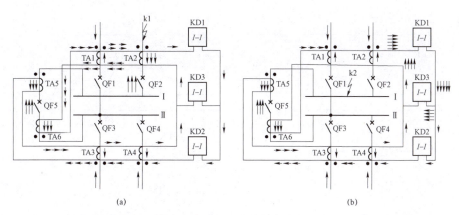

(a)　　　　　　　　　　　　　　(b)

图 5 - 3 - 8　双母线固定连接方式破坏后母线保护在区外、区内故障时的电流分布图
（a）外部故障；（b）母线 I 故障

注意：在这种情况下，母线差动保护的动作逻辑是差动继电器 KD3 首先动作于跳开母联断路器。之后，差动继电器 KD1、KD2 上仍有二次故障电流流过，因此，差动继电器 KD1 和 KD2 不能起到选择故障母线的作用，两者均动作并切除母线 I 与母线 II，从而失去了选择性。

拓展：元件固定连接的双母线电流差动保护能快速而有选择性地切除故障母线，保证非故障母线继续供电。但在固定方式被破坏后不能选择故障母线，限制了系统运行调度的灵活性，这是该接线方式的不足之处。

## 六、母联电流相位比较式差动保护

母联电流相位比较式母线保护克服了元件固定连接的双母线电流差动保护缺乏灵活性的缺点，它适用于母线连接元件运行方式经常变化的情况。母联电流相位比较式母线保护是比较母联中电流与总差动电流的相位关系的一种差动保护。利用两个电流相位的比较选择故障母线。无论母线上的元件如何连接，只要母联中有电流流过，保护都能有选择性地切除故障母线。

该保护的单相原理接线如图 5-3-9 所示。保护主要由启动元件 KD 和比相元件 LXB 构成。KD 接于总差动回路，通常采用 BCH-2 型差动继电器，用以躲过外部短路时暂态不平衡电流。比相元件 LXB 有两个线圈，极化线圈 Wp 与 KD 串接在差动回路中，以反映总差动电流 $I_d$；工作线圈 Ww 接入母联断路器二次回路，以反映母联电流 $I_b$。正常运行或发生外部故障时流入启动元件 KD 的电流仅为不平衡电流，KD 不启动，保护不会误动作。

母线短路时系统接线如图 5-3-9 所示，流过 KD 和 Wp 的总差动电流 $I_d$ 总是由 Wp 的极性端流入，KD 启动。若母线 I 短路，如图 5-3-9（a）所示，母联电流 $I_b$ 由 LXB 中的工作线圈 Ww 的极性端流入，与流入 Wp 的 $I_d$ 相同；若母线 II 短路，且固定连接方式遭到破坏，$I_b$ 则由 Ww 的非极性端流入，恰好与流入 Wp 的 $I_d$ 相反。因此，比相元件 LXB 可用于选择故障母线。

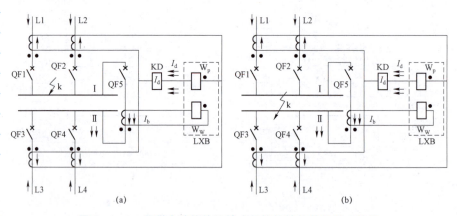

**图 5-3-9　母联电流相位比较式母线保护的单相原理接线**
（a）母线 I 短路时；（b）固定连接方式破坏后母线 II 短路时

## 七、比率制动特性的母线电流差动保护

差动母线保护中，当实际电流大于差动电流定值时，差动保护会有选择性地动作。其中电流互感器是差动母线保护的关键，它可以将测量的电流实时地反馈给差动母线保护，在正常情况下，电流互感器和差动母线保护的信息传递是很准确的。但当电流大小超过了一个极限，电流互感器就没办法准确地将一次值转化为二次值，这种现象称为 CT 饱和。CT 饱和会

使母线在发生外部故障时出现差动电流，如果差动母线保护只根据实际电流大于差动电流定值决定是否动作，则不平衡电流就会使差动母线保护即使在发生外部故障时也跳闸。为此需要考虑增加条件，让差动母线保护可靠制动，这就是比率制动特性的母线电流差动保护。其动作特性如图5－3－10所示。在原有母线动作电流的基础上设置一个比率$K$，差动母线保护由单纯比较差动电流定值动作变为在可控的区域内动作，称为动作区只有数据点落在阴影区域才动作，落在阴影区域之外则不动作，从而提高了差动母线保护的可靠性。

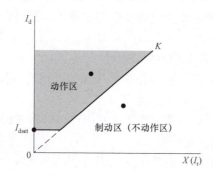

图5－3－10　比率差动母线保护的动作特性

比率制动特性的母线电流差动保护虽然能抑制不平衡电流引起的误动作，但是正常的内部故障也可能被抑制。为防止这种拒绝动作发生，在其基础上又加了一个电流参数，用于调节动作区及制动区的大小。这种差动方式称为复式比率差动，复式比率差动母线保护是最可靠的一种母线保护方式。其动作特性如图5－3－11所示。

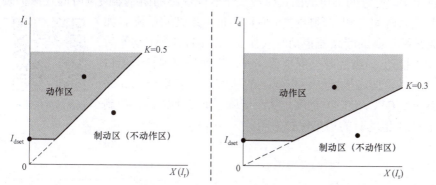

图5－3－11　复式比率差动母线保护的动作特性

## 八、断路器失灵保护

所谓断路器失灵保护，是指当故障元件的继电保护动作发出跳闸脉冲后，且断路器拒绝动作时，能够以较短的时限切除同一母线上其他所有支路的断路器，将故障部分隔离，并将停电范围限制为最小的一种近后备保护。

复式比率差动母线保护

1）装设断路器失灵保护的条件

由于断路器失灵保护是在系统故障和断路器失灵双重故障情况下的保护，可以适当降低对它的要求，即只要最终能切除故障即可。装设断路器失灵保护的条件如下：

（1）相邻元件保护的远后备保护灵敏度不够时，应装设断路器失灵保护；对分相操作的断路器，允许只按单相接地故障来检验其灵敏度。

（2）根据变电所的重要性和断路器失灵保护作用的大小来决定是否装设断路器失灵保护。例如，多母线运行的 220 kV 及以上的变电所，当断路器失灵保护能缩小断路器拒绝动作引起的停电范围时，就应装设断路器失灵保护。

2）对断路器失灵保护的要求

（1）断路器失灵保护误动作和母线保护误动作一样，影响范围很广，必须有较高的安全性，即不误动作。

（2）在保证不误动作的前提下，其应该以较短延时有选择性地切除相关断路器。

（3）断路器失灵保护的故障鉴别元件和跳闸闭锁元件，应对断路器所在线路或设备末端故障有足够的灵敏度。

3）断路器失灵保护的基本原理

断路器失灵保护的基本原理接线图如图 5－3－12 所示。所有连接至一组（或一段）母线上的支路的保护装置，当其出口继电器（如 KM1、KM2）动作于跳开本身断路器（Y1、Y2 分别为断路器 QF1、QF2 的跳闸线圈）的同时，经过拒动判别元件的判断起动断路器失灵保护的公用时间继电器，此时间继电器的延时应大于故障线路的断路器跳闸时间及保护装置返回时间之和，因此，并不妨碍正常地切除故障。如果故障线路的断路器拒动时（如 k 点短路，KM1 动作后 QF1 拒动），则此时间继电器动作，启动失灵保护的出口继电器，使连接至该组母线上的所有其他有电源的断路器（如 QF2、QF3）跳闸，从而切除了 k 点的故障，起到了 QF1 拒动时的后备保护作用。

断路器失灵保护

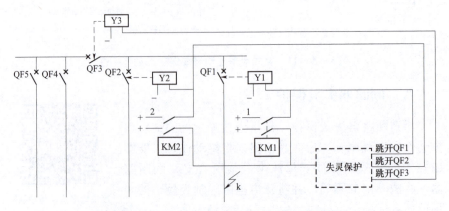

图 5－3－12　断路器失灵保护的原理接线图

**注意：** 实际上，对于图 5-3-12 所示的单母线分段或双母线的情况，断路器失灵保护应以较短时间动作于断开母联断路器或分段断路器，此后若相邻元件保护已能以相继动作切除故障时，则失灵保护仅动作于母联或分段断路器；若故障仍未切除，则经较长时限动作于连接在同一母线上的所有有电源支路的断路器。

断路器失灵保护一般由连接于母线的各支路（线路或变压器）的保护启动。由于断路器失灵保护要动作于跳开一组母线上的所有断路器，因此应注意提高失灵保护动作的可靠性以防止由于人员误碰或误动而造成严重的事故。

4）断路器失灵保护的规定

相关规程对于 220～500 kV 电网和 110 kV 电网中的个别重要部分，装设断路器失灵保护都有规定。

（1）线路保护采用近后备方式时，220～500 kV 分相操作的断路器可只考虑断路器单相拒绝动作的情况。

（2）线路保护采用远后备方式，由其他线路或变压器的后备保护切除故障将扩大停电范围，并导致严重后果时。

（3）如断路器与电流互感器之间发生故障，不能由该回路主保护切除，而由其他断路器和变压器后备保护切除，又将扩大停电范围并导致严重后果时。

## 任务实施

### 一、明确任务
110 kV 母线差动保护试验。

### 二、110 kV 母线差动保护接线
将测试仪 A 相、B 相、C 相与端子排 1I1D1、1I2D1、1I3D1 相连，测试仪中线与端子排 1ID4 相连，并将端子排 1ID4 和 1I2D6、1I3D6 短接，然后投入硬压板。

### 三、110 kV 母线差动保护定值整定
进入装置主菜单，投入母线差动保护软压板，整定定值操作。

### 四、110 kV 母线差动保护测试
在任意测试中，对 $I_A$、$I_B$、$I_C$ 三相电流的大小和相位进行加量，模拟正常运行和故障状态，观察保护动作情况并进行分析。

母线差动保护定值设置

母线差动保护接线

母线差动保护调试

 任务评价

### 110 kV 母线差动保护试验成果评价表

| 评价项目 | 评价内容 | 评价标准 | 评价等级 | | |
|---|---|---|---|---|---|
| | | | 自评 | 组评 | 师评 |
| 资料准备（10分） | 专业资料准备（10分） | 优：能根据任务，熟练查找专业网站和专业书籍，咨询资深专业人士，获取需要的较全面的专业资料。<br>良：能根据任务，查找专业网站或专业书籍，或通过资深专业人士，获取需要的部分专业资料。<br>差：没有查找专业资料或资料极少 | 优□<br>良□<br>差□ | 优□<br>良□<br>差□ | 优□<br>良□<br>差□ |
| 实际操作（70分） | 着装和工器具选用（15分） | 优：正确着装，正确选取安全工器具，正确布置工作现场。<br>良：未正确着装，未正确选取安全工器具，正确布置工作现场。<br>差：未正确着装，未正确选取安全工器具，未正确布置工作现场 | 优□<br>良□<br>差□ | 优□<br>良□<br>差□ | 优□<br>良□<br>差□ |
| | 线路接线（15分） | 优：能正确进行回路接线与检查。<br>良：能进行回路接线，但不熟练。<br>差：不能正确进行回路接线与检查 | 优□<br>良□<br>差□ | 优□<br>良□<br>差□ | 优□<br>良□<br>差□ |
| | 定值整定（20分） | 优：能正确进行定值整定。<br>良：能进行定值整定，但不熟练。<br>差：不能正确进行定值整定 | 优□<br>良□<br>差□ | 优□<br>良□<br>差□ | 优□<br>良□<br>差□ |
| | 模拟测试（20分） | 优：能正确进行故障模拟测试和结果分析。<br>良：能进行模拟测试，不能分析结果。<br>差：不能正确进行故障模拟测试和结果分析 | 优□<br>良□<br>差□ | 优□<br>良□<br>差□ | 优□<br>良□<br>差□ |
| 基本素质（20分） | 坚定信念（10分） | 优：能树立信仰，坚定信念，拥有自信。<br>良：基本能确立的奋斗目标，具备自信自立。<br>差：不能有明确的信仰和具体的目标并为之努力 | 优□<br>良□<br>差□ | 优□<br>良□<br>差□ | 优□<br>良□<br>差□ |
| | 追求卓越（10分） | 优：能挖掘与发现自身潜力，探索新领域。<br>良：基本能正确估量自己的能力。<br>差：不能正确估量自己的能力，缺少求知和探索精神 | 优□<br>良□<br>差□ | 优□<br>良□<br>差□ | 优□<br>良□<br>差□ |
| 小组意见 | | | | | |
| 教师意见 | | | | | |
| 总成绩 | 优□ 良□ 差□ | 备注 | 总成绩 = 自评 × 0.2 + 组评 × 0.3 + 师评 × 0.5<br>各级权重：优 = 1；良 = 0.8；差 = 0.5 | | |

## 码上习题

母线保护小测试

母线故障小测试

差动母线保护小测试

双母线差动保护小测试

母联电流相位比较式母线
保护小测试

断路器失灵保护小测试

**实践实拍**：学生分组检索资料，讨论母线的结构及其保护的构成。

# 模块六

# 输电线路的自动重合闸

## 项目描述

　　某供电公司 35 kV 变电所数条 10 kV 引出线开关在投入运行的合闸操作时，出现线路重合闸后加速保护动作，将 10 kV 线路重新断开现象。经过检查，确认 10 kV 线路上并不存在故障或故障已切除，操作时只有将线路负荷退掉再合开关，10 kV 线路才能投入运行。经过调查分析，这种线路重合闸后加速保护的动作行为属于误动作，运行人员将线路重合闸后加速保护退出，才避免了类似故障发生。

　　经过调查可知，这几条跳闸 10 kV 农村配电线路均存在线路较长、变压器台数多、总容量大的特点；当从变电所输出的 10 kV 配电线路带负荷合闸时，由于配电变压器励磁涌流的作用，线路由后加速保护动作而跳闸，在此种情况下，系统往往不发出有关保护的动作信号，这会让人误认为是保护动作不准确或误碰跳闸造成的。

**线路重合闸（案例导学）**

## 相关知识技能

　　① 自动重合闸的要求、选择原则；② 自动重合闸的构成和工作原理；③ 双侧电源线路的三相快速自动重合闸、三相非同期自动重合闸、无电压检定和同期检定的自动重合闸的原理及应用；④ 自动重合闸与继电保护的配合原理及应用。

## 任务一　自动重合闸的选用原则

## 任务描述

　　自动重合闸是广泛应用于架空输电和供电线路上的有效反事故措施。当线路出现故障时，继电保护使断路器跳闸，自动重合闸装置在短时间间隔后，重新将断路器合上。在大多数情况下，线路故障（如雷击、风害等）

是暂时性的，而断路器跳闸后，线路的绝缘性能（绝缘子和空气间隙）能恢复，从而再次重合成功，这就提高了电力系统供电的可靠性。本任务主要介绍自动重合闸的选用。

## 学习目标

**素质目标：**拥有职业理想，树立正确的就业观。

**知识目标：**自动重合闸的作用和要求。

**技能目标：**能够根据自动重合闸方式的选择原则为各等级电力线路在不同运行条件下装设自动重合闸。

## 任务资料

### 一、自动重合闸的作用

在电力系统的各种故障中，输电线路（特别是架空线路）发生故障的概率最高。因此，如何提高输电线路工作的可靠性就成为电力系统的重要任务之一。运行经验表明，架空线路的故障大多数是瞬时性故障，如雷电引起的绝缘子表面闪络、线路对树枝的放电、大风引起的碰线、鸟害以及绝缘子表面污染等。此类故障的发生概率占输电线路故障的90%左右。瞬时性故障引起短路后，输电线路的继电保护会快速动作，使相应断路器迅速跳闸，电弧自行熄灭，故障点的绝缘强度重新恢复，外界物体（如树枝，鸟类等）也被电弧烧掉而消失。此时，如果将输电线路的断路器合上，就能恢复供电，从而缩短停电时间，提高供电的可靠性。这种断路器的合闸，固然可通过运行人员手动操作进行，但由于停电时间长，效果并不显著。实际运行中，广泛采用自动重合闸装置将断路器合闸。

自动重合闸的主要作用如下：

（1）提高供电系统的可靠性，在线路发生瞬时性故障时，其可迅速恢复供电，减少线路停电次数，特别对单侧电源的单回供电线路尤其显著。

（2）双侧电源的高压输电线路上采用自动重合闸，可以提高电力系统并列运行的稳定性。

（3）可纠正断路器本身的机构不良、继电保护误动作以及误碰所引起的误跳闸。

（4）在电网的设计和建设过程中，有些情况下自动重合闸可暂缓架设双回线路，以节约投资。

（5）自动重合闸与继电保护配合，在很多情况下可以加快切除故障的速度。

输电线路还可能发生如倒杆、断线、绝缘子被击穿或损坏等永久性故障，自动重合闸动作将相应的断路器重合后，故障仍然存在，保护装置将断路器重新

自动重合闸的作用及分类

跳开，而自动重合闸装置将不再动作，这种情况称为重合闸不成功，必然给系统带来不利影响，主要表现在以下两个方面：

（1）重合闸不成功使电力系统再一次受到故障的冲击，对电力系统的稳定运行不利，可能会引起电力系统的振荡。

（2）使断路器工作条件恶化，因为在很短时间内断路器要连续两次切断短路电流。

在这种情况下，对于油断路器必须加以考虑，因为它在第一次跳闸时，由于电弧的作用已使油的绝缘强度降低，重合后的第二次跳闸是在绝缘已经降低的不利条件下进行的。油断路器在采用了重合闸以后，其遮断容量也要有不同程度的降低（一般约降低到80%）。

**注意：**在短路容量比较大的电力系统中，上述不利条件往往限制了自动重合闸的使用。

对于重合闸的经济效益，应该用无重合闸时因停电而造成的国民经济损失来衡量。由于应用重合闸的投资很低，工作可靠，因此它在电力系统中获得了广泛的应用。近年来，自适应重合闸技术得到深入发展，即在重合之前预先判断是瞬时性故障还是永久性故障，从而决定是否重合，这样就大幅提高了重合闸的成功率。目前，这种技术在微机保护中逐步得到应用。

**拓展：**与传统重合闸相比，自适应重合闸能识别故障性质和检测熄弧时刻，可以避免自动重合闸短时间内盲目重合于永久性或未熄弧瞬时性故障造成的二次冲击。

## 二、对自动重合闸的基本要求

### 1. 自动重合闸不应动作的情况

（1）手动跳闸或通过遥控装置将断路器断开时，重合闸不应动作。

（2）手动投入断路器，由于线路上发生故障，而随即被继电保护将其断开时，重合闸不应动作。因为在这种情况下，故障是属于永久性的，是由于检修质量不合格、隐患未消除或者接地线忘记拆除等原因所产生，再重合一次也不可能成功。

除上述条件外，当断路器由继电保护动作或其他原因而跳闸后，重合闸均应动作，使断路器重新合闸。

### 2. 自动重合闸的启动方式

自动重合闸有以下两种启动方式。

（1）断路器控制开关把手的位置与断路器实际位置不对应启动方式（简称不对应启动），即当控制开关操作把手在合闸位置而断路器实际上在断开位置的情况下使断路器自动重合。而当运行人员用手动操作控制开关使断路器跳闸以后，控制开关与断路器的位置是对应的，因此重合闸不会启动。

这种启动方式不仅简单、可靠，还可以纠正断路器操作回路的接点被误碰而跳闸或断路器操机构故障而偷跳，可提高供电可靠性和系统运行的稳定性，在各级电网中具有良好的运行效果，是所有重合闸的基本启动方式。

（2）保护启动方式。保护启动方式是上述不对应启动方式的补充。这种启动方式便于实现某些保护动作后需要闭锁重合闸的功能，以及保护逻辑与重合闸的配合等。但保护启动方式不能纠正断路器本身的误动。

### 3. 自动重合闸的动作次数

自动重合闸装置的动作次数应符合预先的规定。如一次式重合闸就应该只重合一次，当重合于永久性故障而再次跳闸以后，就不应该再重合；对二次式重合闸就应该能够重合两次，当第二次重合于永久性故障而跳闸以后，不应该再重合。在国外有采用与捕捉同期相结合的二次重合闸技术，而我国广泛采用一次式重合闸。

### 4. 自动重合闸的复归方式

自动重合闸在动作以后应能经预先整定的时间后自动复归，准备好下一次再动作。

### 5. 重合闸与继电保护的配合

自动重合闸装置应有可能在重合闸以前或重合闸以后加速继电保护的动作（即取消保护预定的延时），以便更好地与继电保护相配合，加速故障的切除。

当用控制开关手动合闸并合于故障上时，也应采用加速继电保护动作的措施，因为这种故障一般是永久性的，应予以切除。当采用重合闸后加速保护时，如果合闸瞬间所产生的冲击电流或断路器三相触头不同时合闸所产生的零序电流有可能引起继电保护误动作，则应采取措施（如适当增加一延时）予以防止。

### 6. 对双侧电源线路上重合闸的要求

在双侧电源的线路上实现重合闸时，应考虑合闸时两侧电源间的同期问题，并满足所提出的要求（详见本模块任务二）。

### 7. 闭锁重合闸

自动重合闸装置应具有接收外来闭锁信号的功能。当断路器处于不正常状态（如操作机构中使用的气压、液压降低等）而又不允许实现重合闸时，应将自动重合闸装置闭锁。

## 三、自动重合闸的分类

（1）按照作用于断路器的方式，自动重合闸可分为三相重合闸、单相重合闸和综合重合闸。三相重合闸是指线路上发生任何形式的故障时，均实行三相自动重合，当重合到永久性故障时，断开三相并不再重合。单相重合闸是指线路上发生单相故障时，实行单相自动重合（断路器可分相操作），当重合于永久性故障时，一般断开三相并不再进行重合闸；线路上发生相间故障时，则断开三相不进行自动重合。综合重合闸是指线路上发生单相故障时，实行单相自动重合，当重合到永久性故障时，一般断开三相不再进行自动重合；线路上发生相间故障时，实行三相自动重合。

（2）按照自动重合闸控制断路器连续次数，可以将自动重合闸分为多次重合闸和一次重合闸。多次重合闸一般在配电网中使用，与分段器配合自动隔离故障区段，是配电自动化的重要组成部分。而一次重合闸主要在输电线路中使用，可提高系统的稳定性。

（3）按照自动重合闸使用的条件，其可分为单侧电源线路重合闸和双侧电源线路重合闸。双侧电源线路重合闸又可分为无电压检定和同期检定重合闸、解列重合闸和自同期重合闸。

（4）按照自动重合闸的实现方法，其可分为电气式、晶体管式及集成电路式重合闸装置实现的自动重合闸，中、低压线路微机保护测控装置中用重合闸程序实现的自动重合闸，高压线路成套微机保护装置中用重合闸插件实现的自动重合闸。

（5）按照自动重合闸控制的断路器所接通或断开的电气元件的不同，可将自动重合闸分为线路重合闸、变压器重合闸和母线重合闸等。

 **任务实施**

**一、明确任务**

10 kV 线路自动重合闸试验。

**二、10 kV 线路自动重合闸接线**

（1）将测试线按相序颜色插入 A 相、B 相、C 三相，将三相中性线短接。接线端子排按相序分别接入 1－1JLD1－12、1－1JLD1－13、1－1JLD1－14、1－1JLD1－17 端子，并将 17、19、25 短接。

（2）进行 10 kV 线路保护装置与模拟断路器接线，分别将保护装置正、负极控制电源与模拟断路器正、负极控制电源相连，同时接通自动重合闸和跳闸回路。

**三、10 kV 线路自动重合闸定值整定**

进行重合闸定值设置，可模拟过流 I 段可靠动作的定值进行设置。

**四、10 kV 线路自动重合闸测试**

模拟断路器跳闸，观察自动重合闸动作情况。

10 kV 线路重合闸　　10 kV 线路重合闸　　10 kV 线路重合闸　　10 kV 线路重合闸
接线 1　　　　　　接线 2　　　　　　定值整定　　　　　　测试

 **任务评价**

**10 kV 线路自动重合闸试验成果评价表**

| 评价项目 | 评价内容 | 评价标准 | 评价等级 | | |
|---|---|---|---|---|---|
| | | | 自评 | 组评 | 师评 |
| 资料准备（10分） | 专业资料准备（10分） | 优：能根据任务，熟练查找专业网站和专业书籍，咨询资深专业人士，获取需要的较全面的专业资料。<br>良：能根据任务，查找专业网站或专业书籍，或通过资深专业人士，获取需要的部分专业资料。<br>差：没有查找专业资料或资料极少 | 优□<br>良□<br>差□ | 优□<br>良□<br>差□ | 优□<br>良□<br>差□ |
| 实际操作（70分） | 着装和工器具选用（15分） | 优：正确着装，正确选取安全工器具，正确布置工作现场。<br>良：未正确着装，未正确选取安全工器具，正确布置工作现场。<br>差：未正确着装，未正确选取安全工器具，未正确布置工作现场 | 优□<br>良□<br>差□ | 优□<br>良□<br>差□ | 优□<br>良□<br>差□ |
| | 线路接线（15分） | 优：能正确进行回路接线与检查。<br>良：能进行回路接线，但不熟练。<br>差：不能正确进行回路接线与检查 | 优□<br>良□<br>差□ | 优□<br>良□<br>差□ | 优□<br>良□<br>差□ |
| | 定值整定（20分） | 优：能正确进行定值整定。<br>良：能进行定值整定，但不熟练。<br>差：不能正确进行定值整定 | 优□<br>良□<br>差□ | 优□<br>良□<br>差□ | 优□<br>良□<br>差□ |
| | 模拟测试（20分） | 优：能正确进行故障模拟测试和结果分析。<br>良：能进行模拟测试，不能分析结果。<br>差：不能正确进行故障模拟测试和结果分析 | 优□<br>良□<br>差□ | 优□<br>良□<br>差□ | 优□<br>良□<br>差□ |
| 基本素质（20分） | 职业理想（10分） | 优：能根据社会要求和个人条件确立奋斗的目标。<br>良：基本能根据社会要求和个人条件确立奋斗的目标。<br>差：不能根据社会要求和个人条件确立奋斗的目标 | 优□<br>良□<br>差□ | 优□<br>良□<br>差□ | 优□<br>良□<br>差□ |
| | 就业观（10分） | 优：能正确预估就业形势，调整期望值。<br>良：基本能正确预估就业形势并调整期望值。<br>差：不能正确预估就业形势，无法调整期望值 | 优□<br>良□<br>差□ | 优□<br>良□<br>差□ | 优□<br>良□<br>差□ |
| 小组意见 | | | | | |
| 教师意见 | | | | | |
| 总成绩 | 优□ 良□ 差□ | 备注 | 总成绩 = 自评×0.2 + 组评×0.3 + 师评×0.5<br>各级权重：优 = 1；良 = 0.8；差 = 0.5 | | |

## 码上习题

自动重合闸概述

单侧电源的三相一次重合闸

**实践实拍：**学生分组进行模拟试验，交流讨论实际操作过程中发现的问题并提交分析报告。

# 任务二　三相一次自动重合闸

## 任务描述

　　三相重合闸是指无论在输、配电线上发生单相短路还是相间短路，继电保护装置均将线路三相断路器同时跳开，然后启动自动重合闸同时合三相断路器，若为瞬时性故障，则重合成功；否则保护再次动作，跳开三相断路器。目前，一般只允许自动重合闸动作一次，故称三相一次自动重合闸。在特殊情况下，如无人值班的变电所的无遥控单回线、无备用电源的单回线重要负荷供电线，断路器遮断容量允许时，可采用三相二次重合闸。在我国电力系统中，单侧电源的线路广泛采用三相一次自动重合闸。对于双侧电源供电的线路，当线路发生故障时，两侧断路器断开之后，线路两侧电源有可能失去同步，因此，后合闸一侧的断路器在进行重合闸时，必须确保两电源间的同步条件，或者校验是否允许非同步重合闸。由此可见，双侧电源线路上的三相重合闸，应根据电网的接线方式和运行情况，采用不同的重合闸方式。

　　自动重合闸与继电保护配合，在很多情况下可以加速切除故障，一般采用重合闸前加速和后加速保护两种方式。重合闸前加速保护（简称"前加速"）的优点是能够快速切除各条线路上的瞬时性故障，所用的设备少，简单经济，主要用于 35 kV 以下的系统。重合闸后加速保护（简称"后加速"）的优点是第一次跳闸是有选择性的，不会扩大停电范围，再次切除故障的时间缩短，有利于系统并联运行的稳定性。其缺点是第一次动作可能带有时限，每个断路器上都装设一套自动重合闸，应根据电力系统不同的线路及其保护配置的方式选用自动重合闸和继电保护的配合方式。

## 学习目标

　　**素养目标：**重视合作、发挥合力、拥有工匠精神。

知识目标：单侧电源线路的三相一次自动重合闸的构成与工作原理；三相非同期自动重合闸、无电压检定和同期检定的三相重合闸的运行特点；前加速、后加速的原理及特点。

技能目标：会分析单侧电源线路三相一次重合闸的工作过程；能够根据双侧电源线路上电网的接线方式和运行情况选定不同的自动重合闸；能够正确应用前加速和后加速。

 任务资料

## 一、单侧电源线路的三相一次自动重合闸

在我国的电力系统中，单侧电源线路广泛采用三相一次自动重合闸。所谓三相一次自动重合闸，是指无论在输电线路上发生相间短路还是接地短路，继电保护装置都应动作，将三相断路器一起断开，然后自动重合闸起动，经预定延时（可整定）将三相断路器重新合上。若故障为瞬时性故障，则重合成功；若为永久性故障，保护再次动作跳开三相断路器，则自动重合闸不再重合。

单侧电源线路的电源侧一般采用三相一次自动重合闸。当所采用的断路器没有单相跳闸功能或线路所处环境不允许非全相运行时，只能采用三跳三合的三相重合闸。通常三相一次自动重合闸装置由重合闸启动元件、重合闸延时元件、一次合闸出口和放电元件、执行元件组成，如图6-2-1所示。

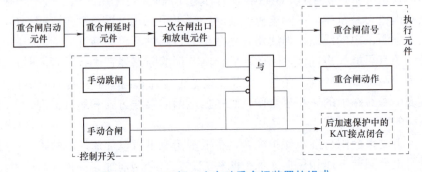

**图6-2-1　三相一次自动重合闸装置的组成**

（1）重合闸启动元件。当断路器控制开关把手的位置与断路器实际位置不对应时，或继电保护装置发出起动命令时，自动重合闸启动。

（2）重合闸延时元件。因断路器跳闸后短路点电弧熄灭和绝缘强度恢复需要一定时间，同时断路器灭弧介质绝缘强度的恢复也需要一定时间，因此自动重合闸启动后，需经一个预定的时间再发出合闸命令。该延时可以根据灭弧时间等具体情况整定。

（3）一次合闸出口和放电元件。所谓一次合闸出口和放电元件，是指发重合命令并保证只重合一次的回路。当重合闸启动并延时到后，重合闸发出合闸命令，使断路器重合。但发出一次合闸命令后，三相一次自动重

合闸需要 15～25 s 的时间才能复归。在未复归之前，自动重合闸不会再次发出合闸命令，这样也就保证了自动重合闸在一次故障切除后只重合一次。

**注意**：在模拟式重合闸装置中，在重合一次后使一个充满电的电容器放电，下次重合要等到电容器再次充满电才能进行，此过程需要 15～25 s，这样就保证了只能重合一次。

**拓展**：在微机保护重合闸中，是利用计数器计数和清零代替电容器充放电。但这里仍沿用重合闸放电的说法。

（4）控制开关。控制开关是指手动操作把手和有关的控制回路（包括手动跳闸与手动合闸指令的发出，且手动合闸或手动跳闸时应闭锁重合闸）。这是因为当手动跳闸时，一般属于计划性跳闸操作，为避免不必要的重合闸，需要利用控制开关的手动跳闸辅助接点闭锁重合闸；当手动合闸时，为防止合闸于永久性故障时继电保护跳闸后自动重合闸再次重合于永久性故障，同样利用控制开关的手动合闸辅助接点闭锁重合闸。

（5）执行元件。由具体的重合闸操作回路构成的执行元件完成断路器的重合操作以及发信号。另外，为保证重合或手动合闸于永久性故障的情况下继电保护能够加速切除故障，在重合或手动合闸后短时闭合后加速保护中的 KAT 接点，以实现重合闸后加速保护。

**重合闸动作原理**

## 二、双侧电源线路的三相一次自动重合闸

双侧电源供电线路是指两个或两个以上电源间的联络线。在双侧电源供电线路上实现重合闸的特点是要考虑断路器跳闸后，电力系统可能分列为两个独立部分，有可能进入非同期运行状态，因此除需满足前述基本要求外，还必须考虑两个问题。

（1）故障点的断电时间问题。

因为当线路发生故障时，线路两侧的继电保护可能以不同的时限跳开两侧的断路器，如一侧为第Ⅰ段动作；另一侧为第Ⅱ段动作。在这种情况下，只有两侧的断路器都跳开后，故障点才完全断电。为保证故障点有足够的断电时间，以提高重合闸成功的可能性，先跳闸一侧的断路器重合闸动作，应在故障点有足够断电时间的情况下进行。

（2）同期问题。

这是因为当线路发生故障，两侧断路器跳闸后，线路两侧电源之间的电动势夹角摆开，甚至有可能失去同期。因此，后重合侧重合闸时应考虑是否允许非同期合闸和进行同期检定的问题。因此，双侧电源供电线路上的三相重合闸，应根据电网的接线方式和运行情况，采用不同的重合闸方式。在我国电力系统中，常采用的有三相快速自动重合闸、三相非同期自动重合闸、同期检定重合闸、解列重合闸、无电压检定和同期检定的三相重合闸以及自同期重合闸等。

### 1. 三相快速自动重合闸

所谓三相快速自动重合闸，是指保护断开两侧断路器后在 0.5～0.6 s

内使之重合。在重合闸瞬间，两侧电源很可能不同步，但因重合闸时间短，重合闸后系统也会很快被拉入同步。可见，三相快速自动重合闸具有快速、不失步的特点，是提高系统并列运行的稳定性和供电可靠性的有效措施，其在 220 kV 以上的线路应用比较多。另外，采用三相快速自动重合闸时应具备如下条件。

（1）线路两侧都必须装设全线速动保护，如高频保护、纵联差动保护等。

（2）线路两侧必须具有快速动作的断路器，如快速空气断路器等。

（3）重合闸重合瞬间对电力系统及其设备的最大冲击电流小于允许值。

由此可见，能否采用三相快速自动重合闸取决于重合闸瞬间通过设备的冲击电流值和重合闸后的实际效果。当然，当线路上的瞬时保护停用时，应闭锁重合闸。

### 2. 三相非同期自动重合闸

当不具备快速切除全线路故障和快速动作的断路器条件时，可以考虑采用三相非同期自动重合闸。三相非同期自动重合闸就是输电线路两侧断路器跳闸后，不考虑系统是否同期而进行自动重合闸。显然，重合闸时电气设备可能受到冲击电流的影响，系统也可能发生振荡。因此，只有当线路上不能采用三相快速自动重合闸、符合下列条件并必要时，才采用三相非同期自动重合闸。

（1）进行非同期重合闸时，流过同步发电机、同步调相机或电力变压器的冲击电流不得超过允许值。在计算时，应考虑实际上可能出现的对同步电机或电力变压器影响最为严重的运行方式。

（2）避免在大容量发电机组附近采用三相非同期自动重合闸，其目的是防止机组轴系扭伤，影响机组的使用寿命。

（3）非同期重合闸后，拉入同期的过程是一种振荡过程，各点电压出现不同程度的波动，应注意减小它对重要负荷的影响。因为在振荡过程中，系统各点电压发生波动，有可能产生甩负荷现象，所以必须采取相应的措施减小其影响，如尽量使电动机在电压恢复后自动启动，在同步电动机上装设再同期装置等。

（4）应设法避免非同期重合闸的振荡过程以及断路器三相触点不同时合闸所引起的保护误动作。

### 3. 无电压检定和同期检定的三相重合闸

无电压检定和同期检定的三相自动重合闸就是当线路两侧断路器跳闸后，先合闸侧检定线路无电压而重合，后合闸侧检定同期后再进行重合闸。前者常被称为无电压侧，后者常被称为同期侧。因为这种方式不会产生危及电气设备安全的冲击电流，也不会引起系统振荡，所以在没有条件或不允许采用三相快速自动重合闸、三相非同期自动重合闸的双电源联络线上，可以采用这种方式。当采用这种方式时，线路两侧均需装设电压互感器或电压抽取装置。

图 6-2-2 所示为双侧电源线路上无电压检定和同期检定的三相重合

闸示意。这里采用逻辑图说明线路保护测控单元中无电压检定和同期检定的三相重合闸的工作原理。假设 M 侧为同期侧，N 侧为无电压侧。两侧的同期检定及无电压检定由两侧线路保护测控装置的控制字进行投入与退出，同期侧的同期检定投入（即 4 处投入），而无电压检定退出（即 3 处退出）；无电压侧则将同期检定和无电压检定同时投入（即在 1 处、2 处投入）。

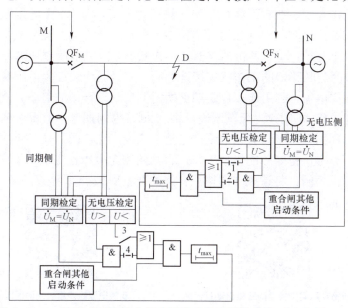

**图 6-2-2　双侧电源线路上无电压检定和同期检定的三相重合闸示意**

（1）线路上发生瞬时性故障时。

假设 D 点发生瞬时性短路，这时线路两侧的继电保护装置动作，两侧断路器 $QF_M$、$QF_N$ 跳闸。断路器跳闸后，因线路侧无电压，所以线路两侧均不满足同期条件，而 N 侧的低电压条件满足。如果此时满足 N 侧自动重合闸的其他启动条件，则即可启动该侧自动重合闸，经整定的重合闸动作延时后，断路器 $QF_N$ 合闸。$QF_N$ 合闸后，M 侧线路上有电压，M 侧开始进行同期检定。待断路器 $QF_M$ 两侧的电压符合同期条件，且满足该侧自动重合闸的其他起动条时启动 M 侧的自动重合闸，经整定的时间后，断路器 $QF_M$ 合闸，恢复同期运行。若 $QF_M$ 两侧的电压不符合同期要求，则 M 侧的自动重合闸不会启动重合闸，断路器 $QF_M$ 不能重合闸。由该过程可以看出，当线路因发生瞬时性故障而跳开两侧的断路器后，总是无电压侧检定线路无电压而先启动自动重合闸，待无电压侧重合闸成功后，同期侧检定线路两侧电压满足同期条件而重合闸。

（2）线路上发生永久性故障时。

两侧断路器跳闸以后，由无电压侧断路器 $QF_N$ 先合闸，由于是永久性故障，立即由无电压侧的后加速保护装置动作，使断路器 $QF_N$ 再次跳闸，而同期侧断路器 $QF_M$ 始终不能合闸。由此可见，无电压侧的断路器将连续两次切断短路电流，所以在一定时期内它切断短路电流的次数要比同期侧的断路器多。为了使两侧断路器的工作条件接近相同，可以对线路两侧的自动重合闸启动方式进行定期轮换。

（3）由于误碰或继电保护装置误动作造成断路器跳闸时。

若这种情况发生在同期侧，则借助同期条件检测启动自动重合闸，断路器 $QF_M$ 能自动合闸，恢复同期运行。若这种情况发生在无电压侧，则因线路侧有电压存在，不会满足低电压启动条件，如果不设置同期条件检测启动自动重合闸，则断路器 $QF_N$ 将无法自动合闸。为此，无电压侧就必须设置同期条件检测，保证在这种情况下也能自动重合闸，恢复同期运行。

由以上分析可见，两侧断路器的工作状态，以无电压侧切除故障次数多。为使两侧断路器的工作状态接近相同，在两侧均装设欠电压继电器和同期检测继电器，利用连接片定期更换两侧自动重合闸的启动方式，即在一段时间内将 M 侧改为无电压侧，将 N 侧改为同期侧。值得注意的是，在作为同期侧时，该侧的无电压检定是不能投入工作的，只有切换为无电压侧时，无电压检定才能投入工作，否则两侧无电压检定继电器均动作，启动自动重合闸，将造成非同期重合闸的严重后果。

无压检定和同步检定的三相自动重合闸

双侧电源线路重合闸的周期问题

## 三、重合闸动作时限的选择原则

### 1. 单侧电源线路的三相重合闸

为了尽可能缩短电源中断的时间，重合闸的动作时限原则上应越短越好。因为电源中后，电动机的转速急剧下降，电动机被其负荷所制动，当重合闸成功恢复供电时，很多电动机要自启动。由于自启动电流很大，往往会引起电网内电压降低，因而又造成自启动困难或拖延其恢复正常工作的时间。电源中断的时间越长则影响越严重。

为了力争重合成功，重合闸动作时限必须按以下原则确定。

（1）断路器跳闸后，故障点的电弧熄灭及弧道介质绝缘强度的恢复需要一定的时间。考虑该时间时，还必须计及负荷电动机向故障点反馈电流所产生的影响，因为这是绝缘强度恢复变慢的因素。

（2）断路器跳闸后，其传动机构恢复原状、断路器触头间灭弧介质绝缘强度的恢复及消弧室重新充满油需要一定的时间。重合闸必须在这个时间以后才能向断路器发出合闸命令。

（3）如果重合闸是利用继电保护起动，则其动作时限还应该加上断路器的跳闸时间。

因此，重合闸的动作时间应在满足以上要求的前提下，力求缩短。根据我国一些电力系统的运行经验，宜采用 1 s 左右的重合时间。

### 2. 双侧电源线路的三相重合闸

其时限除应满足以上要求外，还应考虑线路两端继电保护切除故障时间不同的可能性。从最不利的情况出发，每一侧的重合闸都应该以本侧先跳闸而对侧后跳闸作为考虑整定时间重合的依据。

设本侧为 M 侧，对侧为 N 侧，为保证 M 侧重合成功，考 M 侧先跳闸，待 N 侧跳闸后，再经过灭弧和周围介质去游离的时间后 M 侧才可以重合。

图 6-2-3 中，设 $t_{R.M}$ 为本侧（M 侧）保护动作时间，$t_{B.M}$ 为本侧（M 侧）断路器动作时间，$t_{R.N}$ 为对侧（N 侧）保护动作时间，$t_{B.N}$ 为对侧（N 侧）断路器动作时间。则在本侧（M 侧）跳闸以后，对侧还需要经过 $t_{R.N}+t_{B.N}-t_{R.M}-t_{B.M}$ 的时间才能跳闸。再考虑故障点灭弧和介质去游离的时间 $t_u$，则先跳闸一侧重合闸的动作时限应整定为 $t_{A.R}=t_{R.N}+t_{B.N}-t_{R.M}-t_{B.M}+t_u$

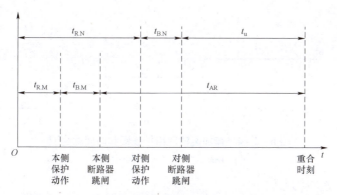

**图 6-2-3　双侧电源线路重合闸动作时限配合的示意图**

当线路上装设三段式电流或距离保护时，$t_{R.M}$ 应采用本侧 I 段保护的动作时间，而 $t_{R.N}$ 一般采用对侧 II 段（或 III 段）保护的动作时间。

## 四、自动重合闸与继电保护的配合

为了尽量利用重合闸所提供的条件来快速切除故障，继电保护与之配合时一般采用如下几种方式。

### 1. 重合闸前加速保护

重合闸前加速保护简称"前加速"，是指当线路发生短路时，靠近电源侧的保护首先无选择性地瞬时切除故障，然后重合闸。如果是瞬时性故障，则重合闸后恢复供电，如果是永久性故障，第二次保护动作有选择性地切除故障，也就是借助自动重合闸来纠正这种非选择性动作。

前加速的网络接线图和时间配合图如图 6-2-4 所示，假定每条线路均装设过电流保护，其动作时限按阶梯形原则配合，在靠近电源端保护 3 处的时限就很长。为了加速切除故障，可在保护 3 处采用前加速，即当任何一条线路上发生故障时，第一次都由保护 3 瞬时动作予以切除，并继之以重合。若重合成功，则系统恢复正常供电；若重合于永久性故障，则过电流保护按照时限配合关系逐级有选择性地将故障切除。如果故障在线路 AB 以外（如 k1 点），则保护 3 的动作都是无选择性的。但断路器 QF3 跳闸后，即起动自动重合闸重新恢复供电，从而纠正了上述无选择性动作。如果此时的故障是瞬时性的，则在重合闸之后就恢复了供电；如果故障是永久性的，则由保护 1 或保护 2 切除，当保护 2 拒绝动作时，则保护 3 第二次就按有选择性的时限动作于跳闸。为了使无选择性的动作范围不扩展得太大，一般规定当变压器低压侧短路时，保护 3 不应动作。因此，其启动电流还应按避开相邻变压器低压侧的短路（k2）来整定。

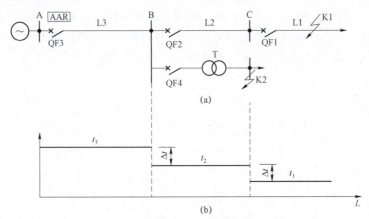

**图 6-2-4 前加速的网络接线图和时间配合图**
(a) 网络接线图；(b) 时间配合图

前加速的优点如下：

（1）能够快速切除各段线路上发生的瞬时性故障。

（2）可能使瞬时性故障来不及发展成永久性故障，从而提高重合闸的成功率。

（3）能保证发电厂和重要变电所的母线电压为 0.6～0.7 倍额定电压以上，从而保证供电和重要用户的电能质量。

（4）使用设备少，只需要一套重合闸装置（或程序），简单、经济。

前加速的缺点如下：

（1）电源端断路器工作条件恶劣，动作次数较多。

（2）当重合于永久性故障上时，故障切除的时间可能较长。

（3）如果重合闸装置或断路器拒绝重合，则将扩大停电范围，甚至在最末一级线路上故障时，会导致连接在这条线路上的所有用户停电。

前加速主要用于 35 kV 以下由发电厂或重要变电所引出的直配线路，以便快速切除故障，使母线电压正常。这些线路上一般只装设简单的电流保护。

**自动重合闸前加速**

### 2. 重合闸后加速保护

重合闸后加速保护简称"后加速"，指当线路第一次故障时，保护有选择性地动作，然后进行重合闸。如果重合于永久性故障上，则在断路器合闸后，再加速保护动作，瞬间切除故障，而与第一次动作是否带有时限无关。

要实现后加速，则需要在每条线路上都装设有选择性的保护和自动重合闸。后加速的网络接线如图6-2-5所示。

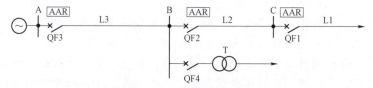

图6-2-5　后加速的网络接线

当任一线路发生故障时，如L2上发生故障，过电流继电器KA启动，如图6-2-6所示，KA触点闭合，接通时间继电器KT，经整定的时限后KT触点闭合，经出口继电器KCO跳闸，然后启动自动重合闸，同时将有选择性保护延时部分退出工作。如果是瞬时性故障，则重合闸成功。重合闸完成后，后加速元件KAC的触点将瞬时闭合（重合闸后KAC将失电，其触点延时打开）。如果重合于永久性故障上，则KA再次动作，此时即可由时间继电器的瞬时常开触点KT、连接片XB和KAC的触点串联而立即启动KCO动作于跳闸，从而实现重合闸后使过电流保护加速的要求。

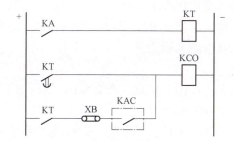

图6-2-6　后加速过电流保护的接线原理图

后加速的优点如下：

（1）第一次是有选择性地切除故障，不会扩大停电范围，特别是在重要的高压电网中，一般不允许保护无选择性地动作而后以重合闸来纠正。

（2）保证永久性故障能被瞬间切除，并具有选择性。

（3）和前加速相比，其使用不受网络结构和负荷条件的限制，一般来说是有利而无害的。

后加速的缺点如下：

（1）每个断路器上都需要装设一套重合闸装置，比前加速更为复杂。

（2）第一次切除故障可能带有延时，尤其是靠近电源端的故障，第一次切除故障时间较长。

后加速广泛应用于35 kV以上的网络及对重要负荷供

自动重合闸
后加速

电的送电线路，因为在这些线路上一般都装设性能比较完善的保护装置，如三段式电流保护、距离保护等，第一次有选择性地切除故障的时间（瞬时动作或具有 0.5 s 的延时）均为系统运行所允许，而重合闸以后加速保护的动作（一般是加速保护第Ⅱ段的动作，有时也可以加速保护第Ⅲ段的动作），就可以更快地切除永久性故障。

注意：双端电源线路检定同期一侧的重合闸不采用后加速保护。因为检定同期重合闸是当线路检无电压一侧重合后，另一侧在两端的频率不超过一定允许值的情况下才进行重合的。若线路上有永久性故障，检无电压侧重合后再次断开，此时检定同期重合闸不重合，所以检定同期重合闸重合后加速也就没有意义了。若属于瞬时性故障，检无电压一侧重合后，若故障已消失则线路已重合成功，故检同期一侧的重合闸不必采用后加速，以免合闸冲击电流引起保护误动作。

 ## 任务实施

### 一、明确任务
双侧电源供电的同期重合闸。

### 二、工作准备
（1）系统侧：设置定值区 07，找到重合闸控制字，选"按位描述"，检无压投入，说明系统侧作为无压侧。

（2）双母侧：设置定值区 07，找到重合闸控制字，选"按位描述"，检同期方式投入，双侧测为同期侧。

### 三、故障分析
将重合开关打在"停用"位置。在 220 kV 线路 B 试验台上设置两相短路瞬时性故障，观察故障现象。

双母侧跳 A、跳 B、跳 C 红灯点亮，6 ms 保护启动，15 ms 分相差动出口，说明线路 B 上发生短路时，差动保护动作，跳开三相断路器。

### 四、故障说明
将两侧重合方式打在"综重"位置，等保护装置充电灯点亮，说明充满电，两侧都应选在"综重"位置。当选用重合闸单重三重或综重方式时，充电灯点亮，说明重合闸已经充满电，可以动作。

在 220 kV 线路 B 试验台上设置两相短路瞬时性故障，观察故障现象。

可以看到系统侧先合闸，而双母线侧后合闸，说明系统侧是检无压合闸，而母线侧是检同期合闸。

系统侧保护装置的动作情况，跳 A、跳 B、跳 C 红灯点亮，说明保护跳闸，重合闸红灯点亮，说明重合闸动作。4 ms 保护启动，14 ms 分相差动出口，说明差动保护动作，跳开三相断路器。92 ms 三跳启动重合，1 092 ms 重合出口，说明重合闸动作。

双母侧保护动作情况，跳 A、跳 B、跳 C 红灯点亮，说明保护跳闸，重合闸红灯点亮，说明重合闸动作一次。3 ms 保护启动，14 ms 分相差动出口，说明差动保护动作，95 ms 三跳启动重合，1 503 ms 重合出口，说明重合闸动作。

### 五、故障观察

在 220 kV 线路 B 试验台上设置两相短路永久性故障，观察故障现象。

可以看到系统侧断路器跳闸以后重合并再次跳闸。而双母线侧断路器只跳了一次，说明在无压侧重合不成功的情况下同期侧不会再次合闸。检无压侧在永久性故障时会连续 2 次跳闸，用来切断短路电流，工作环境要比双母侧的断路器要恶劣得多。

系统侧保护装置的动作情况，跳 A、跳 B、跳 C 红灯点亮，说明保护跳闸，重合闸红灯点亮，说明重合闸动作一次。4 ms 保护启动，24 ms 分相差动出口，这是保护的第一次跳闸，跳三相断路器；104 ms 三跳启动重合，1 105 ms 重合出口，说明重合闸动作，重合断路器；1 027 ms 分相差动出口，说明故障是永久性故障，重合在了故障上，所以保护再次动作，跳 A、B、C 三相断路器。

双母侧保护动作情况，跳 A、跳 B、跳 C 红灯点亮，说明三相跳闸。4 ms 保护启动，14 ms 分相差动出口，说明差动保护动作跳开三相断路器，97 ms 三跳启动重合，13 101 ms 重合闸复归，重合灯没有点亮，说明双母侧没有重合。因为同期侧必须在检无压侧重合成功以后才能重合，所以在无压侧没有重合成功的情况下，这说明故障是永久性故障，所以双母侧没有重合。

双侧电源供电的同期重合闸

 **任务评价**

双侧电源供电的同期重合闸成果评价表

| 评价项目 | 评价内容 | 评价标准 | 评价等级 | | |
|---|---|---|---|---|---|
| | | | 自评 | 组评 | 师评 |
| 资料准备（10分） | 专业资料准备（10分） | 优：能根据任务，熟练查找专业网站和专业书籍，咨询资深专业人士，获取需要的较全面的专业资料。<br>良：能根据任务，查找专业网站或专业书籍，或通过资深专业人士，获取需要的部分专业资料。<br>差：没有查找专业资料或资料极少 | 优□<br>良□<br>差□ | 优□<br>良□<br>差□ | 优□<br>良□<br>差□ |
| 实际操作（70分） | 着装和工器具选用（15分） | 优：正确着装，正确选取安全工器具，正确布置工作现场。<br>良：未正确着装，未正确选取安全工器具，正确布置工作现场。<br>差：未正确着装，未正确选取安全工器具，未正确布置工作现场 | 优□<br>良□<br>差□ | 优□<br>良□<br>差□ | 优□<br>良□<br>差□ |

续表

| 评价项目 | 评价内容 | 评价标准 | 评价等级 | | |
|---|---|---|---|---|---|
| | | | 自评 | 组评 | 师评 |
| 实际操作（70分） | 重合闸停用（15分） | 优：能正确进行回路接线与检查。<br>良：能进行回路接线，但不熟练。<br>差：不能正确进行回路接线与检查 | 优□<br>良□<br>差□ | 优□<br>良□<br>差□ | 优□<br>良□<br>差□ |
| | 瞬时性故障（10分） | 优：能正确进行定值整定。<br>良：能进行定值整定，但不熟练。<br>差：不能正确进行定值整定 | 优□<br>良□<br>差□ | 优□<br>良□<br>差□ | 优□<br>良□<br>差□ |
| | 永久性故障（30分） | 优：能正确进行故障模拟测试和结果分析。<br>良：能进行模拟测试，不能分析结果。<br>差：不能正确进行故障模拟测试和结果分析 | 优□<br>良□<br>差□ | 优□<br>良□<br>差□ | 优□<br>良□<br>差□ |
| 基本素质（20分） | 发挥合力（10分） | 优：能脚踏实地干事、放心大胆发展，充分发挥合力。<br>良：基本能脚踏实地干事、放心大胆发展，充分发挥合力。<br>差：不能脚踏实地干事、放心大胆发展，充分发挥合力 | 优□<br>良□<br>差□ | 优□<br>良□<br>差□ | 优□<br>良□<br>差□ |
| | 工匠精神（10分） | 优：对职业尊重和热爱，对工作专注和执着。<br>良：能正确履行职责，缺乏工作热情。<br>差：不尊重和热爱自己的职业，对工作麻痹大意 | 优□<br>良□<br>差□ | 优□<br>良□<br>差□ | 优□<br>良□<br>差□ |
| 小组意见 | | | | | |
| 教师意见 | | | | | |
| 总成绩 | 优□ 良□ 差□ | 备注 | 总成绩＝自评×0.2＋组评×0.3＋师评×0.5<br>各级权重：优＝1；良＝0.8；差＝0.5 | | |

 **码上习题**

双侧电源的三相一次重合闸

同期检定和无电压检定的三相重合闸

自动重合闸与继电保护的配合

综合重合闸

**实践实拍**：学生分组进行模拟试验，然后讨论实际操作过程中发现的问题并提交分析报告。